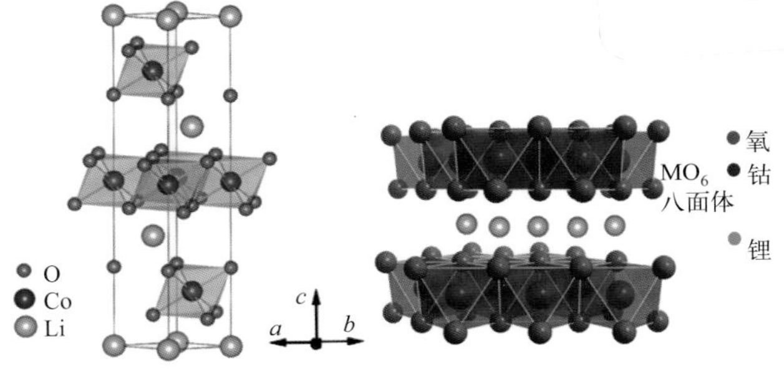

图 2.2 钴酸锂晶体结构示意图

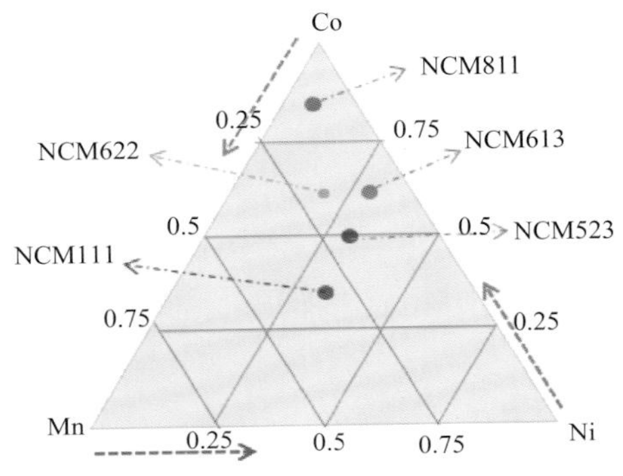

图 2.4 Ni/Co/Mn 比例调整的三元组分图

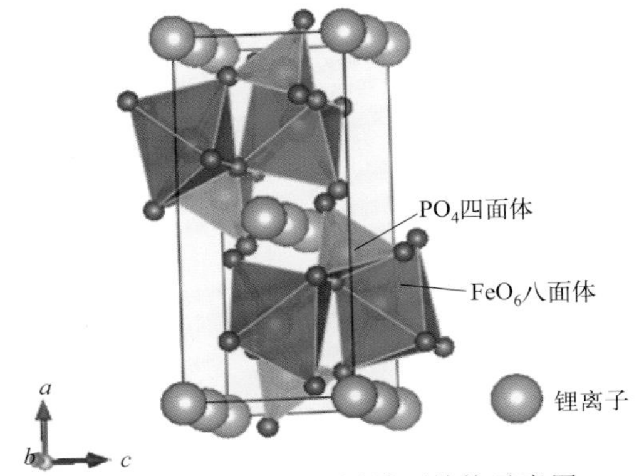

图 2.6 磷酸铁锂的橄榄石结构示意图

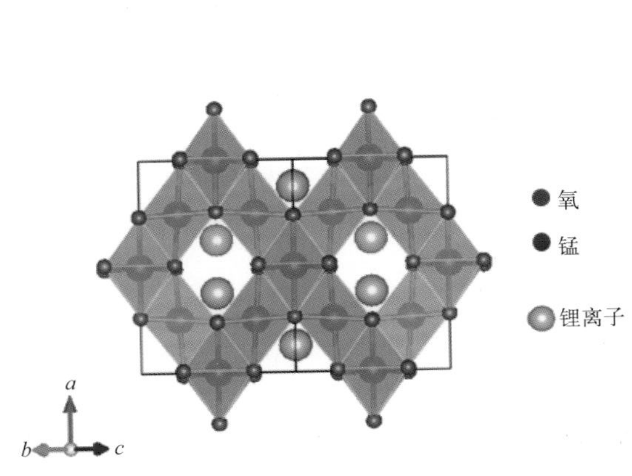

图 2.9 尖晶石结构的锰酸锂晶体结构示意图

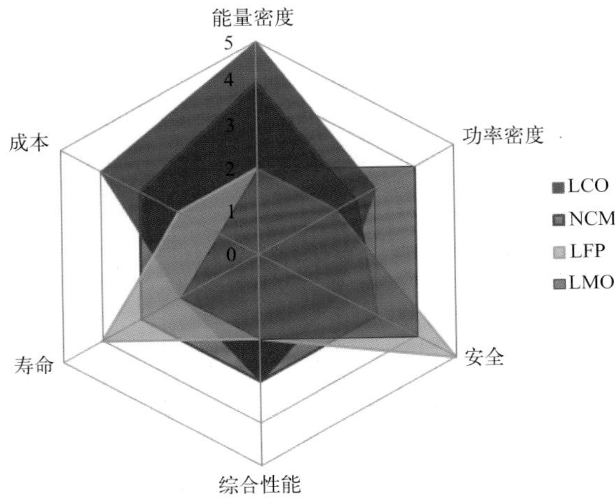

图 2.11 商业化正极材料综合比较图

图 2.14　经过配料和磨料工序后的半成品

图 2.16　喷雾干燥后的半成品

图 2.18　烧结后的半成品

图 2.20　粉碎后的物料

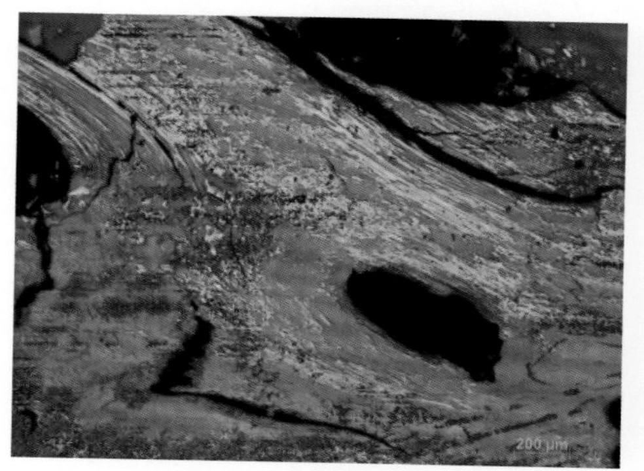

图 3.7　AY5 型产品用石油系针状焦（HR-5C）偏光显微图

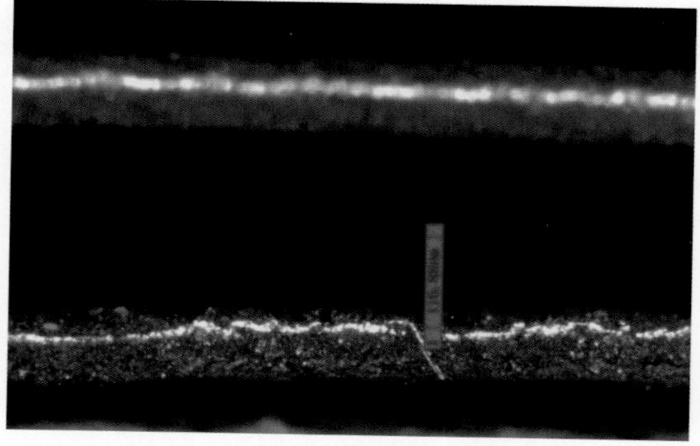

图 7.22　极片分条形成的毛刺

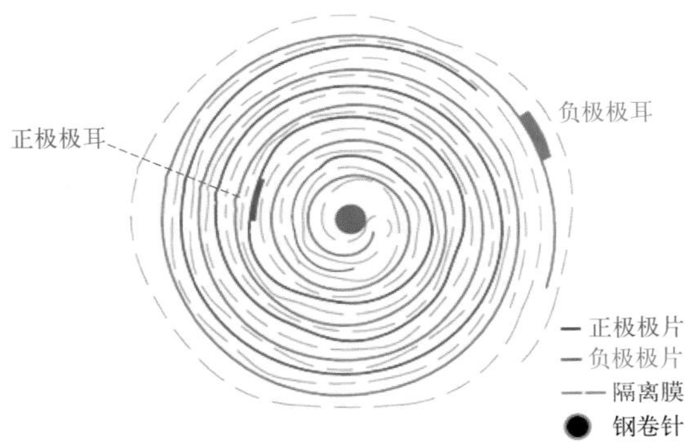

图 7.24　圆柱电池卷芯结构俯视图

图 7.34　正极极耳与盖帽铝片焊点示意图

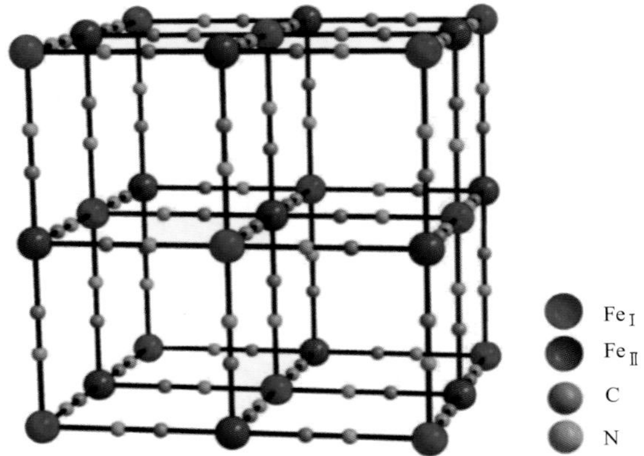

图 9.9　普鲁士蓝及其衍生物晶胞结构示意图

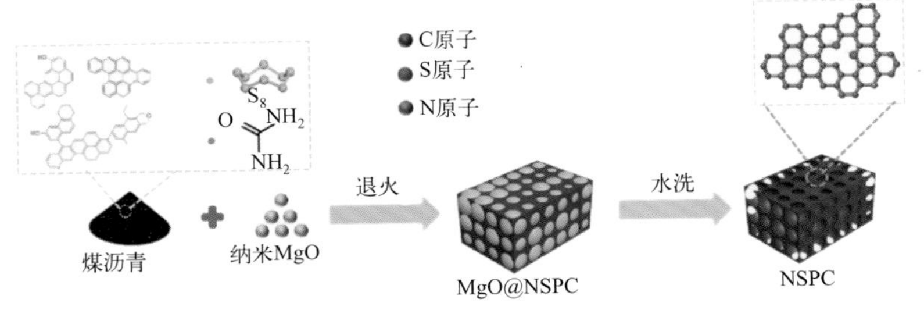

图 9.10　氮硫共掺杂多孔碳的合成示意图

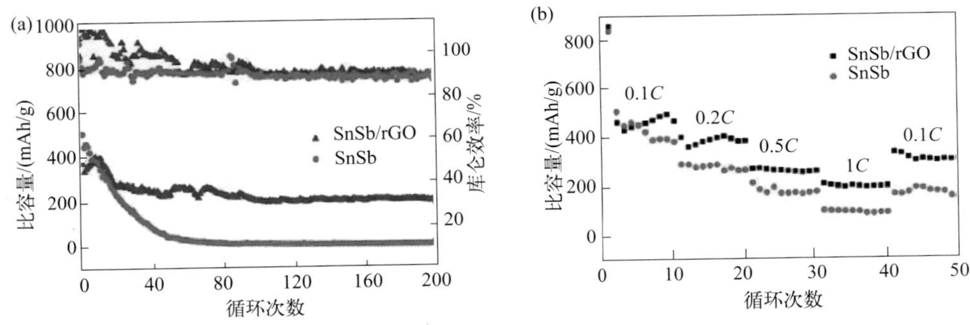

图 9.11　材料在 0.1C 倍率下的循环性能和库仑效率（a）和倍率性能（b）

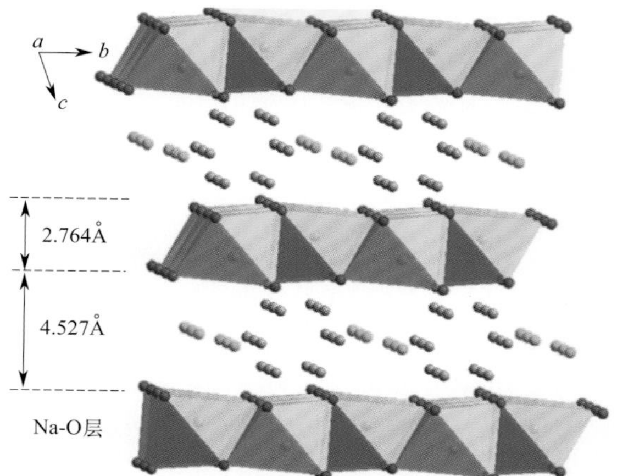

图 9.12 $Na_2C_8H_4O_4$ 的层状结构

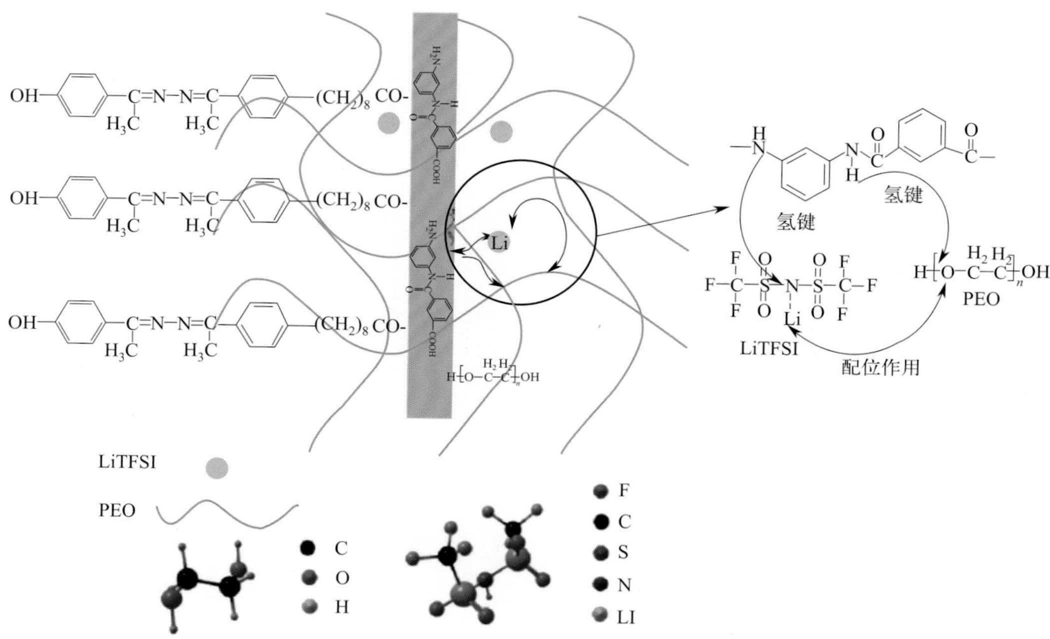

图 9.18 DF/PEO 电解质反应机理示意图

高等职业教育教材

储能材料与技术系列教材 

职业教育国家在线精品课程配套教材

锂离子电池材料与技术

罗大为◎主编　　张健　程化◎副主编

刘宝生◎主审

化学工业出版社

·北京·

内容简介

《锂离子电池材料与技术》以党的二十大报告中“深入推进能源革命”为指引，系统介绍了锂离子电池的基础知识、四大主材、电池制备、电池测试及新一代电池的展望等。全书共9章，即锂离子电池概述、正极材料、负极材料、电解液、隔膜、扣式锂离子电池制备、圆柱形锂离子电池制备、锂离子电池材料性能测试与表征和新一代电池的展望。

本书既有丰富具体、全面系统的理论知识，又有锂离子电池产业的实践和经验，同时配套了二维码数字资源，适合作为高等职业教育储能材料工程技术（职业本科）、储能材料技术（高职专科）相关专业的教材，也可供从事锂离子电池相关工作的企业技术人员、管理人员参考。

图书在版编目（CIP）数据

锂离子电池材料与技术/罗大为主编；张健，程化副主编.—北京：化学工业出版社，2024.3（2025.5重印）
储能材料与技术系列教材
ISBN 978-7-122-44684-8

Ⅰ.①锂…　Ⅱ.①罗…②张…③程…　Ⅲ.①锂离子电池-材料-高等职业教育-教材　Ⅳ.①TM912

中国国家版本馆CIP数据核字（2024）第000255号

责任编辑：王海燕　提　岩　　文字编辑：杨凤轩　师明远
责任校对：边　涛　　装帧设计：王晓宇

出版发行：化学工业出版社
（北京市东城区青年湖南街13号　邮政编码100011）
印　　装：大厂回族自治县聚鑫印刷有限责任公司
787mm×1092mm　1/16　印张 $14\frac{3}{4}$　彩插2　字数352千字
2025年5月北京第1版第4次印刷

购书咨询：010-64518888　　售后服务：010-64518899
网　　址：http://www.cip.com.cn
凡购买本书，如有缺损质量问题，本社销售中心负责调换。

定　　价：49.00元　

储能材料与技术系列教材编审委员会

《锂离子电池材料与技术》编写人员

主　编：罗大为

副主编：张　健　　程　化

参　编：童　谣　李光华　曹宗泽　刘孟权
李　鲲　杨　朝　陈世章　杜保东
谭祖宪　丁柏栋　雷玉办　符冬菊

主　审：刘宝生

序一

2020年中国向世界庄严承诺：力争2030年前实现碳达峰，2060年前实现碳中和。我国的化石能源结构是富煤、少气、缺油，对煤炭的依赖较重，CO_2 排放量居世界第一；石油对外依存度高，存在很大能源风险。为了实现“双碳”目标，必须“电动中国”，包括交通电气化（电动汽车、电动船舶和电动航空）和设备智能化（智慧城市、智慧乡村和智慧矿山）。

电从哪儿来？发展可再生能源，特别是风能和太阳能，构建能源互联网，以清洁和绿色方式满足电力需求。其中，储能及动力电池是关键一环，发挥着不可替代的作用。可以说电池产业是时代的选择，但同时也面临着时代的挑战。

锂离子电池是目前性能最好的电池之一，我国锂离子电池市场占有率已居世界第一。在其推动下我国电动汽车的保有量也居世界首位。但是，电动汽车的续航里程和安全性还有提升空间，必须尽快发展固态锂电池，进一步提高能量密度和安全性。考虑到资源因素，钠离子电池将成为下一代低速电动汽车和储能的重要电池。

随着动力和储能电池的市场急剧增加，急需锂离子电池制造人才。根据教育部、人力资源和社会保障部、工业和信息化部联合印发的《制造业人才发展规划指南》预测，至2025年节能与新能源汽车行业人才需求将达到120万人，人才缺口更是高达103万人。目前，国内从事锂离子电池材料与技术工艺的专业技能人才奇缺，更是缺乏相关的培训教材。期待本书的出版能打开一道产教融合和产学融合之门，为锂电池行业培养更多的高素质技术技能人才。

本书由深圳职业技术大学、深圳市电池行业协会和深圳市锂离子电池龙头企业多位专家和工程师参与编写。内容丰富，全面系统，重点突出，具体实用，不仅涵盖了锂离子电池基础科学问题，而且兼顾生产技术问题，适合于从事锂离子电池、固态锂电池以及钠离子电池等新型电池研发、生产及应用的相关人员参考，也适合作为高等院校相关专业师生的教材。

中国工程院院士

2023年12月12日

序二

国家主席习近平在二〇二四年新年贺词中提到：国货潮牌广受欢迎，国产新手机一机难求，新能源汽车、锂电池、光伏产品给中国制造增添了新亮色。中国以自强不息的精神奋力攀登，到处都是日新月异的创造。

这让身处锂电池行业的我们倍受鼓舞。

伴随锂电产业加速跑步进入 TWh 大规模制造时代，人才培养成为锂电企业发展扩张中的最大痛点。深圳作为我国锂电产业核心引擎，一直在人才培养、标准制定等领域探索可复制、可借鉴、可推广的经验做法，例如在全国首设锂电池工程专业职称评审，率全国之首编制锂电池安全存储领域地方标准。深圳电池产业基础雄厚，规模优势明显，已形成了囊括关键材料、装备制造、电池生产、储能应用、回收再利用等完整产业链，培育出一大批具有核心竞争力的企业以及优秀的工程师、产业工人。基于此背景，为进一步做好产业人才储备布局，深圳市电池行业协会及深圳职业技术大学，以及贝特瑞、新宙邦、星源材质、欣旺达、海目星 5 家锂电产业链的领军企业合作共建深圳首个锂电产业学院，通过学院将无形的优秀经验转化为有形的课程、教材，为锂电行业培育更多优秀人才！

教材是了解行业的一个重要窗口，本书作为一本锂离子电池相关教材，内容涵盖了锂离子电池基础科学问题和企业生产中的实际技术问题，丰富性与实用性兼备。不仅适用于高等院校的教学过程，对于想了解锂离子电池产业的读者同样适用。

深圳市电池行业协会会长

2024 年 1 月

前言 PREFACE

锂离子电池因高电压、高比能量、长循环寿命等特点，广泛应用于消费、动力和储能三大领域，而“碳达峰碳中和”战略的实施为锂离子电池发展提供了前所未有的机遇。在中国大力发展新能源汽车的带动下，中国锂离子电池产业规模开始迅猛增长，2015 年已经超过韩国、日本跃居至全球首位。国际能源署（IEA）公布的报告（2022 年）显示，中国约占全球锂化学品供应量的 60%，生产了全球 3/4 的锂离子电池。由日韩垄断的锂电池市场，也逐渐出现了越来越多的中国企业。

党的二十大报告指出，要推动能源清洁低碳高效利用，深入推进能源革命。随着锂离子电池产业的大力发展，中国锂电企业急缺大量从业人员，同时对于从业人员的技术技能也提出了更高的要求。但是，无论是针对高校锂离子电池相关技术技能型人才的培养，还是针对锂电企业技术人员的培训，都迫切需要一本锂离子电池材料与技术的入门教材。

本教材涵盖了锂离子电池的基础知识、四大主材、电池制备、电池测试及新一代电池的展望五个部分，具体内容包括锂离子电池概述、正极材料、负极材料、电解液、隔膜、扣式锂离子电池制备、圆柱形锂离子电池制备、锂离子电池材料性能测试与表征和新一代电池的展望，共 9 章。本教材坚持三个原则：一是内容实用。教材编写过程中，得到多家深圳锂电企业的支持，深度融入企业生产实际，尤其是在“四大主材”部分，都引入了企业生产的具体案例，便于学生学习和掌握真实的生产过程。二是难度适当。教材主要介绍锂离子电池的基本原理、基本概念、基础工艺和一般操作方法等，同时，还以“拓展阅读”的形式增加大量实例。三是方便教学。在每一章前面设置有知识目标和能力目标，并在每一章后面附上课后作业及参考答案，同时，还配有二维码数字化教学资源，便于学生学习、巩固知识和技能。

本教材的编写人员既有高校教师，也有锂电企业的研发人员和行业协会的管理者，他们均有多年从事锂离子电池材料与技术的教学、科研或行业经验。具体各章内容及编写人员如下：第 1 章由张健（深圳职业技术大学）、陈世章（深圳市博盛新材料有限公司）编写；第 2 章由罗大为（深圳职业技术大学）、童谣（深圳职业技术大学）编写；第 3 章由罗大为、李光华（贝特瑞新材料集团股份有限公司）编写；第 4 章由罗大为、曹宗泽（深圳新宙邦科技股份有限公司）编写；第 5 章由罗大为、刘孟权（深圳市星源材质科技股份有限公司）编写；第 6 章由程化（深圳职业技术大学）、罗大为、雷玉办（广西现代职业技术学院）编写；第 7 章由李鲲（欣旺达电子股份有限公司）、杜保东（深圳市尚水智能股份有限公司）编写；第 8 章由杨朝（北京科技大学）、谭祖宪（深圳市鹏诚新能源科技有限公司）编写；第 9 章由张健、丁柏栋（深圳市杰成镍钴新能源科技有限公司）、符冬菊（深圳技术大学）编写。全书由深圳职业技术大学罗大为教授筹划和统稿，中国电池工业协会理事长刘宝生主审。本教材在编写过程中，得到了众多高校教师、锂电企业高级工程师的校正和帮助，他们分别是中山大学刘威、宜宾职业技术学院陈泽华、深圳普瑞赛思检测技术有限公司范亚飞、深圳市善营自动化科技有限公司关敬党，在此深表感谢。深圳职业技术大学陈惠博士对教材的文图进行了细致的审核，在此一并表示感谢。此外，罗大为、李子坤（贝特瑞新材料集团股份有限公司）、张健、方超（深圳市电池行业协会）、李晨威［格林美（深圳）超级绿色技术研究院］参与了二维码数字资源微视频的制作，特此感谢。

本教材既有系统的理论知识，又有企业的实践和经验，是从事锂离子电池相关的技术人员、管理人员、教学人员的工具书。期待本教材的出版对我国锂离子电池的发展能起到一定的促进作用。鉴于锂离子电池材料和技术涉及面广，且目前正处于蓬勃发展阶段，在书稿的组织和编写过程中难免有不足之处，敬请广大读者批评指正。

编者

2023 年 10 月 25 日于深圳职业技术大学

目录

Contents

配套二维码数字资源目录

第 1 章 锂离子电池概述

知识目标

了解锂离子电池发展史上的关键人物和事件；
了解锂离子电池的应用；
理解锂离子电池面临的机遇和挑战。

能力目标

能够区分锂离子电池、锂电池和锂金属电池；
能熟练掌握锂离子电池的工作原理；
能够说出锂离子电池的优缺点；
能熟练掌握锂离子电池表述中的基本术语；
能够计算正负极材料的理论克容量。

电池，狭义上的定义是将本身储存的化学能转化为电能的装置，广义的定义为将预先储存起来的能量转化为可供外用电能的装置。电池按工作性质可以分为一次电池和二次电池。一次电池是指不可以循环使用的电池，如碱锰电池、锌锰电池等。二次电池指可以多次充放电、循环使用的电池，如铅酸电池、镍镉电池、镍氢电池和锂电池。锂电池种类较多，根据负极中锂的存在状态，分为锂金属电池和锂离子电池。锂金属电池含有金属态的锂，主要包括锂/亚硫酰氯电池、锂/二氧化锰电池、锂/二氧化硫电池等。

通常所说的锂电池一般是指锂离子电池（简称 LIB），已商业化应用的锂离子电池中，主要以石墨等碳材料为负极，以含锂的过渡金属氧化物为正极，在充放电过程中，没有金属态锂存在，只有锂离子存在于正负极、电解液等介质中，这就是锂离子电池名称的由来。

1.1 锂离子电池的由来和发展

早在二百多年前，意大利物理学家伏打（Volta）发明了伏打电池，这是世界上第一块能够实际应用的电池，从此开启了电池的发展史。

1895 年，法国科学家普兰特（Plante）发明了世界上第一块可充电的铅酸蓄电池。

1912 年，锂金属电池最早由吉尔伯特·牛顿·路易斯（Gilbert N. Lewis）提出并研究，但由于金属锂的化学性质活泼，其加工、保存和使用对环境要求非常高，使得锂电池在很长一段时间内都没有得到应用。

20 世纪 50 年代，碱性锌锰干电池（又称为碱锰电池）问世。实际上，碱锰电池在 1882 年研制成功，1912 年就已开发，到了 1949 年才投产。

20 世纪 70 年代，美国爆发石油危机，而风能、太阳能等可再生能源存在间歇性，因此急需可充电电池储存能源。此时，宾汉姆顿大学化学教授斯坦利·威廷汉（M. Stanley Whittingham）在纽约起草了锂电池的初始设计方案，采用硫化钛作为正极材料，金属锂作为负极材料，制成了首个新型锂电池。但是，由于安全性问题等原因，一直未能推广，发展处于停滞状态。

1972 年，米歇尔·阿曼德（M. Armand）等提出了“摇椅式”电池，在锂电池的基础上，提出了“锂离子电池”的概念。

1980 年，J. B. Goodenough 首次提出了将钴酸锂用作锂离子电池正极材料。

1982 年，伊利诺伊理工大学的 R. R. Agarwal 和 J. R. Selman 发现锂离子具有嵌入石墨的特性，此过程是快速的，并且可逆，因此人们尝试利用锂离子嵌入石墨的特性制作充电电池。首个可用的锂离子石墨电极由贝尔实验室试制成功。

1983 年，M. Thackeray、J. B. Goodenough 等人发现尖晶石结构的 $LiMn_2O_4$ 是优良的正极材料，具有价格低廉和倍率性能好的突出优点。

1989 年，A. Manthiram 和 J. B. Goodenough 发现硫酸盐等聚阴离子正极材料具有更高的工作电压。

1991 年，索尼公司发布首个基于 $LiCoO_2$ 正极和碳负极的商用锂离子电池。很快，锂离子电池给消费电子产品领域带来了革命性的改变。

1994 年，Bellcore 公司 Tarascon 小组申请专利，率先提出使用具有离子导电性的聚合物作为电解质制造聚合物锂二次电池。

1996 年，Padhi 和 Goodenough 发现具有橄榄石结构的磷酸铁锂（$LiFePO_4$）结构非常稳定，但由于电子和离子传导率低，使得倍率性能很差。同一年，Bellcore 的 Tarascon 等提出了商品化凝胶聚合物锂电池的制备工艺。因为电池壳是由两层或者三层塑料薄膜加一层铝箔制成的塑料软包装袋，所以该电池也被称为“软包锂离子电池”。它的外形不同于通常的纽扣、圆柱、棱柱电池，它具有“胶卷”似的外形。

1997 年，中国的比亚迪公司开始进入锂离子电池行业，开拓手工制作锂离子电池工艺。

1999 年，锂离子聚合物电池正式投入商业化生产，因此，1999 年被日本人称为锂聚合物电池的元年。

2000 年前后，锂离子电池在消费电子产品等领域得到大规模的商品化应用，日本企业生产的锂电池具有垄断地位，占世界锂电池份额 90%以上。

2000 年，比亚迪成为摩托罗拉第一个中国锂离子电池供应商。中国天津力神成功建成锂离子电池生产线，成为我国第一家拥有自主知识产权的锂离子电池全自动生产企业。

2004 年，中国锂电行业开始崛起，随着比亚迪、力神、光宇、ATL、比克等大型电池工厂的投产，我国锂离子电池年产达 8 亿只，占全球份额 38%，仅次于日本。

2005 年，当升科技的钴酸锂产品开始供应韩国市场，成为国内第一家钴酸锂实现出口的企业。同年，比亚迪推出了第一款商用磷酸铁锂混合动力电池，并开始向全球销售，奠定了其在新能源汽车领域领导者的地位。

2008 年，韩国企业不断购买锂电池专利，从而涌现出三星 SDI 和 LG 为首的锂电池产业巨头。同时，韩国政府一边直接补贴锂电池生产企业，另一边出台政策，补贴纯电动汽车和充电基础设施的建设。同年，特斯拉（Tesla）交付第一辆采用三元正极材料锂电池的 Roadster 电动车，正式开启特斯拉的飞跃式发展，也为电动汽车领域带来了蓬勃生机。

2011 年，由于三星 Note 手机爆炸事件造成的负面影响，让人们开始重新审视锂电池的安全性问题。

2012 年，美国 Tesla 公司推出了 Model S 电动车，采用了 NiCoAl 三元锂离子电池技术，并成为全球电动汽车领域的一款里程碑式产品。

2015 年，作为中国新能源汽车市场的元年，政府补贴政策引导高续航、高能量密度产品开发方向。镍钴锰酸锂产品以其较磷酸铁锂能量密度高、低温性能好，较钴酸锂安全的特性，被广泛应用到新能源乘用车上，电动汽车产业开始腾飞。

2019 年，数据显示全球锂电池产能是 316 亿千兆瓦时，其中有 73%来自中国，美国产能占比 12%。同年十月，由于在锂离子电池发展方面做出卓越贡献的美国 John B. Goodenough 和 M. Stanley Whittingham 以及日本 Akira Yoshino 三位科学家获得 2019 年度诺贝尔化学奖。锂离子电池技术对人类社会发展做出的杰出贡献，获得了一致认可。

2020 年，比亚迪推出了全新的基于高安全磷酸铁锂正极的刀片电池技术，这种电池的电芯像“刀片”一样插入到电池组，使得电池体积利用率得到显著提升，从而大大提高了电池的续航能力。

2021 年度全球动力电池装机量前十名中，中国、日本、韩国锂电池企业的全球市场份额达到了 90%。至此，锂电行业逐渐形成中国主导、中日韩三国争霸的局面。

锂离子电池的由来和发展

从电池的提出至今，锂离子电池经历了研发、诞生和发展的过程，正以优异和便利的性能向各个领域不断渗透，从手机、平板电脑等 3C 产品发展到电动汽车等动力能源领域和光伏风电大规模储能等领域，对社会生活产生了较大的影响。可以预见，随着技术的不断创新，未来锂电池将对社会产生更深刻的影响。

拓展阅读

锂离子电池与诺贝尔的结缘

2019年10月9日，瑞典皇家科学院在斯德哥尔摩宣布，将本年度的诺贝尔化学奖授予美国固体物理学家约翰·班尼斯特·古迪纳夫（John B. Goodenough）、英国化学家斯坦利·威廷汉（M. Stanley Whittingham）和日本化学家吉野彰（Akira Yoshino），以表彰他们在开发锂离子电池方面作出的杰出贡献，三位科学家将平分诺贝尔化学奖奖金。

（1）古迪纳夫

1922年出生于德国，目前为美国得州大学奥斯汀分校机械工程系教授，著名固体物理学家，是钴酸锂、锰酸锂和磷酸铁锂正极材料的发明人，锂离子电池的奠基人之一，被誉为“锂离子电池之父”。1979年 Goodenough 发现，将钴酸锂（$LiCoO_2$）作为电池的阴极，将除锂之外的金属材料作为正极，能够实现高密度的能量储存。这一发现为锂离子电池的发展铺平了道路，促成了可充电锂离子电池的广泛应用。1983年，Goodenough 和 Thackeray 等人发现锰尖晶石是优良的电池正极材料。锰尖晶石具有低价、稳定和优良的导电、导锂性能，其分解温度高，且氧化性远低于钴酸锂，即使出现短路、过充电，也能够避免燃烧、爆炸的危险。1989年，Goodenough 和 Manthiram 发现采用聚电解质的正极可产生更高的电压。此外，他还与日本学者金森顺次郎共同提出“古迪纳夫-金森法则”（Goodenough-Kanamori rules）。1991年，索尼（SONY）制作出了世界上第一款商用锂离子电池，从此手机、照相机、摄像机乃至电动汽车等领域各自步入了便携式新能源时代。值得一提的是，97岁高龄的 Goodenough 打破了诺贝尔奖最高龄得奖纪录，在此之前，这个纪录属于96岁高龄获得2018年诺贝尔物理学奖的阿瑟·阿什金。

（2）威廷汉

1941年出生于英国，为英裔美国化学家，现任纽约州立大学石溪分校化学系杰出教授、纽约州立大学宾汉姆顿分校化学教授、材料研究和材料科学与工程研究所主任、纽约电池和储能联合会董事会副主席。2015年，Whittingham 教授因在锂离子电池领域的开创性研究获得科睿维安化学领域引文桂冠奖，2018年因将插层化学应用在储能材料上的开创性贡献，当选美国国家工程院院士。

为了解决安全性问题，Whittingham 教授提出了一种新的“嵌入式”的电池工作原理，奠定了新式锂离子电池成功商业化的基础。在20世纪70年代，Whittingham 教授就职于美国石油巨头 Exxon 公司并开发了第一代锂离子电池：以 TiS_2 为正极，Li-Al 合金为负极的基于锂离子嵌入式反应的二次电池。

（3）吉野彰

1948年出生于日本大阪，自2015年至今担任旭化成（株）吉野研究室室长，为日本化学家，现代锂离子电池（LIB）的发明者，曾获得工程学界最高荣誉全球能源奖与查尔斯·斯塔克·德雷珀奖。1983年，吉野彰运用钴酸锂开发正极，运用聚乙炔开发负极，制备出世界第一个可充电锂离子电池的原型，并在1985年确立了可充电含锂碱性锂离子电池的基本概念，取得日本注册专利。吉野彰的锂离子电池突破了以往镍氢电池的技术限制，开启了行动电子设备的革命。由于极高的安全性、稳定的能量输出以及合理的价格，锂离子电池终于在1991年由 SONY 首次商业化。2014年，美国国家工程院认可 John B. Goodenough、西义郎、Rachid Yazami 和吉野彰为现代锂离子电池做出了先驱性和领先性的基础工作。

1.2 锂离子电池的应用

一直以来人类大量使用化石燃料，造成了严重的环境污染，并引发能源枯竭问题。如今，人类正积极开发利用可再生的清洁能源，如光能、潮汐能、水能、风能和化学电源（电池）。化学电源因其易于将能源储存与转化，正发挥着越来越重要的作用。目前最常用的电化学二次电池有铅酸（lead acid）电池、镍镉（Cd/Ni）电池、镍氢（MH/Ni）电池和锂离子电池（lithium-ion battery）四种。四种不同类型的二次电池性能对比如表 1.1 所示。

表 1.1　不同类型二次电池的性能参数比较

电池种类	功率密度/(W/kg)	能量密度/(Wh/kg)	平台电压/V	循环寿命/次	成本/[＄/(kWh)]	对环境污染程度
铅酸电池	200～300	32～45	2.0	300～500	75～150	重度污染
镍镉电池	150～350	40～60	1.2	500～2000	100～200	严重污染
镍氢电池	500～1000	60～80	1.2	500～1000	230～500	轻度污染
锂离子电池	2000～7000	100～300	约 3.7	2000～3000	120～200	轻度污染

数据来源：国家数据网。

铅酸电池工艺成熟、性能稳定、价格低廉，在目前的市场中仍占有很大比重，但受到比能量太低、循环寿命短、铅对环境有污染等因素的影响，使其在今后的二次电源竞争中处于劣势。镍镉电池比功率大、寿命长，有较强的耐深度放电能力，但其中的金属镉有剧毒，在许多国家镍镉电池的生产已经被禁止，现在逐渐被镍氢电池所代替。镍氢电池是 20 世纪 90 年代发展起来的一种新型绿色电池，比能量较大，过充电和过放电性能好，并且与镍镉电池有很好的互换性，但其单体电池不仅电压低，而且制作成本高。锂离子电池具有比能量高、低自放电、循环性能好、无记忆效应和绿色环保等优点，是目前最具发展前景的高效二次电池和发展最快的化学储能电源，在电子消费品、电动交通工具、储能和工业等领域展现出广泛的应用前景。

1.2.1　电子消费品

2001 年以前，日本基本垄断了全球的锂离子电池生产。2001 年中国加入 WTO 后，全球制造业中心向中国转移，中国逐渐成为全球规模最大、产业链最全的电子产品制造中心，逐步加大对锂离子电池产业的投资并陆续实现量产。目前，中国、日本和韩国生产的锂离子电池占全球产量的 95%左右。2021 年中国锂离子电池产量规模就达 342GWh，占全球锂离子电池生产的 50%左右，同比增长近 120%。国内锂离子电池产业进入快速成长阶段，成为全球主要的锂离子电池生产国和消费国。实际上锂离子电池已经走进人类生活很多年，锂离子电池以优异的性能在以笔记本电脑、平板电脑、手机、可穿戴设备等为代表的消费类电子产品中得到广泛应用。虽然锂离子电池在电子产品中应用较为广泛，但随着市场趋于饱和，增长速度开始放缓。

随着三星 Galaxy Fold、华为 Mate X 等折叠手机问世，弯折、扭曲柔性电池成为业内的关注重点。业内认为，随着便携电子产品、可穿戴设备的广泛应用，可变形的锂离子电池具有纸张的柔软以及可折叠的特性，使其在下一代超薄、易扭曲的电子设备中具有广阔前景，锂离子电池将重新迎来爆发式增长。

1.2.2　电动交通工具

(1) 电动自行车

作为未来城市交通发展的主要模式，公共交通已经得到各界的认可，但“公共交通”只能形成广泛的网络，很难满足不同“点”对“点”的服务。电动自行车等短距离代步工具正是“公共交通”不足的补充，既方便、省力、快捷、无污染，又操作简单。市民出行距离增加的今天，电动自行车作为一种新型的廉价代步工具或“过渡”交通工具已受到广大市民的青睐。电动自行车的研制始于 20 世纪 60 年代，日本、美国、德国、英国、意大利等国家的许多自行车或汽车制造商均有产品相继问世。随着石油资源短缺与环境污染的加剧，为解决能源和污染问题，全球性的新能源开发热潮再度兴起，电动自行车已成为各国政府积极推动的新兴“绿色产业”。

电动自行车，是指以蓄电池作为辅助能源，在普通自行车的基础上，安装了电机、控制器、蓄电池、转把、闸把等操纵部件和显示仪表系统的机电一体化的个人交通工具。蓄电池主要包括铅酸电池、镍氢电池和锂离子电池三种类型。相对于铅酸电池和镍氢电池，锂离子电池具有工作电压高、能量密度高、轻便小巧、无污染、无记忆效应、自放电低和使用寿命长等一系列优点。因此，从理论上看，锂离子电池是最理想的动力电源，但是受到其价格因素的限制，目前国内仍以廉价的铅酸电池为主。现在锂离子电池要想成为电动自行车电池主流产品，从技术上看，需要作出如下努力：第一，充分发挥锂离子电池的特点，设计性能更高的轻型电动自行车。如装同样质量电池的情况下，增强车的性能（行驶里程、爬坡能力、载重能力）。第二，开发更多廉价且安全的锂离子电池关键材料，降低电池价格，提升锂离子电池的性价比。随着锂离子电池材料和技术的持续快速发展，锂离子电池取代铅酸电池势在必行。

随着出行便捷性的需求增加，在过去10年时间，电动平衡车、电动滑板车也迎来了市场的快速增长，均大量采用锂离子电池作为其驱动力，尤其是在2020年新型冠状病毒疫情暴发后，欧洲推动个人出行，加大对平衡车、滑板车的个人采购补贴，拉动了锂离子电池在该领域的快速增长。

（2）电动汽车

有数据表明，2018年中国占据着全球汽车总销量（约9500万辆）的30%，也就是说，全球汽车消费的每三辆汽车当中，就有一台是中国消费者购买的。截至2022年，中国机动车保有量达3.95亿辆，其中汽车3.02亿辆，机动车驾驶人达4.81亿人。中国不仅汽车产量世界第一，而且汽车保有量也是全球第一。在汽车工业取得举世瞩目成就的同时，也引起了人们对能源和环境问题的关注。由于地球石油能源逐渐使用殆尽和环境污染问题越来越严重，以汽油和柴油为主要能源的普通燃油汽车将无法适应社会发展需要。电动汽车具有不使用石油和零排放的特点，这使得欧洲、美国、日本以及韩国等汽车厂商对其进行重点研发，我国的汽车工业紧跟其后也进行研发，对纯电动汽车的研究表明，其能源使用效率已超过汽油机汽车。

电动汽车（BEV）是指以车载电源为动力，用电机驱动车轮行驶，符合道路交通安全法规各项要求的车辆。电动汽车的研究与开发是解决目前能源危机和环保问题最现实、最有效的途径之一。电动汽车的推行和普及，不仅可以缓解国家石油进口的压力，而且消除或减轻了汽车尾气给环境带来的污染问题。在能源和环境保护压力不断增大的情况下，零（低）污染、低噪声、能源来源广的电动汽车市场份额将会不断扩大。当前，汽车工业开始进入由传统内燃机汽车向电动汽车转型的关键时期。专家预言，这不仅为汽车工业带来一次技术革命和产业突破，迎来第二次发展浪潮，而且带动电子机械、精密加工、新材料等相关产业实现一次飞跃和大发展，其市场规模将可以和目前的燃油汽车相比较。过去，大型电池始终被铅酸电池垄断，尽管铅酸电池的价格低廉，但由于铅酸电池对环境带来的负面影响以及其偏低的质量比能量和体积比能量，加之其自身充放电特性的局限，使得铅酸电池在电动车辆方面的应用始终受到制约，只能在一些特定领域的车辆上使用。实际上，电动汽车早在20世纪30年代就已经有所尝试，但那时锂离子电池技术并不成熟，始终未能得以大规模应用。随着锂离子电池技术的不断成熟，给电动汽车的发展带来了强劲动力。

我国有关部门也积极响应行业趋势，将电动汽车确定为国家七大战略性新兴产业之一，并推出新能源汽车产业发展规划（2021—2035年），积极引导和鼓励国内电动汽车产业的发展。在各项政策的推动下，国内汽车企业不断增加对电动汽车及相关零部件的研发投入，在突破电池、电机、电控等关键技术，完善基础设施建设，推动电动汽车产业化等方面取得了长足的进步。

与电动自行车一样，电动汽车电池的发展也有三种动力电池可供选择，包括铅酸电池、镍氢电池和锂离子电池。

1837年，Davidson于阿伯丁制造了世界上第1辆以电池为动力源的车辆。在19世纪末到 20 世纪初，电动汽车由于缺乏成熟的电池技术和合适的电池材料，发展得非常缓慢，以内燃机为动力的传统汽车占领了市场。

第 1 代现代电动汽车 EV1，由美国通用汽车公司在 1996 年制造，采用的是铅酸电池技术。1999 年通用汽车公司研发的第 2 代电动汽车以镍氢电池为动力源，一次充电的行驶里程是前者的 1.5 倍，同样因无竞争力而退出市场。同期，日本丰田汽车公司利用镍氢电池技术制造了将内燃机和电动机相结合的第 3 代电动汽车，即混合动力车（hybrid electric vehicles，HEV）。HEV 具备多个动力源（主要是汽油机、柴油机和电动机），根据情况同时或者分别使用几个动力源。因此，镍氢电池成为电动汽车电池技术研究领域和市场应用中最受关注的电池。

拓展阅读

我国在燃油汽车退出方面的时间表研究

2017年9月，工信部表示，中国加入法国和英国的行列，宣布已经开始研究停止生产和销售汽油车和柴油车的时间表。

2019年5月，能源与交通创新中心撰写的《中国传统燃油车退出时间表研究》报告发布，报告认为，中国发展新能源汽车、逐步退出传统燃油车的第一大驱动力是加强大气污染防治力度，提高空气质量。报告建议，传统燃油车的禁售与退出可以按照“分地区、分车型、分阶段”的步骤逐步推行。基于不同地区经济发展、汽车人均保有情况、新能源汽车产业发展、充电基础设施建设等因素，报告将我国划分为4个层级，第1层级为特大型城市，如北京、上海和深圳等，以及功能性示范区域，如海南、雄安等；第2层级为传统汽车限行限购城市和蓝天保卫战中的重点区域省会城市等；第3层级主要是蓝天保卫战的重点区域和新能源汽车产业集群区域，如华北、长三角、泛珠三角和汾渭平原；第4层级为西北、东北、西南全地区。报告按退出的难易程度将燃油车划分为5大类车型，并排列其退出的优先级顺序。公交车、出租车、分时租赁车及网约车、邮政与轻型物流车、机场港口场内车、环卫车、公务车等车型应先行替代或退出，私家车和普通商用车随后。在第1层级中的北京、上海和深圳等城市和第2层级中的广州、天津、南京等城市，私家车应在2030年全面退出。报告建议，公路交通运输中的轻卡、中卡和重卡应根据其电动技术发展和应用的难度制定退出时间表。在市场手段和政策手段的联合驱动下，中国有望在2050年以前实现传统燃油车的全面退出。

2006 年，锂离子电池技术的迅速发展，特别是在安全性方面的大幅提高，使之逐步被应用于纯电动车和混合动力车，成为镍氢电池强劲的竞争者。

2007 年，插电式的混合动力车（plug-in HEV，PHEV）诞生。PHEV 与 HEV 最大的不同是 PHEV 模式中的电池能量可来自于电网，而 HEV 模式中电池能量则依靠内燃机化石燃料提供及车辆行驶过程中的能量回收。简单来讲，PHEV 电池配电量更大（10～20kWh），可通过外界电网对电池进行充电，而 HEV 配电量低（＜2kWh），无法通过外界电网进行充电，主要用作车辆启停与车载电器设备的用电。当电池电量高时，PHEV 采用纯电动车模式（动力完全来自电池）行驶，电池电量降低时，进入传统的 HEV 模式。

2008 年，金融危机、国际油价的高位震荡和节能减排等产生巨大的外部压力，使全球汽车产业正式进入能源转型时期。世界各国对发展电动汽车实现交通能源转型这样的技术路线达成了高度共识，电动汽车电池产业同样进入了加速发展的新阶段。

目前主要的新能源汽车公司均以锂离子电池作为动力源，电池组容量为 1～100kWh，甚至更大。表 1.2 列举了部分商业化电动汽车的电池性能，可以看出，混合动力车具有其他动力源，因此电池容量较小，而纯电动车不管是行驶里程还是加速性能完全依赖于电池，对于同等大小的汽车，纯电动车会需要一个更大容量和功率的电池组。

表 1.2 部分商业化电动汽车的电池性能比较

车辆名称	汽车类型	电池类型	配电量/kWh	续航里程/km	能量密度/(Wh/kg)	百公里电耗/kWh
Tesla Model X	纯电动	圆柱形电池	100	637～652	186.21	18.2
BYD 汉	纯电动	刀片铝壳锂电池	85	506～605	>140	15.3
广汽 Aions	纯电动	铝壳锂电池	49.4/58.8	410/510	>160	14.8
吉利几何 A	纯电动	铝壳锂电池	70	500～600	183	12.4
广汽 GS4-PHEV	插电混动	铝壳锂电池	13	61①	>160	19.7
丰田普锐斯 HEV	轻混	镍氢电池	1.5	—	<100	—
小鹏汽车	纯电动	刀片铝壳锂电池	66.5	400～706	160	15.3
蔚来	纯电动	刀片铝壳锂电池	60～150	300～1000	140～360(360 为固态电池)	16.5
理想汽车	纯电动	刀片铝壳锂电池	17～40.5	100～700	150～255	25

数据来源：根据汽车厂商官方数据整理。

① 纯电动模式下的续航数据。

1.2.3 储能和工业领域

储能是解决新能源风电、光伏间歇波动性，实现削峰平谷功能的重要手段之一，储能锂离子电池作为新兴应用场景也逐渐受到重视。

锂离子电池在储能方面的应用主要包括电源侧、用户侧、电网侧三个领域。其中，电源侧的应用场景涉及光储电站、风储电站、调频电站等；用户侧储能重点包括光储电站、家庭储能、备用电源等；电网侧储能包括变电站储能、虚拟发电厂、调峰/调频等场景。

储能锂离子电池对于能量密度没有直接的要求，但是不同的储能场景对于储能锂离子电池的功率密度有不同的要求。应用电力储能领域的锂离子电池需要具备安全、长寿命、能量转换效率高等性能，循环次数一般要求能够大于 3500 次。中国科学院电工所储能技术研究组组长陈永翀曾指出，对于电力调峰、离网型光伏储能或用户侧的峰谷价差储能场景，一般需要储能电池连续充电或连续放电两个小时以上，因此，适合采用充放电倍率$\leqslant 0.5C$ 的容量型电池；对于电力调频或平滑可再生能源波动的储能场景，需要储能电池在秒级至分钟级的时间段快速充放电，适合充放电倍率$\geqslant 2C$ 的功率型电池应用；而同时需要承担调频和调峰的应用场景，更适合能量型电池。

以往能源储备装置多采用铅酸电池，一是因为铅酸电池价格较低，二是铅酸电池可以充电。锂离子电池在搁置寿命和浮充电方面不尽如人意，然而由于近年来锂离子电池性价比的不断提升，锂离子电池储能成了一种趋势。

锂离子电池组在短短的几年内，其运用规模现已从人们平常生活中拓展到了工业范畴当中，远不只运用于笔记本电脑、手机等一些消费类电子产品当中。现在提倡环保无污染工业锂离子电池组，工业锂离子电池因其寿命长、体积小等优势被广泛运用，锂离子电池厂家采用磷酸铁锂电池组作为能源进入工业车辆行业。新能源工业车辆正在慢慢地普及到全国各大工业车辆公司。

锂离子电池的应用

如今工业锂离子电池组正在往安全性以及标准化的方向发展，设备的高精度、高效率、系列化以及高自动化生产线将成为行业发展的大方向，工业锂离子电池组被投入使用在户外站点、通信基站、工业器械市场等，未来市场对锂离子电池的需求量会只增不减。

1.3　锂离子电池的概念与分类

1.3.1　概念

锂离子电池是一种二次电池（充电电池），它主要依靠锂离子在正极和负极之间的移动来工作。在充放电过程中，锂离子在两个电极之间往返、嵌入和脱嵌：充电时，锂离子从正极脱嵌，经过电解质嵌入负极，负极处于富锂状态；放电时过程则相反。

锂电池、锂离子电池和锂金属电池的区别

锂电池并非是单一的种类，而是锂金属电池和锂离子电池的统称。

锂离子电池指以磷酸铁锂或钴酸锂等锂离子嵌入的化合物为正极材料，石墨或者硅碳材料为负极的一类电池，这类电池具有可充电性能，因此，被归为锂二次电池。生活中常说的锂电池，准确地说，指的就是锂离子电池。

什么是锂离子电池

众所周知，在元素周期表中，锂是3号元素。在已知的金属中，锂金属具有密度小且电极电势低的特性，使得其具有成为理想电池负极材料的潜力。锂金属电池是采用了金属锂作为负极的电池。但实际上，锂金属电池的充放电过程，也伴随着 Li^+ 在电解液中的迁移，所以严格意义上讲，锂金属电池是一种特殊的锂离子电池。但是，在文献中形成了约定俗成的习惯，提到“锂离子电池”时，一般指非锂金属为负极的锂离子电池；“锂金属电池”就是指采用锂金属作为负极的电池。

1.3.2　分类

（1）按包装形式分

可以分为刚性外壳锂离子电池和软包外壳锂离子电池两类。

刚性外壳锂离子电池是在电池上套一层铝壳或钢壳。相对而言，软包电池组采用了比铝壳或钢壳重量更轻的铝塑膜包装。软包锂离子电池由于封装材料更为轻薄，具有能量密度高的优势。软包电池尺寸与结构设计更加灵活，单体电芯容量的设计范围可从 50mAh 至 40Ah 以上，适用于消费类与动力用锂离子电池各种场合。软包锂离子电池卷芯成型方式包括卷绕与叠片两种，卷芯内部极片界面与张力的一致性要高于圆柱形卷芯，一定程度上决定其具有较好的循环寿命与较低的内阻。由于诸多优点，软包锂离子电池在消费类 3C 数码产品中，逐渐成为主流。软包锂离子电池最主要的缺陷在于封装材料的结构强度与可靠性，当电芯尺寸过大、封装工艺与设计存在缺陷时，长时间使用存在破损与漏液的风险。由于铝塑膜本身结构强度要低于铝壳或钢壳，当电芯高温发生产气时，更易发生鼓胀变形。

（2）按照外形分

目前市场上的锂离子电池主要有圆柱形和方形两种类型（如图 1.1 所示），可以满足不同用途的要求。

圆柱形锂离子电池型号较多，如：14650、18650、21700、26650、32700 以及 4680 等。圆柱形锂离子电池内部采用卷绕式卷芯制程工艺，生产工艺成熟，电池产品良率以及电池组的一致性较高，但 PACK（组合电池）成本相对较高。由于电池组散热面积大，其散热性能优于方形电池。圆柱形锂离子电池便于多种形态组合，适用于电动车空间设计的充分布局。但圆柱形锂离子电池一般采用钢壳或铝壳封装，会比较重，比能量相对较低。目前中、日、韩、美等都有成熟的生产企业，如国外的SANYO、SONY、LG、SDI以及国内的宁德时代、比克、亿纬锂能、力神等。

图1.1 圆柱形（左）和方形（右）锂离子电池

方形硬壳电池壳体多为铝合金、不锈钢等材料，内部采用卷绕式或叠片式卷芯制程工艺，对电芯的保护作用优于铝塑膜电池（即软包电池）。由于方形锂离子电池可以根据产品的尺寸进行定制化生产，所以市场上有成千上万种型号，而正因为型号太多，工艺很难统一。方形电池基本上随着新能源汽车的发展而快速发展，其型号多数是取决于电动汽车的底盘结构设计推到电芯的型号，属于高度定制化需求。PACK的灵活性不如圆柱形电池，所以在消费类、电动自行车以及部分定制化的储能领域里面应用受到限制。

圆柱形锂离子电池的型号一般用五位数表示，前两位数表示直径，接着两位数表示高度，后面加上0表示圆柱。例如：18650型电池，表示直径为18mm，高度为65mm的圆柱形电池。有时候，也用4位数表示，省去最后一位的“0”。例如：特斯拉的4680型电池，就是表示直径为46mm、高度为80mm的圆柱形电池。

方形的型号用六位数表示，前两位为电池的厚度，中间两位为电池的宽度，最后二位为电池的长度，例如083448型，表示厚度为8mm，宽度为34mm，长度为48mm，用8×34×48表示。表1.3列举了某些型号的锂离子电池规格及性能。

表1.3 某些型号的锂离子电池规格

<table>
<tr><th>电池型号</th><th>外形尺寸/mm</th><th>质量/g</th><th>额定容量/(mA·h)</th><th>额定电压/V</th><th>循环寿命/次</th><th>适用温度/℃</th></tr>
<tr><td>4680</td><td>φ46×80</td><td>355</td><td>9000</td><td rowspan="7">3.6</td><td>1500(最多)</td><td>−33～50</td></tr>
<tr><td>18650</td><td>φ18×65</td><td>41</td><td>1400</td><td rowspan="6">≥500</td><td rowspan="6">−20～60</td></tr>
<tr><td>17670</td><td>φ17×67</td><td>39</td><td>1200</td></tr>
<tr><td>14500</td><td>φ14×50</td><td>19</td><td>550</td></tr>
<tr><td>083448</td><td>8×34×48</td><td>35</td><td>900</td></tr>
<tr><td>083467</td><td>8×34×67</td><td>30</td><td>900</td></tr>
<tr><td>083048</td><td>8×30×48</td><td>20</td><td>550</td></tr>
</table>

（3）按电解质形态分

锂离子电池有液态锂离子电池和固态锂离子电池两种。

液态锂离子电池，即通常所说的锂离子电池。固态锂离子电池，即通常所说的聚合物锂离子电池，是在液态锂离子电池的基础上开发出来的新一代电池，比液态锂离子电池具有更好的安全性能。

聚合物锂离子电池的工作原理和结构与液态锂离子电池相同，主要区别在于电解液（质），聚合物锂离子电池采用固态或胶质的聚合物电解质。目前锂离子电池使用液体或胶体电解液，因此，需要坚固的二次包装来容纳电池中可燃的活性成分，这就增加了其重量，另外也限制了电池尺寸的灵活性。聚合物锂离子电池中不会存有多余的电解液，因此更稳定，也不易因电池的过量充电、碰撞或其他损害以及过量使用而造成危险情况。

从结构看，锂离子电池主要分卷绕式和层叠式两大类。液态锂离子电池采用卷绕结构，聚合物锂离子电池则两种均有。卷绕式是将正极片、隔膜、负极片依次放好，卷绕成圆柱形或扁柱形，层叠式则是按正极、隔膜、负极、隔膜、正极这样的方式多层堆叠。将所有正极焊接在一起引出，负极也焊成一起引出。

新一代的聚合物锂离子电池的形状制作更加多样，可做到薄型化（据报道，最薄可达 0.5mm，相当于一张卡片的厚度）、任意面积化和任意形状化，大大提高了电池造型设计的灵活性，从而可以配合产品需求，做成任何形状与容量的电池，为应用设备开发商在电源解决方案上提供了高度的设计灵活性和适应性，从而有更好的应用。聚合物锂离子电池主要用在价格较高的电子产品中，包括一些设计度高的数码产品、新的航模产品、电动汽车和电动自行车。

聚合物锂离子电池的容量、充放电特性、安全性、工作温度范围、循环寿命与环保性能等方面都较液态锂离子电池有大幅度的提高。

聚合物锂离子电池具有如下优点：

① 安全性能好。聚合物锂离子电池在结构上采用铝塑软包装，有别于液态电池的金属外壳，一旦发生安全隐患，液态电池容易爆炸，而聚合物电池只会出现气鼓。

② 电池厚度小，可制作得更薄。液态锂离子电池采用先定制外壳，后放置正负极材料的方法，厚度做到 3.6mm 以下时存在技术瓶颈；聚合物电池则不存在这一问题，厚度可做到 1mm 以下，符合时尚手机需求。

③ 重量轻。聚合物锂离子电池重量较同等容量规格的钢壳电池轻 40%，较铝壳电池轻 20%。

④ 电池容量大。聚合物锂离子电池较同等尺寸规格的钢壳电池容量高 10%～15%，较铝壳电池高 5%～10%，成为高容量手机的首选，现在市面上手机也大多采用聚合物锂离子电池。

⑤ 内阻小。聚合物锂离子电池的内阻较一般液态电池小，目前国产聚合物锂离子电池的内阻甚至可以做到 35mΩ 以下，可极大地降低电池的自耗电，延长手机的待机时间，这种支持大放电电流的聚合物锂离子电池更是遥控模型的理想选择，成为最有希望替代镍氢电池的产品。

⑥ 电池的形状可定制。聚合物锂离子电池可根据需求增加或减少电池厚度，开发新的电池型号，价格便宜，开模周期短，有的甚至可以根据手机形状量身定做，以充分利用电池外壳空间，提升电池容量。

⑦ 放电性能好。聚合物锂离子电池采用胶体电解质，相比较液态电解质，胶体电解质具有平稳的放电特性和更高的放电平台。

1.4　锂离子电池的工作原理

锂离子电池是指其中的锂离子嵌入和脱出正负极材料的一种可充放电的高能电池。正极一般采用富锂化合物，如 $LiCoO_2$、$LiFePO_4$、$LiNiO_2$ 和 $LiMn_2O_4$ 等，负极一般采用石墨，电解液一般为溶解了锂盐（如 $LiPF_6$、$LiAsF_6$ 和 $LiClO_4$ 等）的有机溶剂［如碳酸乙酯（EC）、碳酸二乙酯（DEC）等］。在充放电过程中，锂离子（Li^+）在两个电极之间往返脱嵌，被形象地称为“摇椅电池”，如图 1.2 所示。

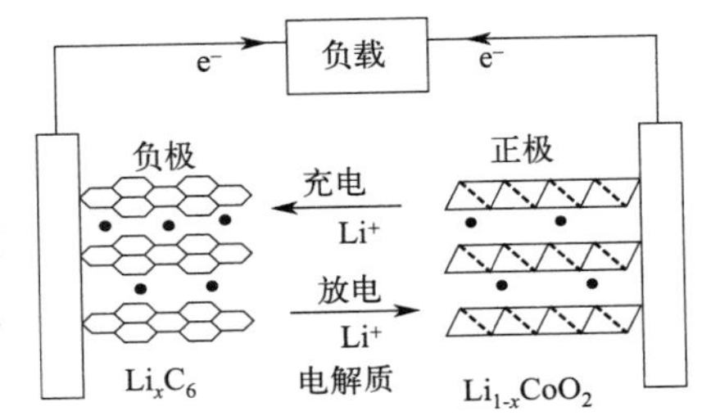

图 1.2　锂离子电池工作原理示意图

以钴酸锂（$LiCoO_2$）为正极、石墨为负极的锂离子电池为例，其化学表达式为：(－)C | $LiPF_6$(EC＋

DEC)|$LiCoO_2$(+)。

正极反应：　　　$LiCoO_2 \rightleftharpoons Li_{1-x}CoO_2 + xLi^+ + xe^-$

负极反应：　　　$6C + xLi^+ + xe^- \rightleftharpoons Li_xC_6$

总反应：　　　$LiCoO_2 + 6C \rightleftharpoons Li_{1-x}CoO_2 + Li_xC_6$

锂离子电池工作原理

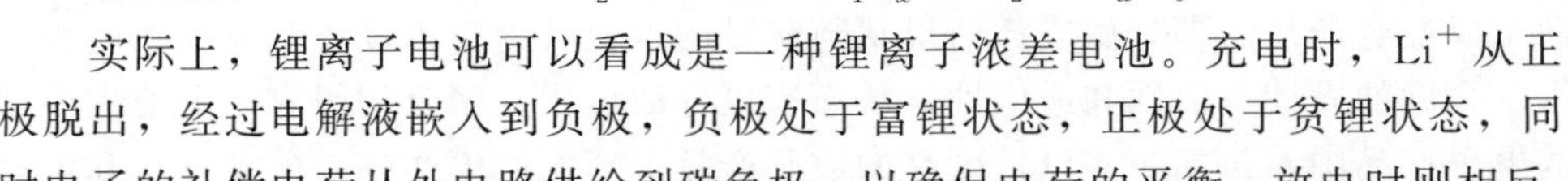

实际上，锂离子电池可以看成是一种锂离子浓差电池。充电时，Li^+ 从正极脱出，经过电解液嵌入到负极，负极处于富锂状态，正极处于贫锂状态，同时电子的补偿电荷从外电路供给到碳负极，以确保电荷的平衡。放电时则相反，Li^+ 从负极脱出，经过电解液嵌入到正极材料中，正极处于富锂状态。在正常充放电情况下，锂离子在层状结构的碳材料和层状结构氧化物的层间嵌入和脱出，一般只引起材料的层面间距变化，不破坏其晶体结构。因此，从充放电反应的可逆性看，锂离子电池反应是一种理想的可逆反应。

从锂离子电池工作原理示意图可见，充电时，锂离子从 $LiCoO_2$ 晶胞中脱出，其中的 Co^{3+} 氧化为 Co^{4+}；放电时，锂离子则嵌入 $Li_{1-x}CoO_2$ 晶胞中，其中的 Co^{4+} 变成 Co^{3+}，由于锂在元素周期表中是电极电势最负的单质，所以电池的工作电压可以高达 3.6V，是镍氢电池和镍镉电池的三倍。

锂离子电池的工作电压与构成电极的锂离子嵌入化合物和锂离子浓度有关。用作锂离子电池的正极材料是过渡金属的离子复合氧化物或者三元材料，如 $LiCoO_2$、$LiFePO_4$、$LiNiO_2$、$LiMn_2O_4$、$Li(Ni_xCo_yMn_{1-x-y})O_2$ 等，作为负极的材料则选择电势尽可能接近锂电势的可嵌入锂的化合物，如各种碳材料，包括天然石墨、人工石墨及复合石墨等。

以市场常见的圆柱形锂离子电池为例（如图 1.3 所示），采用 $LiCoO_2$ 作为正极材料在铝箔上形成正极，4.4V 充电截止电压下，$LiCoO_2$ 比容量一般限制在 175mAh/g 左右，且价格高，占锂离子电池成本的 40%。负极采用层状石墨，在铜箔上形成负极，嵌锂石墨属于离子型石墨层间化合物，其化合物分子式为 LiC_6（每 6 个碳原子可以吸纳 1 个锂离子），理论比容量为 372mAh/g。电解液采用含锂盐 $LiPF_6$ 的碳酸乙烯酯（EC）、碳酸丙烯酯

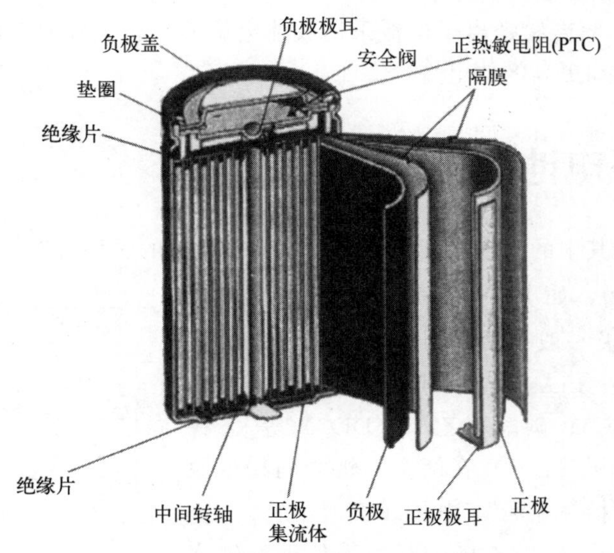

图 1.3　圆柱形锂离子电池的构造示意图

(PC）和低黏度碳酸二乙烯酯（DEC）等烷基碳酸酯搭配的混合溶剂体系。隔膜采用聚烯烃微孔膜，如聚乙烯（PE）、聚丙烯（PP）或者其复合膜。外壳采用钢或者铝材料，盖帽具有防爆断电的功能。

1.5　锂离子电池的优缺点

1.5.1　优点

锂离子电池的优点主要表现在以下六点：

① 荷电保持能力强，允许工作温度范围宽。在（20±5)℃下，以开路形式贮存 30 天后，电池的常温放电容量大于额定容量的 85%。锂离子电池具有优良的高低温放电性能，可以在−20～55℃工作，高温放电性能优于其他各类电池。

② 循环使用寿命长。锂离子电池采用石墨负极，在充放电过程中，负极一般不会生成枝晶锂，从而可以避免电池因为内部枝晶锂短路而损坏。在连续充放电 1200 次后，电池的容量依然不低于额定值的 60%，远高于其他各类电池，具有长期使用的经济性。

③ 安全性高，可安全快速充放电。对比锂金属电池，锂离子电池具有抗短路，抗过充、过放，抗冲击（10kg 重物自 1m 高自由落体），防振动、枪击、针刺，不起火，不爆炸等特点；由于负极采用石墨电极代替金属锂电极，因此允许快速充放电，可在 5C 甚至 10C 的充放电倍率下进行反复工作，安全性能大大提高。

④ 无环境污染。对比传统干电池，锂离子电池中不含有镉、铅、汞这类有害物质，是一种洁净的“绿色”化学能源。

⑤ 无记忆效应。可随时反复充放电使用，尤其在战时和紧急情况下，更显示出其优异的使用性能。

⑥ 体积小、重量轻、比能量高。通常锂离子电池的比能量可达镍镉电池的 2 倍以上，与同容量镍氢电池相比，体积可减小 30%，重量可降低 50%，有利于便携式电子设备小型轻量化。

锂离子电池与镍氢电池、镍镉电池主要性能对比见表 1.4。

表 1.4　锂离子电池与镍氢电池、镍镉电池主要性能比较

项目	锂离子电池	镍氢电池	镍镉电池
工作电压/V	3.6	1.2	1.2
质量比能量/(Wh/kg)	120～300	30～80	50
体积比能量/(Wh/L)	200～280	140～300	150
充放电寿命/次	500～3000	500～700	300～600
自放电率/(%/月)	2～5	25～35	15～30
电池容量	高	中	低
高温性能	优	差	一般
低温性能	良	优	优
记忆效应	无	无	有
电池重量	较轻	重	重
安全性	具有抗过冲、过放、短路等自保功能	无短路保护功能	无短路保护功能

1.5.2 缺点

锂离子电池的缺点主要表现在以下五个方面：

① 锂离子电池的内部阻抗高。由于锂离子电池的电解液主要为有机溶剂，其电导率比镍镉电池和镍氢电池的水系电解液要低得多，导致锂离子电池的内部阻抗比镍镉和镍氢电池约大10倍以上，如直径为18mm、长为50mm的单体电池的内部阻抗大约达90mΩ。

② 工作电压变化较大。电池放电到额定容量的80%时，镍镉电池的电压变化很小（约20%），锂离子电池的电压变化较大（约40%）。对电池供电的设备来说，这是严重的缺点，但是由于锂离子电池放电电压变化较大，也很容易据此检测电池的剩余电量。

③ 成本高。主要是正极材料中所含有的金属锂与钴等原材料价格高。

④ 一般需要有特殊的结构或电路安全设计，以降低因过充或过热引发的热失控风险。

锂离子电池的优缺点

⑤ 与普通电池的相容性差，由于工作电压高，所以一般的普通电池用三节的情况下，可用一节锂离子电池代替。

同其优点相比，锂离子电池的这些缺点都不是主要问题，特别是用于一些高科技和高附加值的产品中。更重要的是，随着科研院所和企业纷纷加入对锂离子电池的研究，很多问题正在缓解甚至彻底解决。

1.6 相关术语

1.6.1 理论克容量

电极材料理论克容量（也称为理论比容量）是假定材料中锂离子全部参与电化学反应所能够提供的容量与活性物质质量之比，其值通过下式计算：

$$\text{理论克容量}\left(\frac{\text{mAh}}{\text{g}}\right)=\frac{1}{\text{分子量}}\left(\frac{\text{mol}}{\text{g}}\right)\times \text{Li 计量个数}\times \text{法拉第常数 } F\left(\frac{\text{C}}{\text{mol}}\right)\times\frac{1}{3.6}\left(\frac{\text{mAh}}{\text{C}}\right)$$

其中，法拉第常数（F）代表每摩尔电子所携带的电荷，单位C/mol，它是阿伏伽德罗常数 $N_A=6.02214\times10^{23}\text{mol}^{-1}$ 与元电荷 $e=1.602176\times10^{-19}\text{C}$ 的积，其值为 $(96485.3383\pm0.0083)\text{C/mol}$。

以 $LiFePO_4$ 为例，其摩尔质量为157.756g/mol，其理论克容量计算如下：

$$\text{理论克容量}\left(\frac{\text{mAh}}{\text{g}}\right)=96500\left(\frac{\text{C}}{\text{mol}}\right)\times\frac{1}{157.756}\left(\frac{\text{mol}}{\text{g}}\right)\times\frac{1}{3.6}\left(\frac{\text{mAh}}{\text{C}}\right)=170\text{mAh/g}$$

同理可得，三元材料NCM（1∶1∶1）（$LiNi_{1/3}Co_{1/3}Mn_{1/3}O_2$）摩尔质量为96.461g/mol，其理论克容量为278mAh/g；$LiCoO_2$ 摩尔质量为97.8698g/mol，如果锂离子全部脱出，其理论克容量274mAh/g。

石墨负极中，锂嵌入量最大时，形成锂碳层间化合物，化学式为 LiC_6，即6个碳原子结合1个Li。6个C摩尔质量为72.066g/mol，石墨的最大理论克容量为：

$$\text{理论克容量}\left(\frac{\text{mAh}}{\text{g}}\right)=96500\left(\frac{\text{C}}{\text{mol}}\right)\times\frac{1}{72.066}\left(\frac{\text{mol}}{\text{g}}\right)\times\frac{1}{3.6}\left(\frac{\text{mAh}}{\text{C}}\right)=372\text{mAh/g}$$

对于硅负极，由 $5Si+22Li^++22e^-\longleftrightarrow Li_{22}Si_5$ 可知，5个硅的摩尔质量为140.430g/

mol，5 个硅原子结合 22 个 Li，则硅负极的理论克容量为：

$$\text{理论克容量}\left(\frac{\text{mAh}}{\text{g}}\right)=96500\left(\frac{\text{C}}{\text{mol}}\right)\times 22\times \frac{1}{140.430}\left(\frac{\text{mol}}{\text{g}}\right)\times \frac{1}{3.6}\left(\frac{\text{mAh}}{\text{C}}\right)\approx 4200\text{mAh/g}$$

为保证材料结构可逆，实际锂离子脱嵌系数小于 1，实际的材料的比容量为：材料实际比容量＝锂离子脱嵌系数×理论克容量。

理论克容量的计算

1.6.2　电池设计容量

电池设计容量＝涂层面密度×活性物质比例×活性物质克容量×极片涂层面积

其中，涂层面密度是一个关键的设计参数，主要在涂布和辊压工序控制。压实密度不变时，涂层面密度增加意味着极片厚度增加，电子传输距离增大，电子电阻增加，但是增加程度有限。厚极片中，锂离子在电解液中的迁移阻抗增加是影响倍率特性的主要原因，考虑到孔隙率和孔隙的曲折连通，离子在孔隙内的迁移距离比极片厚度多出很多倍。

1.6.3　N/P 比

N/P＝(负极活性物质克容量×负极面密度×负极活性物含量比)÷(正极活性物质克容量×正极面密度×正极活性物含量比)

对于石墨负极类电池，N/P 要大于 1.0，一般为 1.04～1.20，这主要是出于安全设计，为了防止负极析锂，设计时要考虑工序能力，如涂布偏差。但是，N/P 过大时，电池不可逆容量损失，导致电池容量偏低，电池能量密度也会降低。

对于钛酸锂负极，采用正极过量设计，电池容量由钛酸锂负极的容量确定。正极过量设计有利于提升电池的高温性能：高温气体主要来源于负极，由于正极过量设计，负极电位较低，更易于在钛酸锂表面形成固体电解质界面膜（SEI 膜）。

1.6.4　涂层的压实密度及孔隙率

生产过程中，电池极片的涂层压实密度计算公式：

$$\text{涂层压实密度}=\frac{\text{辊压后涂层面密度}}{\text{辊压后极片的厚度}-\dfrac{\text{金属原始厚度}}{1+\text{箔材延展率}}}$$

考虑到极片辊压时，金属箔材存在延展，辊压后涂层的面密度通过下式计算：

$$\text{辊压后涂层面密度}=\frac{\text{涂层布面密度}}{1+\text{箔材延展率}}$$

涂层由活性物质相、碳胶相和孔隙组成，孔隙率计算公式：

$$\text{孔隙率}=1-\frac{\text{涂层压实密度}}{\text{涂层平均密度}}$$

其中，涂层的平均密度为：

$$\text{涂层平均密度}=\frac{1}{\dfrac{\text{活性物质比例}}{\text{活性物质密度}}+\dfrac{\text{导电剂比例}}{\text{导电剂密度}}+\dfrac{\text{黏结剂比例}}{\text{黏结剂密度}}}$$

1.6.5 首效

首效=(首次放电容量/首次充电容量)×100%

日常生产中，一般是先化成再进行分容，化成充入一部分电，分容补充电后再放电，因此，生产中的首效计算公式如下：

首效=分容第一次放电容量/(化成充电容量+分容补充电容量)×100%

1.6.6 能量密度

能量密度是指单位体积或单位质量电池释放的能量，包括体积能量密度和质量能量密度。如果是单位体积，即体积能量密度（Wh/L），很多地方直接简称为能量密度；如果是单位质量，就是质量能量密度（Wh/kg），也叫比能量。如一节锂电池重 300g，额定电压为 3.7V，容量为 10Ah，则其比能量为 123Wh/kg。体积能量密度和质量能量密度计算公式如下：

$$\text{体积能量密度(Wh/L)}=\frac{\text{电池容量(Ah)}\times 3.7\text{(V)}}{\text{厚度(cm)}\times\text{宽度(cm)}\times\text{长度(cm)}}$$

$$\text{质量能量密度(Wh/kg)}=\frac{\text{电池容量(Ah)}\times 3.7\text{(V)}}{\text{电池重量(kg)}}$$

《新能源汽车产业发展规划（2021—2035 年）》指出，到 2025 年动力电池单体比能量达到 400Wh/kg，2030 年比能量达到 500Wh/kg。

1.6.7 功率密度

将能量除以时间，便得到功率，单位为 W 或 kW。同样道理，功率密度是指单位质量或单位体积电池输出的功率（也叫比功率），单位为 W/kg 或 W/L。比功率是评价电池是否满足电动汽车加速性能的重要指标。

对于比能量和比功率的区别，可以举个形象的例子。比能量高的动力电池就像龟兔赛跑里的乌龟，耐力好，可以长时间工作，保证汽车续航里程长；比功率高的动力电池就像龟兔赛跑里的兔子，速度快，可以提供很高的瞬间电流，保证汽车加速性能好。

1.6.8 电池充放电倍率

充放电倍率是指在规定时间内充放出其额定容量（*C*）时所需要的电流值，它在数值上等于电池额定容量的倍数，即充放电电流（A）/额定容量（Ah），如 0.5*C*、1*C*、5*C* 等。

对于容量为 24Ah 的电池来说，用 48A 放电，其放电倍率为 2*C*，从另一个角度看，2*C* 放电，放电电流为 48A，0.5 小时放电完毕；用 12A 充电，充电倍率为 0.5*C*，从另一个角度看，0.5*C* 充电，充电电流为 12A，2 小时充电完毕。电池的放电倍率，决定了可以以多快的速度，将一定的能量存储到电池里面，或者以多快的速度，将电池里面的能量释放出来。

充电倍率，刚好与之相反。

1.6.9 荷电状态

荷电状态（state of charge，SOC）也叫剩余电量，代表的是电池放电后剩余容量与其完全充满电状态的容量的比值。其取值范围为 0～1，当 SOC＝0 时表示电池放电完全，当 SOC＝1 时表示电池完全充满。电池管理系统（BMS）主要通过管理 SOC 并进行估算来保证电池高效地工作，所以它是电池管理的核心。

1.6.10 内阻

内阻是指电池在工作时，电流流过电池内部受到的阻力。

内阻包括欧姆内阻和极化内阻，其中，欧姆内阻包括电极材料、电解液、隔膜的电阻及各部分零件的电阻；极化内阻包括电化学极化电阻和浓差极化电阻。

由于内阻的存在，电池的实际容量会降低。需要指出的是电池内阻会随着电池的使用而逐渐增大。内阻的单位一般是毫欧姆（mΩ），内阻大的电池，在充放电的时候，内部功耗大，发热严重，会造成电池的加速老化和寿命衰减，同时也会限制大倍率的充放电应用。所以，内阻越小，电池的寿命和倍率性能就会越好。通常电池内阻的测量方法有交流和直流测试法。

1.6.11 电池自放电

电池自放电指在开路静置过程中电压下降的现象，又称电池的荷电保持能力。一般而言，电池自放电主要受制造工艺、材料、储存条件的影响。

自放电按照容量损失后是否可逆划分为两种：一是容量损失可逆，指经过再次充电过程容量可以恢复；二是容量损失不可逆，表示容量不能恢复。

目前对电池自放电原因研究理论比较多，总结起来分为物理原因（存储环境、制造工艺、材料等）以及化学原因（电极在电解液中的不稳定性、内部发生化学反应、活性物质被消耗等），电池自放电将直接降低电池的容量和储存性能。

1.6.12 电池的寿命

电池的寿命分为循环寿命和日历寿命两个参数。循环寿命指的是电池可以循环充放电的次数。即在理想的温湿度下，以额定的充放电电流进行充放电，计算电池容量衰减到 80％时所经历的循环次数。日历寿命是指电池在使用环境条件下，经过特定的使用工况，达到寿命终止条件（容量衰减到 80％）的时间跨度。日历寿命与具体的使用要求紧密结合，通常需要规定具体的使用工况、环境条件、存储间隔等。

循环寿命是一个理论上的参数，而日历寿命更具有实际意义。但日历寿命的测算复杂，耗时长，所以一般电池厂家只给出循环寿命的数据。

图 1.4 为某三元锂离子电池的放电特性图，可以看出，不同的放电方式对电池的循环寿命影响不一样，由图可以看出，以 25％～75％充放电的循环寿命可以达到 2500 次，即人们所说的电池浅充浅放。

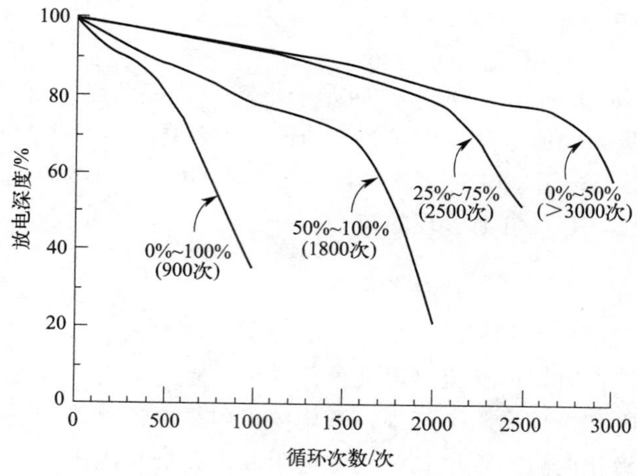

图 1.4　某三元锂离子电池放电深度对电池循环寿命的影响

1.6.13　电池组的一致性

即使是同一规格型号的电池单体在成组后，电池组在电压、容量、内阻、寿命等性能上有很大的差别，在电动汽车上使用时，性能指标往往达不到单体电池的原有水平。单体电池在制造出来后，由于工艺的问题，内部结构和材质不完全一致，本身存在一定性能差异。

初始的不一致随着电池在使用过程中连续地充放电循环而累积，再加上电池组内的使用环境对于各单体电池也不尽相同，导致各单体电池状态产生更大的差异，在使用过程中逐步放大，从而在某些情况下使某些单体电池性能加速衰减，并最终引发电池组过早失效。

需要指出的是，动力电池组的性能决定于电池单体的性能，但绝不是单体电池性能的简单累加。由于单体电池性能不一致的存在，动力电池组在电动汽车上进行反复使用时，产生各种问题而导致寿命缩短。

除了要求在生产和配组过程中，严格控制工艺和尽量保持单体电池的一致性外，目前行业普遍采用带有均衡功能的电池管理系统来控制电池组内单体电池的一致性，以延长产品的使用寿命。

1.6.14　化成

电池制成后，需要对电芯进行小电流充电，将其内部正负极物质激活，在负极表面形成一层钝化层——SEI（solid electrolyte interface）膜，使电池性能更加稳定，这一过程称为化成。电池经过化成后才能体现其真实的性能。

化成过程中的分选过程能够提高电池组的一致性，使最终电池组的性能提高，化成容量是筛选合格电池的重要指标。

锂离子电池的常用术语

1.7　锂离子电池面临的机遇和挑战

锂离子电池的消费市场主要包括电动汽车和 3C（消费电子产品）等领域，受益于国家政策的支持、锂离子电池技术水平的提升和价格的下跌等多重因素，近年来，锂离子电池在电池市场上攻城略地，产销量突飞猛进。2022 年研究机构 EVTank 联合伊维经济研究院发布的《中国锂离子电池行业发展白皮书（2022 年）》白皮书数据显示，2021 年，全球锂离子电池总体出货量达 562.4GWh，同比大幅增长 91.0%。中国化学与物理电源行业协会动力电池应用分会与电池中国网（CBEA）联合撰写的《全球锂电产业供需白皮书》显示，到 2025 年锂电池市场需求量将达 1778GWh，市场规模将超过 14000 亿元。通过性能的优势，锂离子电池逐渐扩大了市场规模，而需求的增长直接导致产能扩张、制造成本下降，这又反过来刺激市场需求进一步增长，锂离子电池产业就这样走上了一条良性循环的发展道路。

1.7.1　政策机遇

党的二十大报告指出要深入推进能源革命，而锂离子电池及相关产业是推动能源变革、实现“双碳”目标和支撑国家能源安全的关键。为了加快新能源汽车的产业化进程，国家密集出台了一系列政策文件，大力支持新能源及动力电池产业的发展。近几年国家在锂离子动力电池相关领域颁布的政策文件和主要内容如表 1.5 所示。

表 1.5　近几年我国在动力电池领域的扶持政策

时间	政策出台部门	政策文件	政策内容
2022 年 11 月	财政部	《关于提前下达 2023 年节能减排补助资金预算的通知》	财政部对 30 省市 2023 年新能源汽车推广应用和充电基础设施建设下发补助资金共计 189.9 亿元，其中新能源汽车推广应用补助资金 167.8 亿元
2021 年 3 月	工业和信息化部、农业农村部等	《关于开展 2021 年新能源汽车下乡活动的通知》	支持企业与电商、互联网平台等合作举办网络购车活动，通过网上促销等方式吸引更多消费者购买。鼓励各地出台更多新能源汽车下乡支持政策，改善新能源汽车使用环境，推动农村充换电基础设施建设
2020 年 10 月	工业和信息化部	《节能与新能源汽车技术路线图 2.0》	我国汽车产业碳排放将于 2028 年先于国家碳减排承诺提前达峰，至 2035 年，碳排放总量较峰值下降 20%以上；据预计至 2035 年，我国节能汽车与新能源汽车年销售量各占 50%，汽车产业实现电动化转型
2019 年 6 月	财政部	《关于继续执行的车辆购置税优惠政策的公告》	自 2018 年 1 月 1 日至 2020 年 12 月 31 日，对购置新能源汽车免征车辆购置税。自 2018 年 7 月 1 日至 2021 年 6 月 30 日，对购置挂车减半征收车辆购置税
2018 年 7 月	发改委	《汽车产业投资管理规定(征求意见稿)》	对能量型动力电池功率密度及循环寿命提出了技术要求：单体功率密度≥300Wh/kg，循环 2000 次后剩余容量不低于初始容量的 95%；系统功率密度≥220Wh/kg，循环 1500 次后剩余容量不低于初始容量的 95%
2018 年 2 月	工信部、科技部、财政部和发改委	《关于调整完善新能源汽车推广应用财政补贴政策的通知》	纯电动乘用车动力电池系统能量密度鼓励标准最高到 160Wh/kg；非快充类纯电动客车动力电池系统能量密度鼓励标准最高到 135Wh/kg；专用车方面则要求不低于 115Wh/kg
2017 年 4 月	工信部、发改委、科技部	关于印发《汽车产业中长期发展规划》的通知	到 2020 年，新能源汽车年产销达到 200 万辆，动力电池单体比能量达到 300Wh/kg 以上，到 2025 年，新能源汽车占汽车产销 20%以上

1.7.2 产业现状

1.7.2.1 中国锂电产业现状

(1) 产业规模

自 2016 年来，中国锂电行业在下游市场需求带动下持续快速增长，产业结构不断优化，全球领先地位逐步得到巩固。目前，我国锂离子电池行业以深化供给侧结构性改革为主线，加快提升产业链供应链现代化水平，全行业实现持续快速增长，先进产品供给能力不断提高，有力支撑“碳达峰碳中和”工作。国家统计局数据（图 1.15）显示，2021 年我国锂离子电池累计产量达到 232.6 亿只，同比增长 23.4%，增速较 2020 年提升 3.5 个百分点，继续创历史新高。

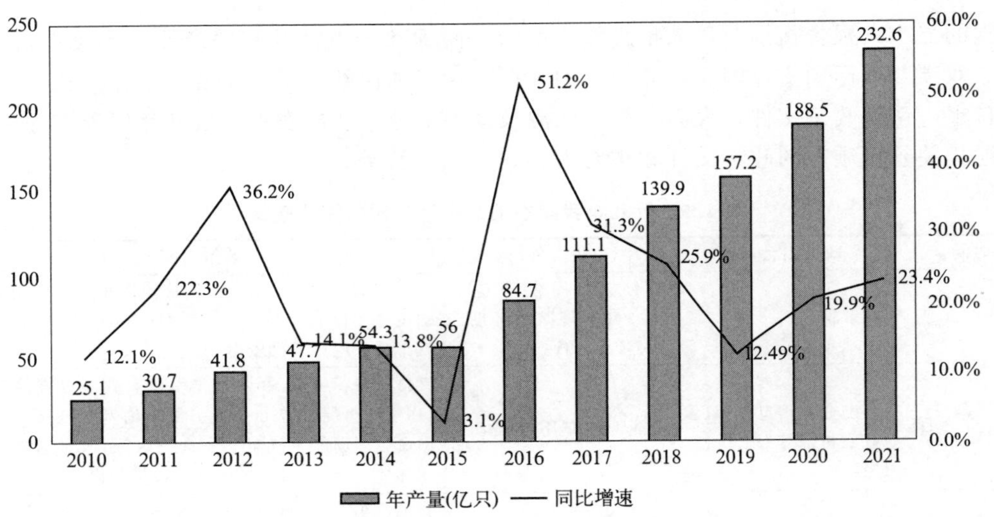

图 1.5 中国锂离子电池产量和同比增速（数据来源：国家统计局）

按容量计算，2021 年全球锂离子电池市场规模达到 545GWh，而我国锂离子电池产量达 324GWh，同比增长 106%，已连续 5 年成为全球最大锂电池消费市场。2021 年，我国锂离子电池产量中，消费型电池达 72GWh，同比增长 18%；动力型电池达 220GWh，同比增长 165%；储能型电池达 32GWh，同比增长 146%。其中，动力型电池产量中，三元电池产量达 93.9GWh，同比增长 93.6%；磷酸铁锂电池产量达 125.4GWh，同比增长 262.9%。此外，截至 2021 年底，我国动力电池产能约占全球的 70%，世界前十的锂离子电池生产厂家中有 6 家中国企业身影。

2021 年，锂电四大关键材料产量增长迅猛，据研究机构测算，正极材料、隔膜、电解液增幅接近 100%。全行业持续深化创新，先进三元电池、磷酸铁锂电池单体平均能量密度分别达到 280Wh/kg、170Wh/kg，骨干企业电池系统循环寿命超过 5000 次。

(2) 产业结构

锂离子电池是我国为数不多的几乎各省市都有布局的产业之一。在以广东省为首的东部地区持续领先的态势下，我国锂电产业的投资开始呈现逐渐向西南地区聚集的态势，区域结构持续优化。西南地区拥有我国最丰富的锂和磷等矿产资源，云贵川的磷矿储量占了全国的

40%以上。因此，从锂电产业的项目布局地看，投资区域由江苏、福建等东南沿海地区向以四川、贵州为首的西部省（区、市）转移。

（3）进出口贸易

锂离子电池进出口进一步分化，贸易顺差持续高速增长。海关总署数据（图 1.6）显示，2021 年我国锂离子电池出口约 34.3 亿只，同比增长 54.3%；出口金额 284.2 亿美元，同比增长 78.3%，出口数量和出口金额均呈现加速增长态势。进口方面，2021 年我国锂离子电池进口 15.4 亿只，同比增长 8.3%；进口金额 38.5 亿美元，同比增长 8.7%。2021 年我国锂离子电池实现贸易顺差进一步扩大至 245.8 亿美元，较 2020 年增长 98.2%，增速继续保持高位。

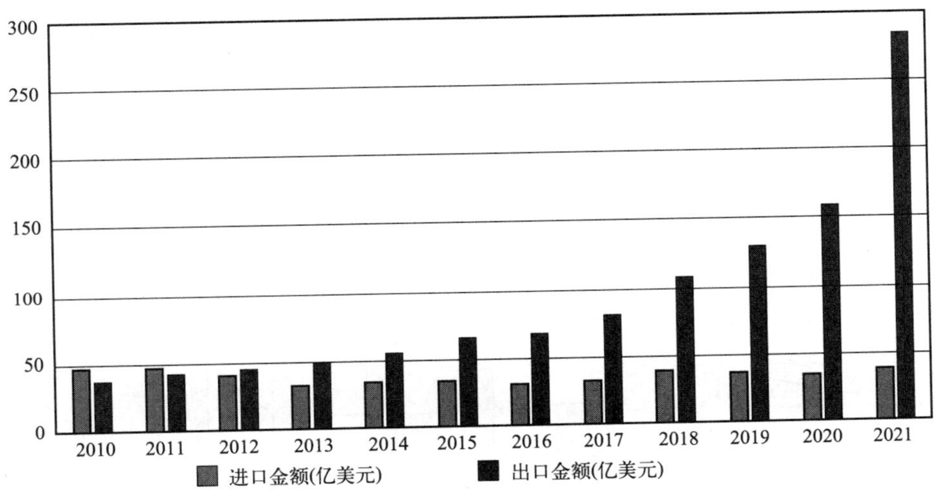

图 1.6　中国锂离子电池进出口情况（数据来源：中华人民共和国海关总署）

欧洲是拉动我国锂离子电池出口金额持续快速增长的主要动力，2021 年我国锂离子电池对欧洲出口金额达 95.6 亿美元，同比增长超过一倍，欧洲占我国锂离子电池出口总额比重达到 33.6%。在美国强劲需求带动下，我国锂离子电池对北美洲出口金额持续增长，2021 年出口金额达到 51.1 亿美元，同比增长 99.0%，占我国锂离子电池出口总额比重达 18.0%。亚洲仍然是我国锂离子电池出口的最主要地区，2021 年出口金额为 121.97 亿美元，同比增长 56.4%，占我国锂离子电池出口总额比重连续 6 年下滑，已滑落至 42.9%。2021 年，我国锂离子电池出口金额超过 1 亿美元的国家和地区达到 33 个，较 2019 年增长 9 个。

1.7.2.2　深圳锂电产业现状

深圳市作为我国新能源汽车的发迹之地和电动化的桥头堡城市，是国内锂离子电池产业的核心引擎，前期在消费类电池方面积累了雄厚的产业创新技术，实现了动力电池技术和相关产业的跨越式领先发展。

目前，深圳锂电产业已形成全球最完备的产业链，演进为系统重要性工业门类，创新生态优良。深圳正极材料、负极材料、隔膜、电解液、精密结构件和模组企业几乎在各个环节都精准卡点，通过深耕锂电池产业链，在多个细分领域实现了重要的领先优势。龙头企业扎根深圳，按照“总部＋研发＋高端制造＋销售”模式建设，立足粤港澳大湾区，向全国和世界进行产业外溢辐射。归纳起来，深圳锂电产业具有以下几个特点：

（1）总产值快速增长

经过十多年发展，深圳锂离子电池产业涌现出了比亚迪、欣旺达、比克电池、科达利、德方纳米、贝特瑞等一批龙头企业。全市共有锂电相关企业超 4000 家，占全省 41.5%，电池生产企业 70 家，电池组加工企业 352 家，锂电池产业链的上市公司 47 家，占同期深圳地区上市公司数量比例约为 11.8%，国家制造业单项冠军企业 8 家，国家级专精特新“小巨人”24 家，数量在全国遥遥领先。

2020 年深圳锂离子电池产业实现总产值 3972.36 亿元，同比增长 18.5%（图 1.7），占全市工业总产值的比重为 10.7%，比“十三五”期间占比提高了 4.5 个百分点，锂电产业已经成为系统重要性工业门类。2021 年，在工业下行压力加大的背景下，全市锂电产业总产值超过 4000 亿元。

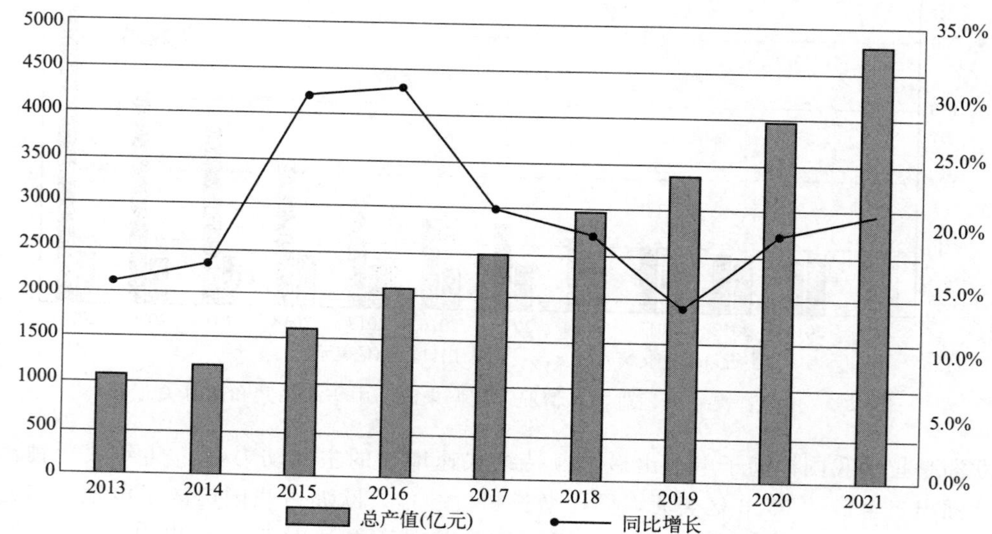

图 1.7　深圳市锂离子电池产业总产值和同比增速

（2）出口额大幅增长

据深圳海关统计，2022 年 1～10 月深圳市锂离子蓄电池出口 453 亿元，较去年同期增长 73.3%；10 月份出口额达 52.8 亿元，较去年同期增长 59.7%，实现连续 28 个月保持增长。随着疫情在全球蔓延，部分国家能源供应不足叠加“宅经济”兴起，家庭太阳能储能电源、小型工业储能电源等储能产品需求迅猛增长，深圳锂电池企业的海外订单络绎不绝。深圳市锂电池主要出口欧盟、美国和东盟等地，2022 年前 10 个月对这三个地区出口额分别为 170.6 亿元、85.7 亿元和 41.3 亿元，同比增长 223.7%、44.6%和 34.6%。

（3）深圳锂电产业链布局齐备

一是从上游看，比亚迪、盛新能源和欣旺达积极布局锂矿资源。

二是从中游生产看，细分领域均有优质龙头企业，成为稳增长的“压舱石”。正极材料：德方纳米主要从事纳米级锂电池材料制备技术的研发，是磷酸铁锂正极材料的龙头企业。负极材料：贝特瑞是全球最大天然石墨负极材料生产商，拥有天然石墨的表面固相包覆、表面气相沉积、二次造粒等领先技术。电解液：新宙邦锂电池电解液出货量和市场占有率为国内第二。隔膜：星源材质是中国第一家同时拥有干、湿法制备技术的企业，国内市场占比18%。结构件：科达利是国内领先的电池精密结构件和汽车结构件研发及制造商。电池封装：比亚迪侧重于动力电池封装，欣旺达、比克电池等主要布局消费类电池封装。锂电设备：科达利、联赢激光、赢合科技是锂电设备细分龙头企业。电池回收：格林美每年回收处理废旧电池量占全国报废总量10%以上。

三是从下游应用看，动力电池领域有纵向一体化的龙头企业，3C 消费类锂电池头部供应商成为智能终端链主的战略伙伴。比亚迪从传统电池起家，通过持续的本业投资、并购、供应链垂直整合及技术提升，已经成为市值全球排名靠前的汽车公司。欣旺达自 2001 年开始，由电池代工及委托设计的供应商成功切入苹果产业链，不断加强研发和管理，已成为全球手机电池最大供应商，市场份额达到 30%，智能手机用锂离子电池模组被认定为“制造业单项冠军”，是苹果、华为、中兴、OPPO 等客户重要战略伙伴。比克电池于 2001 年开始布局锂电池领域，是国内首家进入惠普、戴尔供应商体系的锂电池企业，发展成为集锂电池生产、电动汽车、电池回收三大核心业务为一体的新能源企业。

（4）深圳锂电产业创新生态优良

一是高强度研发投入。2002 年以来，深圳锂电池企业研发支出累计超过 2000 亿元，其中比亚迪研发支出规模达到 562 亿元，持续高强度的研发投入，推动深圳锂电池技术由“追赶”转变为“领跑”。截至 2020 年末，深圳在锂电池领域专利数量超过 1.1 万件，占广东省的 73%，超过第二至四名的江苏、浙江、北京。

同时，深圳不断探索完善全过程创新生态链，加强基础研究的系统部署和前瞻布局，率先全国以立法形式固定财政对基础研究的投入，并引导社会力量加大投入，为基础研究提供了持续稳定的源头活水。目前，深圳的新能源产业创新机构数量达到 70 个，占全省的41.7%，电池领域的国家级技术创新载体和省级技术创新载体，如深圳先进储能材料国家工程研究中心、炭功能材料国家地方联合工程实验室等均有在深圳布局。

全球电动汽车市场方兴未艾，研发高能量密度、高安全性的动力电池成为各大车企的研究热点。深圳比亚迪等相关企业先后获得广东省科技进步特等奖和国家科学技术进步奖，突破开发兼具高安全、长寿命、高能量密度、高性价比电池的难题。项目成果实现对丰田、宝马等国外一流品牌的技术输出和产品配套，近 3 年直接经济效益超千亿元，助力深圳打造世界级新能源汽车产业高地，对我国自主汽车品牌走向世界、参与全球电动汽车竞争具有重要意义。

二是新能源应用场景丰富。过去十多年，深圳在电动车领域创造了许多全球第一，树立了许多全球标杆。在公共领域，深圳是全球首个公交车全面电动化城市、全球纯电动出租车运营规模最大城市、全球率先实现纯电动重卡商业化和规模化运营城市。截至 2022 年 12 月初，深圳市新能源汽车保有量 74 万辆，位居世界前列。

1.7.3　面临的挑战

随着全球“双碳”战略目标的实施，新能源汽车进入一个明显的爆发时期，作为电动车心脏的锂离子电池被时代推向了舞台中心，锂电池行业面临着前所未有的关注。但是对于锂电池需求的增长，引发一系列挑战，主要分为以下几个方面：

① 锂资源问题。对于全球来说，虽然锂资源储量丰富，但是供应增速缓慢，属于供不应求的状态。2022 年 10 月，南美“锂三角”国家——阿根廷、玻利维亚和智利三国——欲建立锂三角输出国组织，并且全球最大的锂矿生产国澳大利亚也表示，如果三国协商一致，澳大利亚也将同意“价格协同”的想法。“锂佩克”的建立势必对未来锂资源供给产生影响，全球锂资源争夺战已经打响。对于我国来说，虽然中国锂资源在全球排第六，但资源以盐湖为主，锂含量低，提取难度大，所以 70%的锂依赖进口，作为新能源汽车第一生产和消费市场，锂资源缺乏将严重制约我国锂电行业的可持续发展。习近平总书记在党的二十大开幕会提出，“要加强重点领域安全能力建设，确保国家能源安全”。“锂资源”是保证国家能源安全的重要领域。

② 安全性问题。除了锂资源的短缺，锂电池面临的第二大挑战就是安全性问题。近年来锂电池自燃、爆炸问题层出不穷，当然有部分事件是由于使用操作不当导致的，但就本质来说，锂离子电池确实存在一定风险。锂离子电池容易发生电池热失控，通常的原因包括过充诱发电池正极材料产气使得电池胀裂、快充导致电池负极析锂诱发短路以及快充导致快速升温从而使电解质液体燃烧。当前，锂电企业正加快安全技术创新，以及完善锂电池安全性能测试。

③ 专业技术人才短缺。锂离子电池技术的研发是典型的交叉学科领域，技术集成难度高、开发难度大，对人才的综合素质、技术能力要求颇高。随着我国锂电池行业飞速发展，除了缺乏像马斯克那样的从 0 到 1 的变革性人才，同样缺乏从 1 到 100 再到 10000 的工程技术人才，缺乏高素质的技术技能专业人才，人才短缺已经成为制约中国锂电池行业跨越式发展的重要因素。

④ 劳动力成本上涨。锂离子电池制造行业属于劳动密集型产业，产品的产能和生产人员的数量息息相关。随着我国人口红利逐渐消失，劳动密集型企业不再具备过去人力成本较低的优势。近年来，随着我国人口结构拐点的出现，多省市已经正式进入老龄化社会，劳动密集型企业的人工成本势必进一步受到影响。与此同时，我国经济的高速发展以及义务教育带来的劳动力素质提高也将继续推升我国的劳动力成本。如何应对劳动力成本的上行压力已经成为制造行业不得不面对的重要问题。

课后作业

一、单选题

1. 世界上第一块能够实际应用的电池，称为（　　）。

A. 锂离子电池　　B. 铅酸蓄电池　　C. 干电池　　D. 伏打电池

2. 世界上第一块可充电的铅酸蓄电池是由（　　）发明的。

A. 意大利科学家伏打　　B. 美国化学教授威廷汉

C. 法国科学家普兰特　　D. 法国科学家阿曼德

3. “锂离子电池”的概念，是（　　）提出的。

A. 斯坦利·威廷汉（M. Stanley Whittingham）

B. 米歇尔·阿曼德（Michel Armand）

C. 约翰·班尼斯特·古迪纳夫（John B. Goodenough）

D. 吉野彰（Akira Yoshino）

4. 下列科学家中，（　　）不是 2019 年诺贝尔化学奖获得者。

A. 斯坦利·威廷汉（M. Stanley Whittingham）

B. 米歇尔·阿曼德（Michel Armand）

C. 约翰·班尼斯特·古迪纳夫（John B. Goodenough）

D. 吉野彰（Akira Yoshino）

5. （　　）是采用金属锂作为负极的电池。

A. 锂金属电池　　B. 锂离子电池　　C. 锂电池　　D. 钠金属电池

6. 关于锂离子电池的优点，下列说法不正确的是（　　）。

A. 能量密度较高　　B. 平台电压高　　C. 自放电大　　D. 无记忆效应

7. 正常情况下，磷酸铁锂电池的循环寿命范围合理的是（　　）。

A. 100～300　　B. 500～1000　　C. 1000～2000　　D. 3000 以上

8. 下列电池中的（　　）具有记忆效应。

A. 镍镉电池　　B. 镍氢电池　　C. 锌锰干电池　　D. 锂离子电池

9. 锂离子电池容量的单位是（　　）。

A. mA　　B. mAh/g　　C. mAh　　D. mA/g

二、多选题

1. 锂离子电池的应用领域包括（　　）。

A. 电子消费品　　B. 交通工具　　C. 储能领域　　D. 电动玩具

2. 下列属于二次电池的有（　　）。

A. 铅酸电池　　B. 镍镉电池　　C. 镍氢电池

D. 锌锰电池　　E. 锂离子电池

3. 锂离子电池具有的特点是（　　）。

A. 能量密度大　　B. 输出电压高　　C. 自放电小　　D. 无记忆效应

4. 自放电是衡量电池品质的重要参数，其大小受（　　）等因素的影响。

A. 电池制造工艺　　B. 电池材料　　C. 电池储存条件　　D. 电池外观

三、判断题

1. 锂离子电池已经相当成熟，没有发展空间。（　　）

2. 锂离子电池就是锂电池。（　　）

3. 锂离子电池可以归类到锂二次电池。（　　）

4. 早期的锂金属电池不可以充放电，当前的锂金属电池也不可以充放电。（　　）

5. 锂离子电池充电时，Li^+ 从负极脱出，经过电解液传输，穿过隔膜嵌入到正极。（　　）

6. 如果锂离子从正极经过电解液传输到负极，那么，电子也将等量地从正极经过外电路到负极。（　　）

7. 相比于其他二次电池，锂离子电池的能量密度优势不明显。（　　）

8. 对比铅酸电池，锂离子电池的能量密度更高。（　　）

9. 有研究表明，室温下充满电的锂离子电池储存 1 个月后的自放电率不超过于 5%。（　　）

10. 锂离子电池具有工作温度范围宽的优点，正常情况下，可在 −60℃ 到 60℃ 范围内工

作。（　　）

11. 铅酸电池的理论寿命比磷酸铁锂电池要长。（　　）

12. 锂离子电池对环境完全没有污染。（　　）

13. 锂离子电池非常安全，不存在发生爆炸的安全风险。（　　）

四、填空题

1. 电池，狭义上的定义是将本身储存的__________转化为电能的装置。

2. 锂电池是__________电池和__________电池的统称。

3. 锂离子电池主要依靠__________在正极和负极之间移动来工作。

4. ____金属具有密度小且电极电势低的特性，具有成为理想电池负极材料的潜力。

5. 锂离子电池又被形象地称为“__________电池”。

6. 众所周知，锂离子电池的自放电相对较小。自放电小，意味着荷电保持能力______。

7. 充放电倍率是充放电__________的一种量度，是指电池在规定的时间内充入/放出额定容量时所需要的__________值，它在数值上等于电池__________容量的倍数。

8. 对于额定容量为 1500mAh 的电池，如果以 2C 放电，也就是以__________ mA 的电流放电；如果放电电流为 150mA，意味着放电倍率为__________ C。

9. 某款锂离子电池，上面标识了 3.7V 和 4.2V。那么，__________ V 是指电池的平台电压。

10. __________容量是电池内部活性物质所能释放出的电容量与活性物质的质量之比。

11. 法拉第常数为__________ C/mol。

五、主观题

1. 说一说锂离子电池名称的由来。

2. 简述锂离子电池的充放电过程。

3. 何为锂离子电池的自放电？

4. 简述锂离子电池的理论克容量。

5. 请写出理论克容量的计算公式。

第2章 正极材料

知识目标

理解正极材料的概念、特点及分类；

理解钴酸锂、锰酸锂、磷酸铁锂和三元正极材料的结构特点。

能力目标

能够说出钴酸锂、锰酸锂的合成方法及改性方法；

能够从能量密度、倍率、寿命、安全、成本五个维度，说出常见四类正极材料的优缺点。

正极材料是锂离子电池中锂离子的最主要来源，充电过程中锂离子由正极材料晶格中脱出进入负极材料，放电过程反之。正极材料充放电过程中的可逆容量发挥与电压平台，在很大程度上决定了锂离子电池工作的能量密度。同时，正极材料由于其中含有锂、钴、镍等金属，因此是锂离子电池成本最主要的构成部分。

2.1 正极材料的特点及分类

2.1.1 正极材料的特点

作为锂离子电池正极材料，应满足以下性能特征：

① 单位质量的正极材料具有较多的可脱嵌锂，满足较高质量比容量的要求；

② 脱嵌锂时的氧化还原电位应尽可能高，从而使电池的输出电压高；

③ 充放电过程中，氧化还原电位变化小，使得电池的电压不发生显著变化，保持平稳的充放电；

④ 在锂的脱嵌过程中，晶体结构没有或很少发生变化，以保证较好的循环寿命与安全性；

⑤ 具有较好的电子电导率和离子电导率，以减少电池极化和降低电池内阻，并能进行大电流充放电；

⑥ 化学稳定性好，与电解质反应少；

⑦ 正极材料中金属原材料来源丰富，成本可控，无污染，且具有一定梯次利用与回收价值等。

总之，理想的正极材料应具有较高的能量密度、较好的结构稳定性及相对低的成本等。

2.1.2 正极材料的分类

锂离子电池正极材料种类繁多，组分与结构变化多样。如图 2.1 所示，根据正极材料晶体结构差异可分为三类：第一类是层状结构氧化物，如钴酸锂（$LiCoO_2$，缩写 LCO）、镍钴锰酸锂（$LiNi_xCo_yMn_{1-x-y}O_2$，缩写 NCM）、镍钴铝酸锂（$LiNi_xCo_yAl_{1-x-y}O_2$，缩写 NCA）等；第二类是橄榄石结构磷酸盐，如磷酸铁锂（$LiFePO_4$，缩写 LFP）和磷酸锰铁锂（$LiMn_xFe_{1-x}PO_4$，缩写 LMFP）等；第三类是尖晶石结构氧化物，如锰酸锂（$LiMn_2O_4$，缩写 LMO）和镍锰酸锂（$LiNi_{0.5}Mn_{1.5}O_4$，缩写 LNMO）等。不同种类的正极，具有不同的能量密度、电化学特征及成本等，最终适用于不同的领域及使用场景。

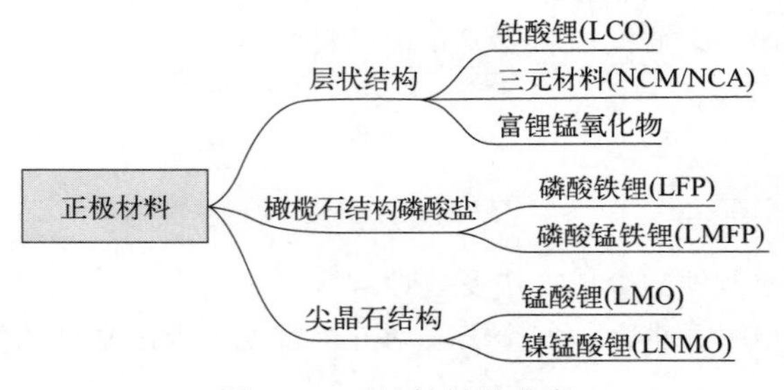

什么是
正极材料

图 2.1 正极材料的分类

目前，已经商业化的锂离子电池正极材料，主要包括钴酸锂（LCO）、磷酸铁锂（LFP）、镍钴锰酸锂（NCM）与锰酸锂（LMO）。

2.2 层状结构正极材料

层状结构正极材料是指正极材料的微观晶体结构为层状分布，主要包括钴酸锂、镍钴锰酸锂和富锂锰氧化物三种，其中钴酸锂和镍钴锰酸锂是目前数码电子产品用锂离子电池与动力型锂离子电池应用最广的正极主材，其特点是能量密度高、循环性能优异、综合性能佳，但镍、钴、锰等金属占比较高导致其成本较高。

2.2.1 钴酸锂

钴酸锂

钴酸锂（LCO）是美国科学家、诺贝尔化学奖获得者 J. B. Goodenough 发现的，由日本 Sony 公司于 20 世纪 90 年代最先推向市场。经过 20 年正极材料技术的发展，钴酸锂时至今日仍然是体积能量密度最高的正极主材，正因为如此，其广泛应用于对体积能量密度要求较高的数码软包电芯产品中，如手机、智能手表以及蓝牙耳机等。

2.2.1.1 材料结构

钴酸锂的晶体结构如图 2.2 所示，在其晶体结构中，氧离子占据 $6c$ 位置，呈面心立方堆积构成结构骨架，每个金属 Co 离子由周围的 6 个氧离子包围构成 MO_6 八面体结构，Li^+ 占据 MO_6 八面体层中间，其扩散与传输通道在二维平面方向。

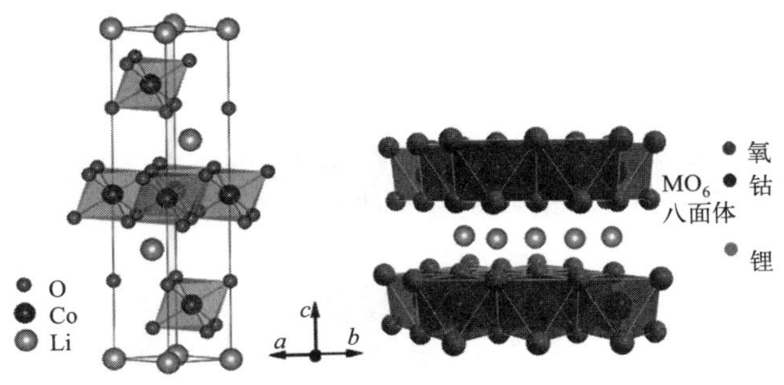

图 2.2　钴酸锂晶体结构示意图（见彩插）

2.2.1.2　优缺点

钴酸锂正极材料已有国家标准（《钴酸锂》GB/T 20252—2014），根据国家标准中的定义，常规钴酸锂在 4.2V 充电截止电压下，质量比容量≥155mAh/g；首次充放电库仑效率≥95%；当放电容量达到首次循环放电容量的 80% 时，循环寿命能满足 500 次以上。商业化常规钴酸锂 D_{50} 在 7～13μm，D_{max}≤50μm，其微观形貌为微米级别的椭球形颗粒，如图 2.3 所示。

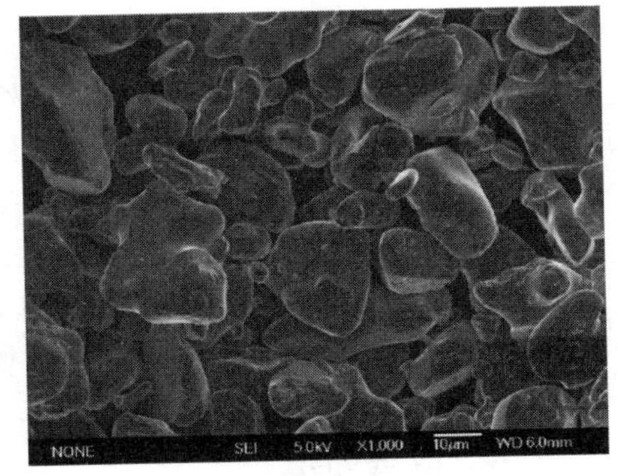

图 2.3　常见钴酸锂 SEM 微观形貌

钴酸锂作为较早商业化的正极材料，其主要优点如下：

① 具有相比于其它正极材料无法替代的体积能量密度，由其制备得到的极片压实密度可达到 4.2g/mL 以上，高电压（>4.45V）下克容量可达到 185mAh/g；

② 钴酸锂具有相对较优的电子与离子导电性、功率与快充特性，可满足目前消费类电子产品对锂电池的要求，使用场景较为广泛。

钴酸锂作为正极材料的主要缺点如下：

① 高温循环寿命较短及存储、产气等问题，与对寿命要求更高的动力用锂离子电池仍存在差距；

② 钴酸锂受限于金属钴的价格，钴酸锂也是目前单位质量成本最高的正极材料，进而一定程度上限制了其在部分领域，如电动汽车及储能锂电池中的应用。

2.2.1.3　制备方法

（1）高温固相法

高温固相法是将碳酸锂（或氢氧化锂）和碳酸钴（或其他含钴的氧化物）两种原材料，以 1∶1 的锂钴化学计量比均匀混合，然后在空气中高温烧结得到。例如：在 350～450℃ 对混合均匀的材料进行预热处理，随后于 700～850℃ 在空气中加热，这样合成得到的层状钴酸锂正极材料实际比容量最高可达 150mAh/g，电池的循环寿命也得到一定提高。

高温固相法这一合成方法虽已广泛用于工业化生产，但制备方法耗时长、合成温度要求高，并且合成得到的粉体组成的颗粒大、均匀性差、化学计量比偏移大，导致了高温固相法的成本大大提高。

（2）溶胶-凝胶法

溶胶-凝胶法是基于胶体化学粉体制备的一种实验方法。以化学计量比为 1∶1 的醋酸钴、醋酸锂作为原材料，添加柠檬酸后，将三者与乙二醇溶液混合，连续搅拌得到凝胶，然后在 170～190℃真空干燥得到初步的有机前驱体，然后将前驱体在 500～700℃的空气中烧结，得到钴酸锂细粉。

对比高温固相法，溶胶-凝胶法的优点如下：合成所需实验设备简单，反应条件易于控制，制备得到的材料烧结性能好，产品化学均匀性好，前驱体溶液具有良好的化学均匀性。但溶胶-凝胶法存在合成周期长导致时间成本高、工业化困难等缺点。

（3）水热合成法

水热合成法是一种将原料与水混合，在一定的压力和温度下制备目标化合物的实验合成方法。水热合成法具有工艺简单、粒径小、相均匀等优点，但是不足之处在于只能制备少量材料，适用于实验室制备。如果采用水热合成法对钴酸锂进行大规模生产制造，则会受到许多条件的制约，尤其是大型高温高压反应器的搭建难度过大，成本过高。

（4）喷雾干燥法

钴酸锂材料的制备

将醋酸钴和碳酸钴作为原材料，以相应的化学计量比混合溶解，并在溶解过程中，加入乙酸以协助碳酸钴的溶解，然后采用喷雾干燥，对合成得到的前驱体进行煅烧。

通过喷雾干燥法制备钴酸锂材料有如下优点：烧结时间短、烧结温度低、工艺条件简单、制备成本低，可获得具有 $\alpha\text{-NaFeO}_2$ 结构的超细钴酸锂纯相，制备所得钴酸锂材料具有优良的电化学性能。

2.2.1.4 改性方法

在实际应用中，钴酸锂处于 4.2V 截止电压时只能释放其理论比容量大约一半的容量。然而，随着钴酸锂电池应用领域的蓬勃发展，市场对钴酸锂电池系统的整体性能提出了更高水平的要求，研发具有更高能量密度、更高功率密度和更长循环寿命的钴酸锂正极材料已经成为现阶段及未来很长一段时间内钴酸锂电池领域的研究重点。从理论上而言，提高钴酸锂的工作截止电压就会有更多的 Li^+ 在其体相结构中做可逆的脱嵌运动，进而达到释放更多电量的目的。例如，对于商业化钴酸锂软包电芯，如果充电截止电压由之前的 4.2V 逐渐增加到 4.45V 甚至更高，对应的钴酸锂比容量由 145mAh/g 提高到 180mAh/g 以上。但是，由于材料结构的限制，当大于一半的锂脱出时，钴酸锂的晶体结构会变得不稳定，且少量过充便会进一步影响材料的稳定性，加剧材料容量的衰减。因此，如何实现高电压下钴酸锂正极材料容量提升的同时保证其长循环稳定性成为了研究重点。

常见的钴酸锂性能优化手段主要有离子体相掺杂和表面包覆两种，当然，也可以将包覆与掺杂结合起来。

（1）离子体相掺杂

离子体相掺杂是提高正极材料结构稳定性的重要方法之一，这种方法一般使用同氧结合能较高的阳离子，通过更强的化学键稳定晶体结构。多种阴阳离子都是可以选择掺杂的对象，诸如 Zr^{4+}、Al^{3+}、Mg^{2+}、Ti^{4+}、Zn^{2+}、Nb^{5+}、W^{6+}、Nd^{3+}、Sr^{2+} 等。掺杂后的复合物除了改善晶体结构稳定性以外，掺杂离子尺寸的差异会在晶格结构中引入一定程度的晶格扭曲，进而影响电池比容量和直流阻抗等特性。

目前掺杂大致可分为液相法与固相法两种。液相法一般是在前驱体合成时，在共沉淀过程中将掺杂元素掺入前驱体晶格中，如三元前驱体合成时，按 Al^{3+}、Zr^{4+} 共沉淀合成的方式，将金属离子掺入至晶格中的氧八面体或锂层的位置。液相法掺杂均匀性更高，但掺杂元素种类受到共沉淀反应限制，提高了合成过程控制难度，对生产优率与成本带来负面影响。固相法是目前工业生产应用最多的掺杂方法。其具体步骤是：在材料生产的称量混料过程中，将掺杂元素同锂源及前驱体按一定比例混合，共同进行烧结合成反应。固相法合成整体控制难度小、成本低，但受到离子在晶格中固相扩散的限制，掺杂均匀性低于液相法。

(2) 离子表面包覆

离子表面包覆是提高正极材料表面稳定性的重要方法之一，通过引入金属元素与部分非金属元素，在材料表面包覆一层具有较好的化学稳定性，且能保证锂离子通过的保护层。通常的包覆方法是使用 ZrO_2、TiO_2、Al_2O_3、SrO、MgO、Y_2O_3、B_2O_3 等氧化物，同正极材料充分混合后进行热处理。一方面，这类氧化物同材料表面残余锂在高温下进行反应，降低表面碱性；另一方面，这类氧化物同材料晶格表面的氧在高温下成键，稳定了表面结构，提升循环寿命。此外，包覆物本身一定程度阻隔了正极材料同电解液直接接触，起到一定阻隔与保护的作用。

2.2.2 镍钴锰酸锂

2.2.2.1 材料结构

镍钴锰酸锂（NCM），其晶体结构同钴酸锂基本一致，同属于六方晶系层状结构。但与钴酸锂不同的是，在层状八面体结构中，NCM 中部分 Co 被 Ni 与 Mn 所取代占据。因此，NCM 三元材料组分可调性很高，常见的 Ni、Co、Mn 比例有 1∶1∶1、5∶2∶3、6∶2∶2、8∶1∶1 等，图 2.4 展示了 Ni/Co/Mn 比例调整的三元组分相图。NCM 三元材料中，Ni、Co、Mn 三种元素分别起到不同的作用。其中，Ni 主要提供容量，Co 对稳定材料结构、改善动力学与倍率特性有贡献，Mn 主要起到稳定结构、降低成本的作用。

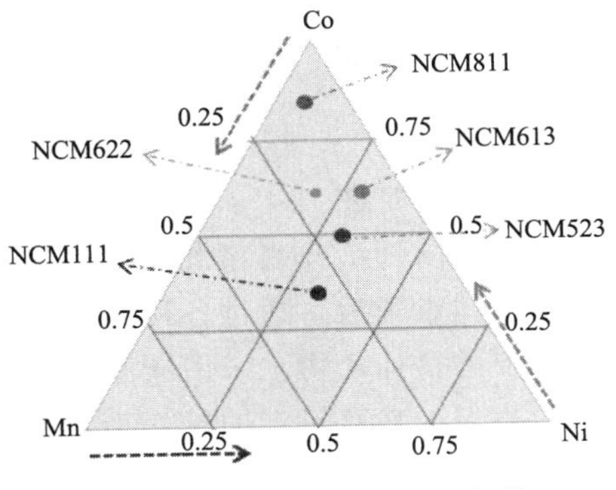

图 2.4　Ni/Co/Mn 比例调整的三元组分图（见彩插）

NCM 的理论比容量在 270mAh/g 以上，比传统正极材料如钴酸锂、锰酸锂和镍酸锂等还要高得多，而且随 Ni 含量的增加，其比容量也增加，但是由于 Ni^{2+} 和 Li^{+} 的离子半径非常接近，所以 Ni 含量的增加也会加剧 Li^{+}/Ni^{2+} 的混排程度。镍占据了锂的位置，不仅减少了可用锂离子的数量，同时也会影响锂离子的扩散，从而影响材料的性能。

总之，三元材料由于具有相对较高的能量密度、较为均衡的电化学性能，成为近年来乘用车动力电芯中使用最多的正极主材。

2.2.2.2 优缺点

三元材料

镍钴锰酸锂是较有前景的锂离子电池正极材料之一，优点如下：

① 具有较高的成分、形貌及结构可调性，适用于不同锂离子电池的应用场景，如高能量密度锂离子电池与高功率锂离子电池等不同应用方向。

② 通过优化和提高组分中 Ni 含量及充电截止电压，可获得相对较高的能量密度。

③ 晶体结构稳定性相对较高，循环寿命较好。

此外，镍钴锰酸锂公认的缺点包括：

① NCM 三元材料受限于 Ni、Co 金属价格，成本相对较高且易波动。

② 随着三元材料的 Ni 含量提高，其安全性降低，三元锂离子电池安全性低于磷酸铁锂电池。

2.2.2.3 制备方法

镍钴锰酸锂的制备方法与钴酸锂类似，包括高温固相法、共沉淀法、溶胶-凝胶法、水热法等，不同的制备方法所得的三元镍钴锰酸锂的性能有很大的区别。接下来主要介绍应用最多的高温固相法和共沉淀法。

（1）高温固相法

高温固相法的反应温度一般在 600℃以上，在高温下反应物之间扩散主要是通过原子或离子完成的。高温固相法的工艺过程简单、所需的设备少且工艺参数简单可控，但是高温固相法合成的样品颗粒尺寸分布不均匀，容易引入杂质，而且物料之间不易混合均匀，影响材料的性能。

高温固相法实例

利用金属离子的草酸盐为原料，球磨后将得到的前驱体干燥，然后在不同的烧结温度下制备出 $LiNi_{1/3}Co_{1/3}Mn_{1/3}O_2$。数据表明，在900℃下烧结得到的样品具有最好的电化学性能，在大电流密度 $1C$ 下循环350圈以后，放电比容量仍然可保持140mAh/g，拥有比其他烧结温度的样品更优秀的循环稳定性。

（2）共沉淀法

选择不同的螯合剂和沉淀剂，使金属离子与其发生化学反应从而得到前驱体，将得到的前驱体烘干后，通过各种方式与锂源进行充分的混合以后，再进行高温烧结就能得到所需要的目标产物。采用碳酸盐共沉淀法或者是氢氧化物共沉淀法合成的样品元素分布较为均匀，具有较大的振实密度，表现出优秀的电化学性能。但是采用共沉淀法合成样品需要对多个工艺参数进行控制，比如温度、搅拌速度、pH 值、反应时间等等，过程较为复杂繁琐。

共沉淀法实例

实例1：采用氢氧化物共沉淀法成功合成了不同尺寸大小的 $Ni_{0.5}Co_{0.2}Mn_{0.3}O_2$ 前驱体，将前驱体与 Li_2CO_3 混合，在800℃高温烧结12h 后成功制备出 Li $Ni_{0.5}Co_{0.2}Mn_{0.3}O_2$。结果表明，前驱体颗粒尺寸为3μm 时所合成的 NCM 三元材料表现出最好的性能，在 0.2*C* 下，首次放电比容量为 172.6mAh/g。

实例2：以镍钴锰的硝酸盐为原料，碳酸盐为沉淀剂，得到球形的前驱体后再与锂源混合，然后在氧气氛围下780℃高温烧结15h 成功制备出 $LiNi_{0.6}Co_{0.2}Mn_{0.2}O_2$。结果表明，前驱体浓度为0.03mol/L 时，样品具有最好的电化学性能，在1*C* 下具有最高的首次放电容量，而且在循环100圈后，仍然能够保持初始容量的81.47%。

2.3　磷酸盐橄榄石结构正极材料

2.3.1　磷酸铁锂

早在 1997 年，Goodenough 课题组首次报道橄榄石结构的磷酸铁锂（LFP）。由于磷酸铁锂相对低廉的价格、较高的结构稳定性及安全性等优点，逐渐成为商业化电动大巴车、储能电站用锂离子电池中最主要的正极材料。

2.3.1.1　材料结构

拓展小知识：刀片电池

“刀片电池”是比亚迪最新研发的新一代磷酸铁锂电池，如图2.5所示。刀片电池的结构设计，克服了传统磷酸铁锂电池能量密度低的限制，同时兼具长寿命、长续航里程优势。根据比亚迪的资料显示，刀片电池的体积能量密度与811三元锂电池接近，高体积能量密度可以在较小的空间布置大容量的电池，单次充电可满足600公里续航需求。在电池寿命方面，刀片电池充放电3000次以上，行驶120万公里。据比亚迪创始人王传福表示，刀片电池的最大特点就是安全，刀片电池将改变整个新能源汽车行业，并让其进入良性发展的快车道。

图2.5　比亚迪刀片电池

橄榄石结构的磷酸盐，其晶体结构属于正交晶系，具有一维脱嵌锂通道。晶体结构中 PO_4 四面体与 FeO_6 八面体通过共边构建成三维空间网状结构，图 2.6 为其晶体结构示意图。锂离子占据八面体与四面体空隙中，形成沿着 *b* 方向的一维扩散通道。PO_4 四面体中 P—O 强共价键使得该结构具有很强的热力学和动力学稳定性，充放电过程中 Li^+ 的脱嵌不会引起材料体积的急剧收缩或膨胀。

在充电过程中，$LiFePO_4$ 相转变为 $FePO_4$ 相，放电过程与之可逆，由 $FePO_4$ 相转变为 $LiFePO_4$ 相。

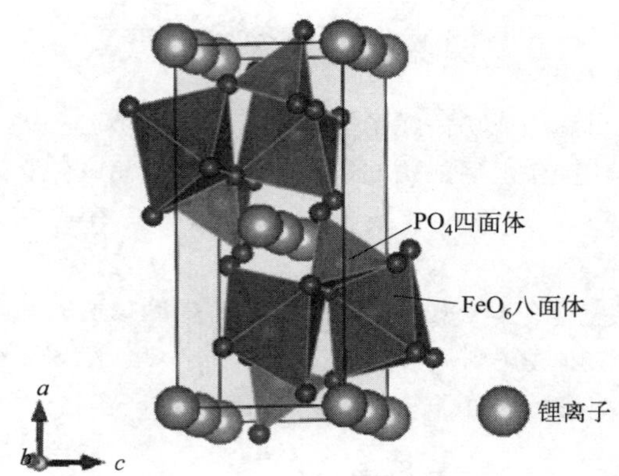

图 2.6　磷酸铁锂的橄榄石结构示意图（见彩插）

$$\mathrm{LiFePO_4} - x\mathrm{Li^+} - x\mathrm{e^-} \xrightarrow{\text{充电}} x\mathrm{FePO_4} + (1-x)\mathrm{LiFePO_4}$$

$$\mathrm{FePO_4} + x\mathrm{Li^+} + x\mathrm{e^-} \xrightarrow{\text{放电}} x\mathrm{LiFePO_4} + (1-x)\mathrm{FePO_4}$$

$LiFePO_4$ 晶格中，电子是通过过渡金属层进行传输的。但是，PO_4 四面体中的 O 将 FeO_6 八面体分开，每个 FeO_6 八面体只由 1 个公共顶点连接，导致晶胞中无法形成连续过渡金属层网络。因此，$LiFePO_4$ 材料的电子电导率低，室温下电子电导率约为 10^{-10}～10^{-9}S/cm，远低于 $LiCoO_2$（约 10^{-3}S/cm）和 $LiMn_2O_4$（约 2×10^{-5}～5×10^{-5}S/cm）。与此同时，同二维或三维隧道不同，一维隧道更易被堵塞而阻止锂离子迁移，其离子扩散系数低于层状结构的钴酸锂或镍钴锰酸锂。Li^+ 在 $LiFePO_4$ 和 $FePO_4$ 两相晶格中的理论扩散系数较低，这些因素导致 $LiFePO_4$ 倍率性能相对较差。

2.3.1.2　优缺点

磷酸铁锂正极材料已有国家标准，包括《纳米磷酸铁锂》（GB/T 33822—2017）和《锂离子电池用炭复合磷酸铁锂正极材料》（GB/T 30835—2014），根据国家标准的定义，磷酸铁锂理论克容量为 170mAh/g，实际在全电池中能达到 145mAh/g 左右，充放电平台电压（vs. Li^+/Li）为 3.25V 左右，其充放电曲线如图 2.7 所示。

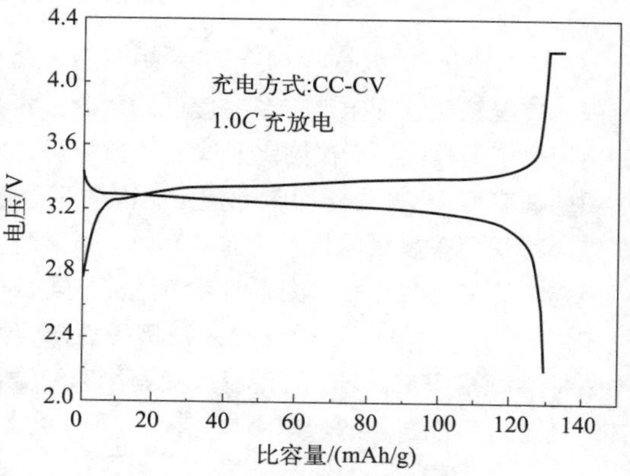

图 2.7　磷酸铁锂室温 1C 倍率下的充放电曲线

商业化磷酸铁锂为纳米尺寸的颗粒，典型的 SEM 微观形貌如图 2.8 所示。商业化纳米磷酸铁锂材料压实密度在 2.6g/mL 以内，整体体积能量密度低于三元材料与钴酸锂。在低温时，磷酸铁锂材料放电容量会出现大幅降低，该性能短板在一定程度上制约了磷酸铁锂应用范围。

磷酸铁锂作为较早在电动大巴商业化应用的正极材料，其优点包括：

① 橄榄石具有很高的结构稳定性，决定了磷酸铁锂材料优良的循环与存储寿命。

② 磷酸铁锂中的铁与磷等原料成本低廉，适合大规模生产与应用。

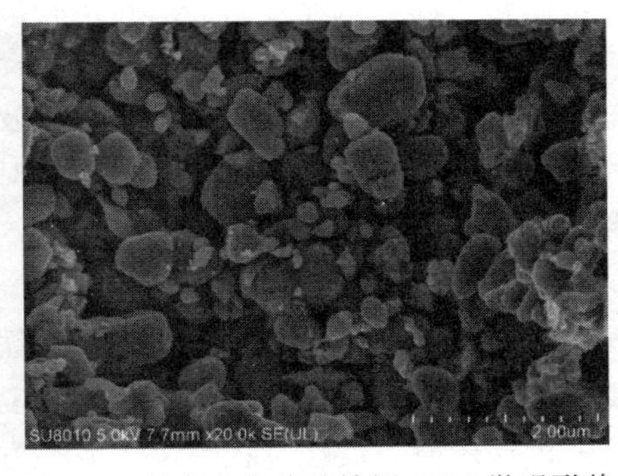

图 2.8　某商业化磷酸铁锂 SEM 微观形貌

磷酸铁锂的主要缺点如下：

① 磷酸铁锂理论克容量为 170mAh/g，实际比容量发挥在 140～150mAh/g，压实密度在 2.4～2.6g/mL 之间，整体能量密度低于 LCO 及 NCM 三元材料。

② 磷酸铁锂晶体结构的特点，决定其锂离子电导率与电子电导率较低，制成锂离子电池后内阻较大。

③ 磷酸铁锂低温容量衰减较明显，一定程度限制了应用场景和地域范围。

2.3.1.3　制备方法

磷酸铁锂的制备主要分液相法和固相法两大工艺路线。其中，液相法有水（溶剂）热法、共沉淀法、溶胶凝胶法等，固相法有高温固相法、碳热还原法以及微波合成法等。

（1）水（溶剂）热法

水（溶剂）热法是在反应釜中，高压高温下直接进行合成的方法。原材料为可溶性的铁盐、锂盐以及磷盐。水热法的制备工艺简单，产品颗粒小，粒径均一，分散性好，能耗低，但是水热法所需要的高压设备不容易工业化。溶剂热法是在水热法的基础上延伸而来的，它的原理与水热法相似，溶剂热法合成成本高，不适于商业化应用。总之，水（溶剂）热法具有物相均一、粉体粒径小、产物形貌可控等优点，但只限于少量的粉体制备，若要扩大产量，却受到诸多限制，特别是大型的耐高温高压反应器的设计制造难度大，造价也高。

（2）共沉淀法

共沉淀法在溶液环境下进行，共沉淀法制备的前驱体的形貌受到溶液的浓度、溶液温度、pH、搅拌速度等因素的影响。前驱体材料直接决定了烧结后磷酸铁锂的性能，因此，选择合适的实验参数是制备高性能材料的基础。共沉淀法可以使原料达到分子水平混合，可获得颗粒细小均匀、电化学性能优良的 $LiFePO_4$ 材料，但工艺较复杂，沉淀过滤困难，而且需要处理含有杂质离子的废液。

（3）溶胶凝胶法

溶胶凝胶法是在溶液状态下，以无机金属盐或者金属醇盐，以及高化学活性的化合物为原料，经过水解、缩聚后获得透明的溶胶，再将干燥老化后的凝胶材料高温煅烧，得到最终产物。溶胶凝胶法制备的材料电化学性能好、尺寸小、颗粒均匀。制备的材料具有孔状结构，因而不易团聚。此外，有机溶剂或者含碳化合物在烧结过程中，可以形成原位碳包覆，改善材料性能。但是溶胶材料的干燥过程耗时较长，整个合成周期长，不利于工业生产。

（4）高温固相法

高温固相法是一种比较传统且使用较广的方法。将原材料按照化学计量比称量并充分研磨后，在弱还原氛围下，先在 300～350℃下预热使材料分解，再升温至 800℃煅烧，最终得到磷酸铁锂粉末。高温固相法选取的铁源一般为 $C_4H_6FeO_4$ 或 FeC_2O_4，磷源一般为 $NH_4H_2PO_4$，锂源常用 Li_2CO_3 或 CH_3COOLi 等。煅烧温度过高时，会生成 Fe_2O_3 和 $Li_3Fe_2(PO_4)_3$ 等杂质相，从而影响材料性能。高温固相法合成的产物颗粒较大、产品纯度低、原料混合不均匀，因此，可以采用机械混合方法，将原料用球磨机充分研磨后再进行煅烧。高温固相法具有设备工艺简单、产量大等优点，而且反应一旦发生即可进行完全，不存在化学平衡，利于工业化生产。但该方法合成温度高、合成时间长，不易控制产品的粒度及分布和形貌，均匀性差。因此，控制好前驱体的粒度和活性，降低合成温度，缩短热处理时间，保证产物的分散性和均匀性，是改善高温固相法合成磷酸铁锂的关键。

(5) 碳热还原法

碳热还原法实质上是对高温固相法的改进。高温固相法一般以二价铁为铁源，而二价铁在高温下很容易被氧化成三价铁，并且二价铁的成本要比三价铁高。碳热还原法是在固体混合物中混入碳源，高温烧结时，碳产生的还原性气体将三价铁还原。煅烧过程中，碳源一方面提供了还原性氛围，另一方面包覆了材料表面，增强了材料的导电性，进而提高材料的性能。在进行碳热还原法时，要选择合适的碳源与碳含量。

(6) 微波合成法

微波合成法是利用微波辐射加热技术，通过选择合适的原料置于微波场中，利用介质与微波能相互作用以及相关热效应和非热效应在微波场中进行固相合成反应，获得所需产物。微波辐射加热是超高频电场穿透介质，迫使介质分子反复高速摆动，相互摩擦碰撞而发热，能快速整体均匀地加热材料，而且微波场的存在可以增强离子扩散能力，对提高材料的反应活性有利，从而加快反应速率，大大缩短材料的合成时间，有利于纯相物质的获得和细小晶粒的形成以改进材料的显微结构和宏观性能。使用微波加热时，通常需要添加吸波剂，而碳材料因为生热快、成本低，被认为是最适合的微波吸收材料。

2.3.1.4 改性方法

$LiFePO_4$ 存在离子扩散速率低、导电性能差的问题，对 $LiFePO_4$ 的倍率性能和低温性能造成很大影响。因此，如何提高材料的离子扩散速率和导电性，从而进一步有效提高倍率性能和低温性能一直是研究人员关注的热点。归纳起来，$LiFePO_4$ 正极材料的改性方法主要包括纳米化、表面改性和元素掺杂三个方面。

(1) 纳米化

制备纳米级别的磷酸铁锂有助于缩短锂离子扩散路径，改善材料在大电流下的放电性能。通过制备纳米级的颗粒，增大与电解液的接触面积、增加反应的活性位点、增大材料的比表面积。随着颗粒减小，磷酸铁锂的电极极化降低，材料的循环可逆性将得到改善。

但是，磷酸铁锂纳米化也带来了一些新的问题，例如：尺寸纳米化会进一步降低材料的振实密度；纳米级别的颗粒表面能高，容易形成团聚，在浆料搅拌时混合不均匀以及涂覆时难以涂覆均匀；纳米级的磷酸铁锂自放电更严重。

球形颗粒以密堆结构排列，它能最大程度提高材料的空间利用率，降低颗粒间的接触面积，减小颗粒间团聚的可能性。一般采用水/溶剂热法、溶胶凝胶法等湿化学法合成的材料容易得到较小的颗粒，并且获得的产物颗粒均匀，分散性好。

(2) 表面改性

磷酸铁锂表面改性最主要的方式是进行碳包覆。对磷酸铁锂进行碳包覆有三个优点。一是抑制颗粒长大，增加电化学反应有效面积，降低电极的极化；二是电池工作时能一定程度上避免锂在高温下汽化所造成的损失，稳定材料中 Li^+ 的浓度；三是当包覆导电性高的材料时，能提升颗粒之间的电子传导性，减小材料电阻。

碳包覆分为两种类型：第一种为原位碳包覆，将碳源引入磷酸铁锂前驱体合成过程，表面的相互作用使碳源均匀附着在粒子表面，并在烧结中碳源发生炭化形成包覆层；第二种是非原位碳包覆，以磷酸铁锂为原料，通过适当的工艺（如研磨、超声分散等）引入碳包覆层。

碳包覆的碳源的选择对材料的性能影响较大，有机碳源主要是蔗糖和葡萄糖，无机碳源主要有炭黑、石墨、石墨烯等，相关研究表明有机碳源形成的包覆层性能优于无机碳源形成的包覆层。

（3）元素掺杂

碳包覆提高了 $LiFePO_4$ 颗粒表面的导电能力，但无法改善颗粒内部的导电性。而元素掺杂的作用是通过在体相结构中引入较高导电性的金属离子来提高材料的本征电子导电性，从而提高电化学性能。

在 Li 位、Fe 位或其他位点用少量离子/元素进行掺杂，有望提高大电流密度下 $LiFePO_4$ 材料的充放电性能。金属元素的掺杂可以增加 $LiFePO_4$ 的晶格缺陷，有利于提高 Li^+ 的扩散速率和颗粒的内部电导率。掺杂位点的不同，掺杂元素的选择也会有差异。一般来说，两种离子的半径越接近，越容易相互取代。另外，掺杂离子的价态越高，越有利于掺杂后在晶格中形成更多的缺陷，这对促进材料的导电性和锂离子在材料中的扩散速率起到非常重要的积极作用。

磷酸铁锂

磷酸铁锂表面改性实例

Li 位掺杂通常采用一些半径较小的金属元素，如 Zr、Cr、Nb、Mg、Na 等。有学者利用溶剂热法合成了 $Li_{1-x}Na_xFePO_4$（x=0、0.01和0.05）复合正极材料，Na 掺杂对材料颗粒形貌影响不大。电化学数据表明，适量的 Na 掺杂可以改善电化学性能。$Li_{0.99}Na_{0.01}FePO_4$表现出优异的倍率性能和循环稳定性，在10C 的电流密度下初始放电比容量为80.9mAh/g，循环500圈后，其容量保持率为86.7%。这主要是由于 Na 掺杂扩大了 $LiFePO_4$的晶胞参数，增大了电子电导率和锂离子扩散速率，增强了脱嵌 Li^+的可逆性，缓解了 $LiFePO_4$晶格结构内部的畸变，提高材料的循环性能。

在 Fe 位掺杂金属元素，常见的掺杂元素有 Mg、Mo、Co、V、Mn、Ni、Zn、Cu、Cr 等，Fe 位掺杂通常会削弱 Li-O 键，增加晶格体积，获得更高的离子迁移率和扩散系数，降低磷酸铁锂晶格畸变，同时 Fe 位掺杂可以抑制 Li/Fe 反位缺陷的产生。Li/Fe 反位缺陷是指 Li 和 Fe 的混合排列。抑制 Li/Fe 反位缺陷的产生，扩散通道中的 Li^+ 容易迁移而不被堵塞。因此，Fe 位元素掺杂可拓宽 Li^+ 传输通道并且抑制 Li/Fe 反位缺陷的产生，这些均有助于电化学性能的提高。有学者进行了 Mo 掺杂的 $LiFe_{1-x}Mo_xPO_4$/C 材料的研究。XRD 结果显示，Mo 的掺杂并没有改变 $LiFePO_4$/C 的橄榄石结构，但形成了 Li^+空位，有助于提高 Li^+ 的扩散速率。实验结果进一步表明，在 Mo 掺杂的样品中，$LiFe_{0.98}Mo_{0.02}PO_4$/C 的循环和倍率性能最高。在0.1C 电流密度下循环100圈后，其放电比容量达到143.2mAh/g，比纯 $LiFePO_4$/C 提高了约10mAh/g。当倍率达到5C 时，$LiFe_{0.98}Mo_{0.02}PO_4$/C 的放电比容量仍能保持在90mAh/g 以上，循环100圈后容量保持率为93.2%，比未改性的 $LiFePO_4$/C 比容量提高了8mAh/g。Mo 掺杂是提高 $LiFePO_4$材料电化学性能的有效方法。

双元素掺杂 $LiFePO_4$ 提高材料电化学性能的研究主要以两种金属元素的掺杂为主，通常研究最多的是 Li 位点掺杂和 Fe 位点掺杂。有学者采用喷雾干燥法制备了 Mg 和 Ti 共掺杂 $LiFePO_4$（MT-LFP），显示出良好的电化学性能。MT-LFP 材料是由尺寸为 100nm 的颗粒堆积而成的微米颗粒，微米颗粒直径为 2～10μm，该材料的倍率性能良好，在 0.2*C*、0.5*C*、1*C*、3*C*、5*C* 和 8*C* 的倍率下，放电比容量分别为 161.5mAh/g、160.3mAh/g、156.7mAh/g、147.5mAh/g、139.8mAh/g 和 131.5mAh/g。

多元素共掺杂主要是在 $LiFePO_4$ 结构中掺入两种以上的金属元素，综合各掺杂金属离子的优点来提高电化学性能。有学者合成了 Ni、Co、Mn 共掺杂 $LiFePO_4$，材料表现出良好的结晶度。在 $LiFePO_4$ 的结构中，Ni、Co、Mn 都占据了 Fe 位，三元素掺杂后的 $LiFePO_4$ 电荷转移电阻降低，电化学性能得到很大提升。

2.3.2 磷酸锰铁锂

相对三元正极材料，磷酸铁锂获得了更大的市场份额，但磷酸铁锂电池的能量密度已经接近“天花板”，因此，如何突破磷酸铁锂的能量密度是学术界和工业界的热点。其中，磷酸锰铁锂（LMFP）就是从磷酸铁锂衍生出来的一种极具潜力的正极材料。

在磷酸铁锂的基础之上掺杂一定的锰元素并调整其与铁的原子数量之比（锰铁比）以提高材料的电压平台，便生成了磷酸锰铁锂产品。磷酸锰铁锂是磷酸铁锂的升级版，与磷酸铁锂和磷酸锰锂的性质相似，较三元材料有更好的热稳定性、化学稳定性及经济性，同时又比磷酸铁锂的能量密度高。表 2.1 是磷酸锰铁锂与三元材料、磷酸铁锂的性能对比。

表 2.1 磷酸锰铁锂、磷酸铁锂和三元材料电池性能比较

	三元材料	磷酸铁锂	磷酸锰铁锂
理论比容量/(mAh/g)	270～278	170	171
电压平台/V	3.7	3.25	4.1
理论比能量/(Wh/kg)	1000	580	700
电导率/(S/cm)	10^{-3}	10^{-9}	10^{-13}
循环寿命	一般	好	好
热稳定性	较稳定	稳定	稳定
安全性	一般	好	好

磷酸锰铁锂相较于磷酸铁锂具有能量密度优势。磷酸锰铁锂的电压平台高达 4.1V，其值显著高于磷酸铁锂（3.4V）。高电压平台可以提高对应电池的能量密度，相当条件下其理论能量密度比磷酸铁锂高 15%～20%，基本能够达到三元电池 NCM523 的水平，从而可以为电动车提供较磷酸铁锂电池更高的续航里程。

总结起来，磷酸锰铁锂正极材料的优势包括以下四点：

① 磷酸锰铁锂相较于磷酸铁锂具有低温性能优势。磷酸锰铁锂在－20℃下容量保持率能够达到约 75%，而磷酸铁锂的容量保持率为 60%～70%。

② 磷酸锰铁锂相较于三元正极材料具有安全性优势。与三元材料相比，磷酸锰铁锂具有橄榄石型结构，充放电时结构更加稳定，有更好的安全性和循环稳定性。

③ 磷酸锰铁锂具有成本优势。因全球锰矿资源丰富，磷酸锰铁锂成本较磷酸铁锂仅增加 5%～10%，考虑到磷酸锰铁锂能量密度的提升，在电池装机成本上，磷酸锰铁锂单瓦时成本略低于磷酸铁锂，并大幅低于三元电池。

④ 磷酸锰铁锂材料中锰铁比例的不同，会导致材料的电化学性能和物理形态的差异。目前对于最佳的锰铁比没有统一的定论，锰铁比为 4∶6 左右时具有较为理想的能量密度。

磷酸锰铁锂与磷酸铁锂均属于磷酸盐系材料，从制备工艺上看，磷酸锰铁锂与磷酸铁锂类似，可以分为液相法和固相法两大类。磷酸锰铁锂材料的缺点包括导电性能、倍率性能差，锰溶出影响电池循环性能，可以采用与磷酸铁锂类似的改性方法（纳米化、碳包覆、元素掺杂）来提升磷酸锰铁锂的电化学性能。

2.4　尖晶石结构正极材料

2.4.1　锰酸锂

2.4.1.1　材料结构

锰酸锂包括尖晶石结构和层状结构，目前商业化的锰酸锂主要是尖晶石结构。尖晶石晶体结构的锰酸锂属于立方晶系，典型的化学组成为 $LiMn_2O_4$。锰酸锂晶体结构中，氧为面心立方密堆积，锰与氧成键形呈八面体结构，其结构示意图如图 2.9 所示。

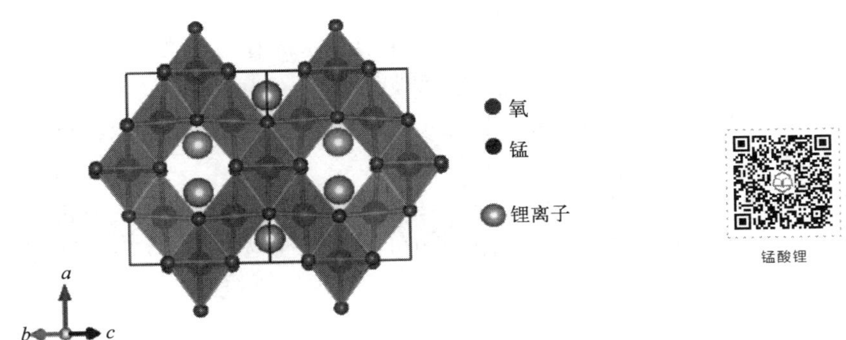

图 2.9　尖晶石结构的锰酸锂晶体结构示意图（见彩插）

尖晶石型锰酸锂的晶体结构中最大的特征是锂离子传输通道为三维通道，这样的结构特征决定了锰酸锂相比于磷酸铁锂与钴酸锂具有更好的锂离子扩散能力，在电化学性能中表现出更好的大倍率充放电的特性。

2.4.1.2　优缺点

在众多已开发出来的正极材料中，尖晶石结构的锰酸锂，因成本低廉、环境友好、电位较高、资源丰富、安全性高等优点而成为最具市场应用潜力的正极材料之一。但由于金属锰混合价态稳定性低等因素，高温循环与存储成为了其性能的重要瓶颈，但在低成本应用领域，如充电宝、二轮电动车（e-bike）中有较为广泛的应用。

尖晶石结构的锰酸锂理论克容量为 148mAh/g，实际比容量发挥在 95～120mAh/g 之间，压实密度在 2.8～3.0g/mL 范围内，整体能量密度低于层状结构的钴酸锂与三元材料。锰酸锂材料室温充放电曲线如图 2.10 所示，在放电曲线中，存在 4.1V 与 3.9V 两个电压平台，整体放电电压平台高于磷酸铁锂（3.25V）与钴酸锂（3.8V）。

虽然 $LiMn_2O_4$ 正极材料具有诸多优点，但是也面临着化学稳定性差、循环性能差、容

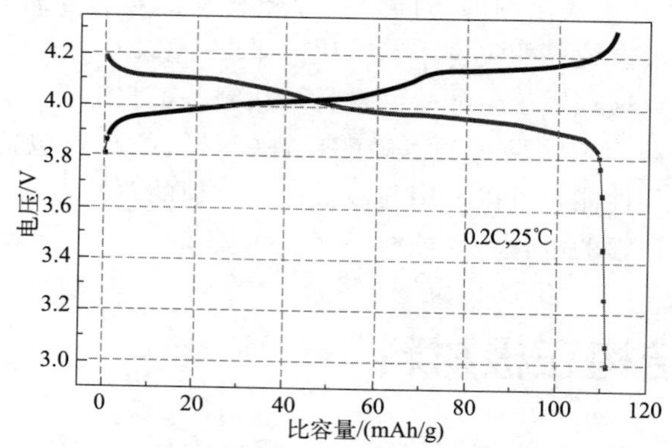

图 2.10 尖晶石结构的锰酸锂在 0.2C 倍率下的充放电曲线

量衰减严重（特别是在高温下）等问题，导致其在商业市场难以与三元材料、磷酸铁锂平分秋色。归纳起来，主要有三方面的原因：

① Jahn-Teller 效应。锰酸锂中 Mn 存在＋3 和＋4 的两种价态，当发生 Jahn-Teller 效应时，高温下晶格中的 Mn 容易溶出，将导致晶格畸变，并伴随较大的体积变化，使得其结构稳定性降低，甚至结构塌陷。

② HF 的化学侵蚀。由于电解液中痕量水的存在而产生能侵蚀电极材料表面的 HF，材料结构中的 Mn^{3+} 和 HF 发生反应而歧化分解（$Mn^{3+} \longrightarrow Mn^{2+} + Mn^{4+}$），而 Mn^{2+} 化学性质又相对不稳定，从而 Mn^{2+} 溶解并进入电解质溶液中或沉积在负极材料表面，使电池的内阻增大。

③ 电解液发生副反应。Mn^{4+} 具有强氧化性，电解液中的有机物如有机碳酸酯在强氧化性条件下会发生分解反应，分解产物可能在活性物质表面形成碳酸锂膜，使电池极化增大，容量衰减。

2.4.1.3 制备方法

自然界中的 Mn 资源丰富，$LiMn_2O_4$ 的制备方法也有多种类型。合成方法和工艺过程直接影响了 $LiMn_2O_4$ 材料的微观形貌与结晶度，因此，工业上常常需要优化合成工艺，以进一步得到具有更优异电化学性能的电极材料。现在常用的制备方法主要有固相反应法和液相反应法两种。固相反应法包括高温固相法、微波合成法、熔盐浸渍法等，而液相反应法主要包括溶胶-凝胶法、水热法、共沉淀法等。

（1）高温固相法

高温固相法是合成尖晶石型锰酸锂的传统方法，是将锂盐（如：碳酸锂）与氧化锰按一定比例混合磨碎，在高温下煅烧一定时间得到尖晶石型锰酸锂产品。这种方法的合成工艺简单，易于操作，但在高温固相法制备过程中，煅烧温度、冷却速率和反应原料的特性对最终产物的电化学性能有很大的影响。

（2）熔盐浸渍法

熔盐浸渍法是将锂盐（如 LiOH 或 LiF）加热至熔点，由于锂盐熔点较低，所需温度不高，熔融的锂盐渗透到氧化锰孔中，与氧化锰充分混合后，在高温下煅烧得到尖晶石型 $LiMn_2O_4$。这种方法增加了前驱体之间的接触面积，改善了固体锂盐与氧化锰混合的不均匀性，减少了锂的扩散时间，从而加速了固态反应。

（3）微波合成法

微波合成法是直接结合微波和材料，整体加热达到所需温度。微波合成法有利于 $LiMn_2O_4$ 的八面体晶体形貌的形成，且结晶性良好，由于生长速度快，达到了八面体晶体一起生长的效果。但该方法对设备材料、温控装置要求很高，且要求原料纯度高，难以实现大规模商业化生产。

（4）水热法

水热法通常是将氧化锰与锂盐或氢氧化锂溶液混合，在高温高压下反应生成 $LiMn_2O_4$。通过水热法制备的尖晶石型 $LiMn_2O_4$ 所需合成温度较低，形貌更可控。然而，水热法合成的 $LiMn_2O_4$ 产物晶体形状较差，且产物通常要进行干燥热处理，容易伴有 Mn_2O_3 残渣，降低产物纯度，影响材料的电化学性能。

（5）溶胶-凝胶法

溶胶-凝胶法是在配合剂中溶解锰盐和锂盐，再使溶胶固化，形成凝胶，随后，在相对较低的温度下煅烧，得到尖晶石型 $LiMn_2O_4$。在此过程中，锰离子和锂离子在溶液中可以实现更均匀的分散，接触面积的增大使得反应时间缩短，反应更加完全，因此得到的 $LiMn_2O_4$ 粒径更小。然而，在溶胶-凝胶工艺中使用大量的有机溶剂会对环境造成一定的污染，而且很难回收利用，因此，很难大规模商业化生产。

2.4.1.4　改性方法

尽管尖晶石型 $LiMn_2O_4$ 具有诸多优点，但 Mn^{3+} 的 Jahn-Teller 效应和 Mn 的溶解，致使材料在长期循环中出现结构坍塌和活性材料减少的现象，引起容量不断衰减，严重制约着其作为电池材料的使用寿命。另外，$LiMn_2O_4$ 属于半导体材料，电导率较低（约 10^{-6}S/cm），不利于其大电流下的放电能力。围绕这些问题，大量科研工作者展开了研究，主要通过形貌控制、元素掺杂和表面包覆三种方式对尖晶石型 $LiMn_2O_4$ 的性能进行改善。

（1）形貌控制

对材料的微观形貌控制也称作结构设计，是通过改变材料的微观结构使材料的电化学反应更加快速有效，从而实现性能改善。$LiMn_2O_4$ 的颗粒尺寸、形状等对材料的电子导电性、固体电解质界面（SEI）膜的形成和锂离子的扩散迁移有很大的影响。

形貌控制改性实例

实例1：通过喷雾热解法制备粒径为6.9～25.9nm 的 $LiMn_2O_4$ 纳米颗粒，比表面积达到53.0～203.4m^2/g，通过减小颗粒尺寸，材料的比表面积得到有效增大，与电解液的接触更加充分，在50*C* 的大电流下循环60圈后比容量仍能达到80mAh/g。

实例2：通过简单的溶剂加热锂化方法合成了一种 $LiMn_2O_4$ 微球与 $LiMn_2O_4$ 微管互连的结构。测试结果表明，具有独特的微球-管混合结构的 $LiMn_2O_4$ 具有良好的循环稳定性，在10*C* 倍率下经过1000圈循环后，依然可以保持84.5%的容量，并且材料的倍率性能也非常优异，10*C* 电流下的比容量达到了124.2mAh/g。

（2）元素掺杂

元素掺杂是将其他元素引入尖晶石晶格中，以增强骨架结构的稳定性。根据引入元素的类型可以分为金属元素掺杂（Mg、Zn、Al、Cr、Co、Ni 等）、非金属元素掺杂（B、Si、F、Cl 等）、稀土元素掺杂（La、Ce、Nd、Sm 等）和多元素掺杂（Zn-Al、Ni-Co、Ni-Mg、Ni-Ti 等）。

元素掺杂改性实例

采用静电纺丝法制备了 Al 和 Ni 双掺杂的 $LiAl_{0.05}Ni_{0.05}Mn_{1.9}O_4$ 纳米纤维正极材料，由于 Al 和 Ni 的双掺杂降低了 $LiMn_2O_4$ 材料的晶格常数，部分替代 Mn^{3+} 后，Jahn-Teller 效应也得到了一定的抑制。通过恒流充放电测试发现，$LiAl_{0.05}Ni_{0.05}Mn_{1.9}O_4$ 材料在高温下的循环性能得到了改善，EIS 测试显示电荷转移电阻也有所降低，表示导电性得到了增强，在10*C* 电流下放电比容量达到110mAh/g，0.5*C* 电流下循环400圈后容量保持率仍然达到82%。

（3）表面包覆

表面包覆是指从外表面给 $LiMn_2O_4$ 微观颗粒包裹一层物质，起到保护电极的作用。因为材料表面与电解液的长时间接触会引起副反应增多，表面包覆可以避免其带来的不良后果，并且减少表面 Mn 的溶解，维持骨架结构的稳定性，提高 $LiMn_2O_4$ 的循环性能，因此要求表面包覆物质均匀分散，具有良好导电性且不跟电解液发生反应。常用的表面包覆物有金属氧化物、磷酸盐、非金属化合物、含锂化合物和碳材料等。

表面包覆改性实例

实例1：采用共沉淀法合成 $LiMn_2O_4$，并在 $LiMn_2O_4$ 表面覆盖了一层石墨烯，负载石墨烯的 $LiMn_2O_4$ 由于建立了快速的 Li^+ 传输通道，在0.1*C* 和10*C* 电流下，最高放电比容量能够达到127mAh/g 和96mAh/g，并且在循环100圈后达到96.2%的容量保持率。

实例2：采用喷雾热解法在 $LiMn_2O_4$ 表面形成了一层6nm 厚的 Al_2O_3/ZrO_2 层，结果表明涂层对样品的颗粒形貌和晶体结构没有影响，而且可以提高 $LiMn_2O_4$ 的表面稳定性，抑制材料与电解液的副反应，增强 Li^+ 的可逆脱嵌能力，减小极化，从而提高常温甚至高温的循环可逆性。

2.4.2 镍锰酸锂

锰酸锂作为正极材料，具有化学稳定性差、循环性能差、容量衰减严重等问题，为了解决上述问题，可通过掺杂过渡金属离子来增加尖晶石型 $LiMn_2O_4$ 的结构稳定性。尖晶石型镍锰酸锂（化学式为 $LiNi_{0.5}Mn_{1.5}O_4$）就是通过 Ni 取代 $LiMn_2O_4$ 中四分之一的 Mn 形成的，具有更高的电压和功率密度，此外，镍锰酸锂理论比容量与 $LiMn_2O_4$ 类似，为147mAh/g，实际可以达到135mAh/g，是下一代高能量密度电池的正极材料之一。

$LiNi_{0.5}Mn_{1.5}O_4$ 材料与 $LiMn_2O_4$ 结构类似，可以将 $LiNi_{0.5}Mn_{1.5}O_4$ 材料看成 $LiMn_2O_4$ 材料的衍生物，因此，从制备方法上看，两者类似，普遍采用的合成方法是高温固相法、水热法和共沉淀法；区别在于制备 $LiNi_{0.5}Mn_{1.5}O_4$ 材料时，需要引入镍源。

$LiNi_{0.5}Mn_{1.5}O_4$ 材料也会存在 Jahn-Teller 效应、锰溶解和与电解液的副反应等问题。

为了解决以上问题，研究者们对镍锰酸锂做出了一系列改性研究，与针对锰酸锂的改性类似，也包括形貌控制、元素掺杂和表面包覆，因此不再赘述。

根据上面不同种类正极材料的电化学性能特征相关介绍，总结几类商业化正极材料的技术规格及应用场景，如表 2.2 所示。

表 2.2　常见商业化正极材料特点

正极材料	理论克容量/(mAh/g)	工作电压/V	压实密度/(g/mL)	循环寿命	材料成本	应用场景
钴酸锂 LCO	274	2.8～4.45	4.2	600～800	高	数码软包电芯
磷酸铁锂 LFP	170	2.8～3.65	2.6	3000～5000	低	电动大巴、储能电站
镍钴锰三元 NCM	约 275	2.8～4.35	3.55	1500～2500	较高	电动乘用车
锰酸锂 LMO	148	3.0～4.2	3.0	1000～2000	低	电动单车、充电宝等

图 2.11 以雷达图的形式从能量密度、功率密度、安全、成本、寿命、综合性能等多个维度，系统比较了目前市场常见四种正极材料的特征。钴酸锂（LCO）能量密度最高，但成本也是所有材料中最贵的；三元材料（NCM）整体性能更为均衡；磷酸铁锂（LFP）寿命与安全性能最优，同时成本具有一定优势；锰酸锂（LMO）功率与成本最优，但寿命为其性能短板。

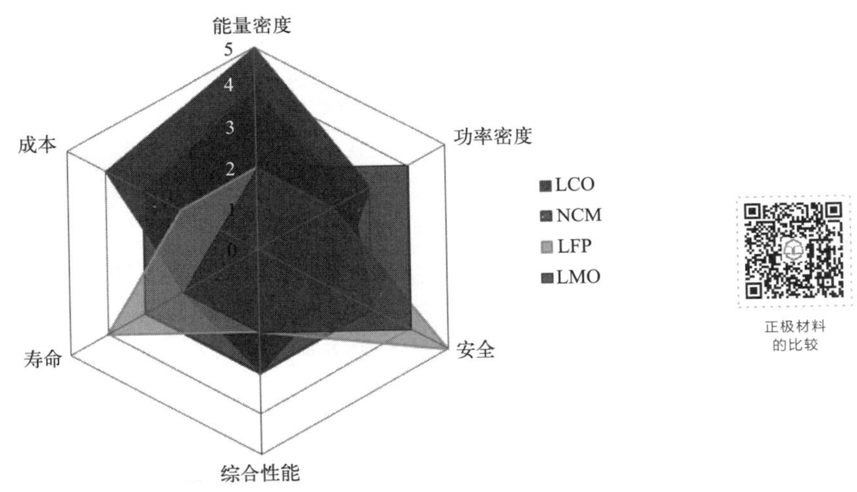

图 2.11　商业化正极材料综合比较图（见彩插）

2.5　正极材料典型制备工艺与表征

2.5.1　制备工艺

锂离子电池中的正极材料，种类虽然多，但均属于无机非金属粉体材料这一大类。高温固相合成法是常见正极材料合成方法，均可以视为前驱体与锂源（如碳酸锂）按一定比例混合后通过固相法烧结合成，根据前驱体的差异合成不同种类的正极材料。

钴酸锂正极材料：

$$2Co_3O_4 + 3Li_2CO_3 + \frac{1}{2}O_2 \longrightarrow 6LiCoO_2 + 3CO_2$$

镍钴锰酸锂三元材料：

$$2Ni_{0.5}Co_{0.2}Mn_{0.3}(OH)_2 + Li_2CO_3 + \frac{1}{2}O_2 \longrightarrow 2LiNi_{0.5}Co_{0.2}Mn_{0.3}O_2 + CO_2 + 2H_2O$$

磷酸铁锂正极材料：

$$4FePO_4 + 2Li_2CO_3 \longrightarrow 4LiFePO_4 + 2CO_2 + O_2$$

锰酸锂正极材料：

$$8MnO_2 + 2Li_2CO_3 \longrightarrow 4LiMn_2O_4 + 2CO_2 + O_2$$

本节以深圳某公司 HLF03-2 型碳包覆磷酸铁锂产品为例，介绍一款锂离子电池正极材料的制备工艺与表征。该产品的特点是高容量和高压实，应用方向为动力型锂离子电池，制作该产品的工艺流程如图 2.12 所示。

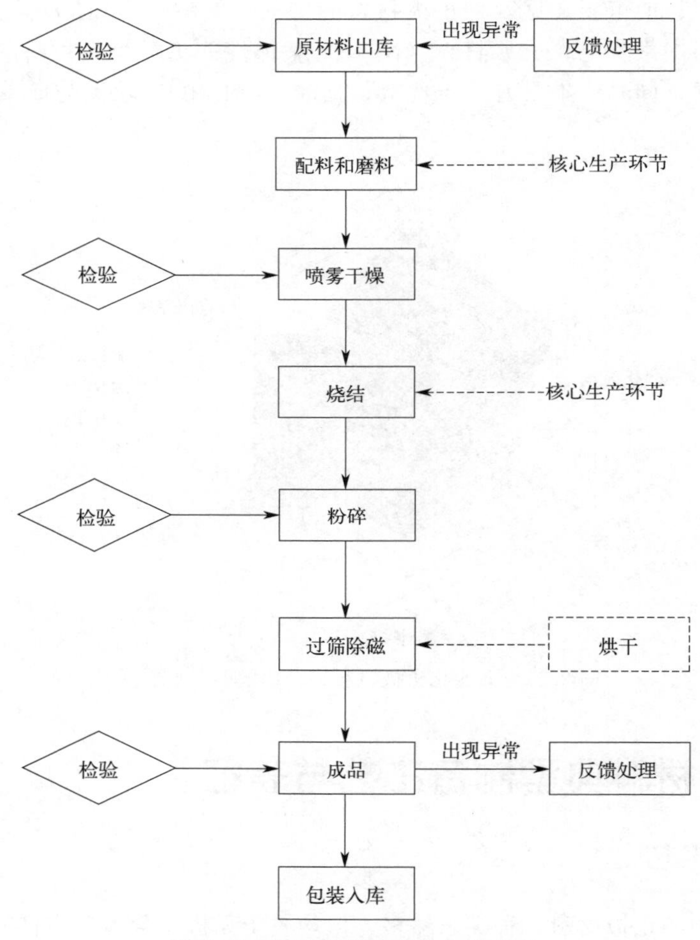

图 2.12　磷酸铁锂生产工艺流程图

生产该磷酸铁锂正极材料的原料为无水磷酸铁、碳酸锂、纳米级掺杂元素化合物、葡萄糖及高分子链有机碳源。无水磷酸铁（$FePO_4$）是二水磷酸铁（$FePO_4 \cdot 2H_2O$）脱水制备而成的，具体技术指标如表 2.3 所示。配料中的葡萄糖和有机碳源，经过混合和烧结，其反应产物碳附着在磷酸铁锂表面，从而增强磷酸铁锂材料的导电性。产品的碳含量由碳源的配比决定。

表 2.3　无水磷酸铁原料的指标

项目	指标	项目	指标
粒度(D_{50})/μm	2.0～6.0	钠(Na)/%	≤0.025
振实密度/(g/cm^3)	≥0.65	钾(K)/%	≤0.002
水分/%	≤0.3	铜(Cu)/%	≤0.001
铁(Fe)/%	36.00～36.80	锌(Zn)/%	≤0.01
磷(P)/%	20.20～21.00	镍(Ni)/%	≤0.002
铁磷比(Fe∶P)	0.970～0.985	铬(Cr)/%	≤0.005
BET/(m^2/g)	4.0～8.0	铅(Pb)/%	≤0.005
pH	3.0～4.0	钴(Co)/%	≤0.005
磁性物质/%	≤0.0002	镉(Cd)/%	≤0.005
钙(Ca)/%	≤0.005	硫(S)/%	≤0.01

(1) 配料和磨料

在生产中，该工序包含了原材料混合、前驱体制备和初碎工序。为简化流程和易于记忆，一般称为“配料和磨料”工序。配料工序即把所有原材料按照配方比例配好，放入中转罐或自动上料机。磨料工序分为粗磨和细磨，粗磨工序的目的是把物料初步磨碎成微米颗粒，细磨工序的目的是把粗磨好的物料进行更精细地破碎，进一步减小粒径。将原料按计量比配料，同时将二级反渗透纯水按照一定固含量加入到分散罐中进行混合搅拌，分散罐配有均质泵进行循环搅拌以保证物料混合均匀。搅拌 1～4h 后泵入粗磨分散罐中，在粗磨分散罐和砂磨机（粗磨）中进行循环磨料，磨料时间为 1～4h，保持浆料粒度 D_{max}≤10μm；粒度检测合格后泵入到细磨分散罐，在细磨分散罐和砂磨机（细磨）中进行二次研磨，磨料时间同样为 1～4h，保持浆料粒度 D_{max}≤5μm，砂磨好的浆料泵入待喷雾浆料罐中进行喷雾干燥工序。该工序所用的砂磨机组如图 2.13 所示。经过配料和磨料工序后的半成品如图 2.14 所示。

图 2.13　砂磨机组

图 2.14　经过配料和磨料工序后的半成品（见彩插）

(2) 喷雾干燥

将磨好的浆料泵入到喷雾干燥机（图 2.15）中进行干燥，干燥机的干燥量为 800kg/h，干燥进风温度为 200～300℃，出风温度控制在 (90±5)℃，喷雾干燥后的物料粒度 D_{50} 为

20～40μm。然后进行铁锂比的抽检和碳含量控制，其中，碳含量使用硫碳分析仪可直接得出。喷雾干燥后的半成品如图 2.16 所示。

图 2.15 喷雾干燥机

图 2.16 喷雾干燥后的半成品（见彩插）

（3）烧结

烧结设备是辊道窑炉（图 2.17），长度为 66m，整个窑炉由多个烧结区组成，主要是升温区、保温区和降温区。炉膛要求充氮气，置换窑炉中的水分和空气，同时使得炉膛受热均匀，防止物料氧化。烧结时间通过调节辊道的速度来确定，烧结过程中产生的酸性气体等经排气口排出。充入氮气之前，先对窑炉抽真空，确保空气和水分被全部抽离。因此，装钵量过大会导致物料在抽真空过程中被抽走，造成物料损失，需要根据工艺参数设置装钵量。抽真空过程中，抽真空的速率会控制在较缓慢的范围内，防止速率过快导致物料被抽走，一般抽真空时间在 30～60min。装物料的匣钵为石墨坩埚，尺寸为 330mm×300mm×160mm。根据产品的保温时间，调整辊棒速度（即窑炉运行速度），同时检测窑炉的氧含量，要求氧含量低于 5×10^{-5}。出炉的物料温度必须确保低于 100℃，以防止物料被氧化。经过烧结后的半成品如图 2.18 所示。

图 2.17 辊道窑炉

图 2.18 烧结后的半成品（见彩插）

（4）粉碎

窑炉烧结后的物料通过干燥气流输送至气流粉碎机的待粉碎料仓中，准备进行破碎。粉碎工序所用气流粉碎机如图 2.19 所示，通过调整进料量，同时控制气流压力和速度来调整物料的破碎粒度，粒度分布为正态分布，经过粉碎后的物料如图 2.20 所示。

图 2.19　气流粉碎机

图 2.20　粉碎后的物料（见彩插）

（5）过筛除磁和包装

物料在混合罐（图 2.21）进行混合，混合后的物料经过超声波振动筛（图 2.22）筛分后，经过除磁器（图 2.23）除去磁性异物，最后采用包装机（图 2.24）进行真空包装。包装的环境要求是清洁和整洁，生产过程中严禁金属异物或者灰尘进入产品，以防造成产品污染，而且必须控制产品的水分含量低于 1×10^{-3}。

图 2.21　混合罐

图 2.22　超声波振动筛

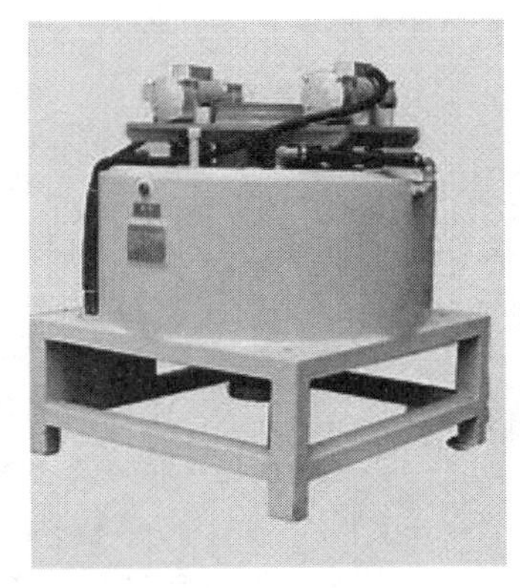

图 2.23　干粉除磁器

图 2.24　包装机

2.5.2 理化性质

经过上述生产工艺制得的 HLF03-2 型碳包覆磷酸铁锂产品，经分析检测，其理化性质如表 2.4 所示。

表 2.4 产品检测报告

理化指标	单位	典型值	测试方法
Fe 含量	%	34.5±1.5	滴定
Li 含量	%	4.4±0.15	ICP-OES
P 含量	%	19.5±1.0	滴定
C 含量	%	1.5±0.2	碳硫分析仪
铁锂比(过程控制参数)	—	0.96～1.01	根据铁含量和锂含量计算
D_{10}	μm	≥0.4	激光粒度仪
D_{50}	μm	1.8±1.0	
D_{90}	μm	≤12.0	
D_{max}	μm	≤30.0	
pH 值		9～11	pH 计
振实密度	g/cm^3	0.9±0.1	振实密度仪
压实密度	g/cm^3	2.3±0.1	加压法
比表面积	m^2/g	13±2.0	比表面积仪
水分含量	%	<0.2	重量法

测试对象：铁锂比

Fe 含量：首先将磷酸铁锂试样在110℃ ± 5℃的温度下干燥3h，并置于干燥器中冷却至室温。称取1.2500g 试样于250mL 玻璃烧杯中，加少量去离子水浸润试样后，加入浓盐酸30mL，盖上保鲜膜放置30min 左右，随后将试样置于电炉中加热微沸30min。冷却后使用抽滤器抽滤、充分洗涤后，将滤瓶中滤液转移至250mL 容量瓶中，稀释至刻度，摇匀后得到纳米磷酸铁锂储液。移取10mL 纳米磷酸铁锂储液置于100mL 烧杯中，加20mL 盐酸，逐滴加入氯化亚锡溶液至溶液黄色消失后再过量1～2滴，冷却至室温。加入6mL 硫酸/磷酸混酸溶液，然后用电位滴定仪进行滴定测试，得出 Fe 含量。

Li 含量：Li 含量利用电感耦合等离子体发射光谱法（ICP-OES），根据 GB/T 33822—2017进行测试。当然，电感耦合等离子体发射光谱法还可测定其它元素的含量。

铁锂比：根据得出的铁含量和锂含量计算出铁锂比。

测试对象：磷含量

滤液收集于250mL 容量瓶，用水稀释至刻度，摇匀。移取25mL 试液置于500mL 烧杯中，加入10mL 硝酸溶液。用水稀释至100mL，盖上表面皿，加热至微沸，在不断搅拌下用量筒加50mL 喹钼柠酮试剂，关电保温2～3min，待黄色沉淀沉降分层后取下，搅拌0.5min，静置冷却至室温。用预先干燥至恒重的坩埚式过滤器抽滤，先将上层清液滤完，然后用25mL 水洗涤沉淀，用倾泻法将沉淀上层清液沿玻璃棒小心转入坩埚式过滤器内。如此重复3～4次，将沉淀全部转移至坩埚中，再用水洗涤沉淀5～6次。将坩埚式过滤器连同沉淀放在表面皿上，置于（180 ± 2）℃烘箱内，干燥至恒重(1～2h)，置于干燥器中冷却30min，称量。磷含量以磷的质量分数 w（P）计，数值以%表示，按如下公式进行计算：

$$w(P)=([(m_1-m_2)-(m_3-m_4)]\times 0.014)/(mV/V_0)\times 100$$

式中，w（P）为磷的质量分数，%；m_1 为磷钼酸喹啉沉淀和坩埚的质量，g；m_2 为坩埚的质量，g；m_3 为空白试验沉淀和坩埚的质量，g；m_4 为空白试验坩埚的质量，g；m 为称取试样量，g；V 为实验溶液的总体积，mL；V_0 为吸取实验溶液的体积，mL；0.014 为磷钼酸喹啉换算成磷的换算因数。

2.5.3 微观形貌与结构

图 2.25 为该工艺获得磷酸铁锂产品的 XRD 图谱，合成的碳包覆磷酸铁锂与磷酸铁锂材料的标准衍射峰一致，属于 Pnma 空间群的正交晶系橄榄石结构，没有发现其他杂质衍射峰。

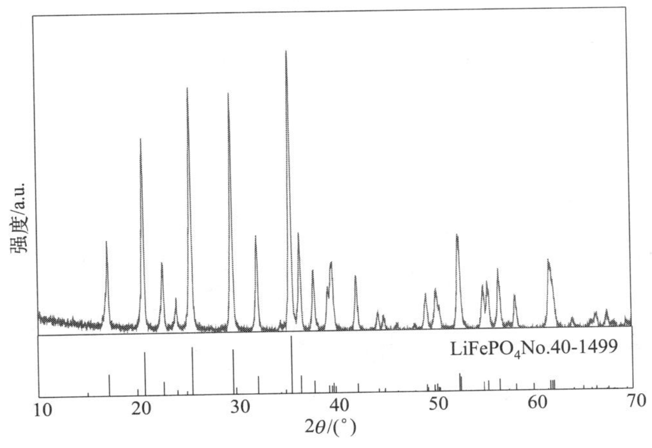

图 2.25　磷酸铁锂产品的 XRD 图谱

图 2.26 为磷酸铁锂产品的扫描电镜图，从图中可以看出，该产品的类球形颗粒分布均匀一致，粒径细小，一次颗粒粒径在 100～200nm。细小磷酸铁锂颗粒有利于缩短锂离子和电子传输距离，提高材料的电化学性能，且颗粒之间的间隙构成了蓬松多孔的亚微观结构，有利于电解液的渗透扩散，能够提高材料的比容量和放电倍率性能。图 2.27 为磷酸铁锂产品的 TEM 微观形貌，可以看出晶粒表面有一层紧密连续的纳米碳膜包覆且分布均匀，碳膜的厚度在 1～2nm，均匀的纳米碳导电层可有效提高磷酸铁锂的电导率，增强其高倍率充放电性能。

图 2.26　磷酸铁锂产品的 SEM 微观形貌

2.5.4 电化学性能

图 2.28 是磷酸铁锂产品组装扣式半电池充放电曲线，从左到右曲线为 1C、0.5C、0.2C、0.1C，结果表明该材料在 0.1C、0.2C、0.5C 和 1C 倍率下放电比容量分别为 160mAh/g、158mAh/g、154mAh/g 和 148mAh/g，并且不同倍率都对应着较好的放电平

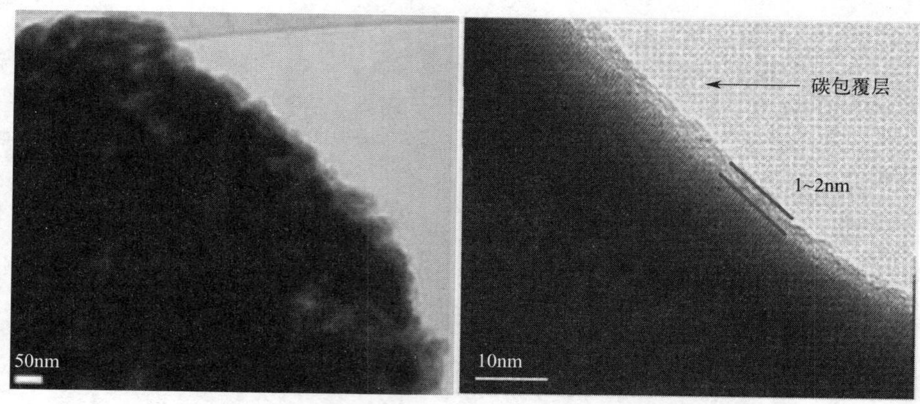

图 2.27　磷酸铁锂产品的 TEM 微观形貌

台，显示了良好的倍率性能。磷酸铁锂产品组装的扣式全电池循环曲线（拟合后）如图 2.29 所示，结果表明，循环 2500 圈后容量保持率在 80%以上，电化学性能较好。

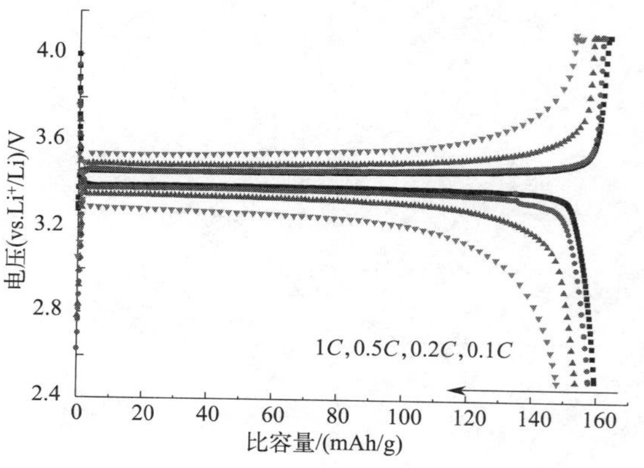

图 2.28　磷酸铁锂产品在不同倍率下充放电曲线

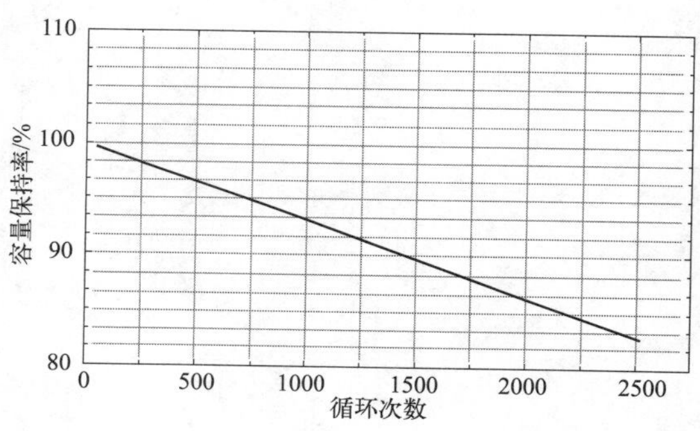

图 2.29　磷酸铁锂产品的全电池循环拟合曲线

课后作业

一、单选题

1. 锂离子电池的正极材料一般是含锂元素的（　　）。

A. 金属氢氧化物　　B. 卤化物　　C. 过渡金属氧化物　　D. 硝酸盐

2. 锂电池输出电压的高低一般取决于正极材料的（　　）。

A. 氧化还原电位　　B. 氧化还原反应速率

C. 单位质量锂含量　　D. 结构稳定性

3. 正极材料的（　　）主要影响锂离子电池的循环寿命和安全性。

A. 氧化还原电位变化范围　　B. 锂离子脱嵌速度

C. 离子电导率　　D. 晶体结构稳定性

4. 钴酸锂可以用于制成锂离子电池的（　　）材料。

A. 电解液　　B. 负极　　C. 隔膜　　D. 正极

5. 钴酸锂的结构特征在于其具有（　　）结构。

A. 层状晶体　　B. 孪生晶体　　C. 尖晶石晶体　　D. 球状晶体

6. 下列锂电池正极材料中，放电平台电压最高的是（　　）。

A. 钴酸锂　　B. 锰酸锂　　C. 磷酸铁锂　　D. 三元材料

7. 作为正极材料的锰酸锂，结构特征在于其具有（　　）晶体结构。

A. 层状　　B. 孪生　　C. 尖晶石型　　D. 球状

8. 工业上制备锰酸锂正极材料时选用的锂源一般是（　　）。

A. Li_2CO_3　　B. LiOH　　C. Li_2SO_4　　D. LiCl

9. 下列诺贝尔奖获得者中，发明了磷酸铁锂和钴酸锂的是（　　）。

A. Stanley Whittingham　　B. Akira Yoshino

C. John Goodenough　　D. Marie Curie

10. 磷酸铁锂的结构特征在于其具有（　　）晶体结构。

A. 层状　　B. 孪生型　　C. 尖晶石型　　D. 橄榄石型

11. 在安全性要求苛刻的大型锂电池中，一般使用的正极材料是（　　）。

A. 钴酸锂　　B. 磷酸铁锂　　C. 锰酸锂　　D. 碳酸锂

12. 三元正极材料能提升锂离子电池续航能力的原因是（　　）。

A. 组成材料的元素种类多　　B. 材料的理论克容量高

C. 材料的安全性高　　D. 材料充放电速度快

13. NCM三元材料中承担最主要的电化学反应与容量发挥的元素是（　　）。

A. 钴　　B. 锂　　C. 锰　　D. 镍

14. NCM中锰元素的主要作用是（　　）。

A. 参与电化学反应　　B. 传递电子

C. 稳定晶体结构　　D. 提供锂离子通道

15. 决定正极材料电化学性能的最主要因素是材料的（　　）。

A. 尺寸　　B. 结构　　C. 成本　　D. 元素

16. 最适用于大倍率充放电场景的正极材料是（　　）。

A. 锰酸锂　　B. NCA三元材料　　C. 钴酸锂　　D. 磷酸铁锂

17. 下列正极材料中，循环性能最好的是（　　）。

A. 钴酸锂　　B. 锰酸锂　　C. NCM三元材料　　D. 磷酸铁锂

二、多选题

1. 锂离子电池的正极材料根据其晶体结构差异分为（　　）。

A. 层状结构氧化物　　B. 橄榄石结构磷酸盐

C. 尖晶石结构氧化物　　D. 孪晶碳酸盐

2. 影响锂离子电池工作能量密度的主要因素是正极材料的（　　）。

A. 可逆克容量发挥　　B. 单位质量锂含量　　C. 离子电导率　　D. 电压平台

3. 下列正极材料中，属于层状结构氧化物的是（　　）。

A. 钴酸锂　　B. 磷酸铁锂　　C. 镍钴锰酸锂　　D. 锰酸锂

4. 钴酸锂被广泛用于制造锂离子电池，是因为其具有（　　）优点。

A. 粉体压实密度较高　　B. 体积能量密度大

C. 安全无毒、成本低廉　　D. 锂离子迁移速度慢

5. 关于商业化钴酸锂的制备，下列说法正确的是（　　）。

A. 钴源一般为 Co_3O_4　　B. 锂源通常为碳酸锂

C. 烧结反应时需要氧气参与　　D. 烧结反应得到的粉体可直接使用

6. 关于锰酸锂正极材料，下列说法正确的是（　　）。

A. 质量能量密度高于磷酸铁锂　　B. 体积能量密度略高于磷酸铁锂

C. 高温电化学性能存在短板　　D. 理论克容量低于钴酸锂

7. 相较于钴酸锂，磷酸铁锂正极材料的主要优点是（　　）。

A. 理论克容量高　　B. 热稳定性好　　C. 成本低廉　　D. 能量密度高

8. 关于磷酸铁锂正极材料，下列说法正确的是（　　）。

A. 结构稳定性高　　B. 离子扩散速率慢

C. 电子电导率较低　　D. 低温放电能力差

9. 与固相烧结法相比，液相法生产磷酸铁锂的优势是（　　）。

A. 产品晶粒更细小　　B. 产品尺寸分布更均匀

C. 生产工艺更简单、环保　　D. 产品使用寿命更长

10. 下列金属阳离子中，可用来对钴酸锂实施体相掺杂的有（　　）。

A. Mg^{2+}　　B. Al^{3+}　　C. Ti^{4+}　　D. Zr^{4+}

11. 将钴酸锂进行表面包覆的主要目的是（　　）。

A. 降低副反应　　B. 抑制金属离子溶解

C. 优化晶体形貌　　D. 稳定表面氧原子

12. 在电动乘用汽车中广泛应用的正极材料是（　　）。

A. 钴酸锂　　B. 锰酸锂　　C. NCM 三元材料　　D. 磷酸铁锂

三、判断题

1. 不同类型正极材料的能量密度差异较大，电化学特征差别较小。（　　）
2. 化学稳定性是衡量正极材料好坏的判据之一。（　　）
3. 充电时，锂离子将由正极材料的晶格中脱出并嵌入负极材料。（　　）
4. 商业化钴酸锂一般通过高温固相法进行反应合成。（　　）
5. 金属离子掺杂可以提高钴酸锂在高脱锂状态下的结构稳定性。（　　）
6. 金属离子掺杂可以提高锰酸锂的高温循环寿命。（　　）
7. 锰酸锂的高温电化学性能主要受到姜-泰勒效应的影响。（　　）
8. 锂离子的反复脱嵌会导致磷酸铁锂的结构发生显著变化。（　　）
9. 磷酸铁锂越来越受到青睐的主要原因是其具有成本优势。（　　）
10. 在 NCM 中，钴元素既能贡献容量，也具有稳定晶体结构的作用。（　　）
11. 常用的四大正极材料中，安全性最高且循环寿命最佳的是磷酸铁锂。（　　）
12. 磷酸铁锂与锰酸锂的成本低廉主要是因为不含有钴元素。（　　）

四、填空题

1. 锂离子电池中锂离子主要来自于__________材料。
2. 正极材料脱嵌锂时的氧化还原电位高，则电池的输出电压__________。
3. 大电流充放电时，需要正极材料具有较高的电子电导率和__________电导率。

4. 钴酸锂的理论克容量高达__________ mAh/g。

5. 磷酸铁锂中的磷氧四面体为锂离子提供了______维的输运通道。

6. 磷酸铁锂在锂电池中获得产业化推广的前提是对其表面进行__________处理。

7. 对于NCM而言，增加材料中______元素的容量，可以获得更多的可逆容量。

8. 镍钴铝酸锂正极材料的简称是__________。

9. 数码软包锂离子电池一般采用__________作为正极材料。

五、简答题

1. 锂离子电池正极材料的好坏一般可从哪几个方面进行评估?

2. 请简述可用于优化改性钴酸锂材料的两种路径。

3. 请简述以锰酸锂为正极材料的锂离子电池在高温下使用寿命降低的原因。

4. 未来如何进一步提升磷酸铁锂正极材料的应用能力?

5. 请简述镍钴锰酸锂正极材料的制备过程。

6. 在选用正极材料时，需要考量的关键指标有哪些?

第3章 负极材料

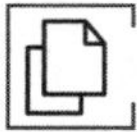

知识目标

理解负极材料的概念、特点及分类；

理解石墨类碳材料与非石墨类碳材料的区别；

理解石墨类材料、硅基材料和钛酸锂材料的特点；

理解石墨材料的改性方法；

掌握石墨类材料、硅基材料的制备方法。

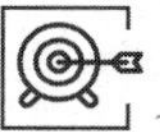

能力目标

能够从储锂机理、比容量、首效、循环寿命四个角度，说出天然石墨、人造石墨、硅/碳复合材料和钛酸锂材料的优缺点；

能够掌握天然石墨和人造石墨的制备工艺。

负极材料是锂离子电池储锂的主体，在充放电过程中实现锂离子的嵌入和脱出，跟正极一样，都属于电极材料，是锂离子电池的重要组成部分。

3.1 负极材料的特点及分类

3.1.1 负极材料的特点

作为锂离子电池负极材料，应满足以下要求。

① 插锂时的氧化还原电位应尽可能低，接近金属锂的电位，从而使电池的输出电压高；

② 尽可能多的锂能够在主体材料中可逆地脱嵌，比容量值大；

③ 在锂的脱嵌过程中，主体结构没有或很少发生变化，以确保好的循环性能；

④ 氧化还原电位随插锂数目的变化应尽可能少，这样电池的电压不会发生显著变化，可以保持较平稳的充放电；

⑤ 插入锂的化合物应有较好的电子电导率和离子电导率，这样可以减少极化并能进行大电流充放电；

⑥ 具有良好的表面结构，能够与液体电解质形成良好的固体电解质界面膜（也称为SEI膜）；

⑦ 锂离子在主体材料中有较大的扩散系数，便于快速充放电；

⑧ 价格便宜，资源丰富，对环境无污染等。

名词解释：　SEI 膜

在液态锂离子电池首次充放电过程中，电极材料与电解液在固液相界面上发生反应，形成一层覆盖于电极材料表面的钝化层。这种钝化层是一种界面层，具有固体电解质的特征，是电子绝缘体，却是 Li^+ 的优良导体，Li^+ 可以经过该钝化层自由地嵌入和脱出，因此这层钝化膜被称为固体电解质界面膜（solid electrolyte interface），简称 SEI 膜。

3.1.2　负极材料的分类

负极材料有多种分类方法，按其组成，可分为碳负极材料和非碳负极材料两大类。碳材料主要包括石墨类碳材料、非石墨类（无定形）碳材料两类，如图 3.1 所示。

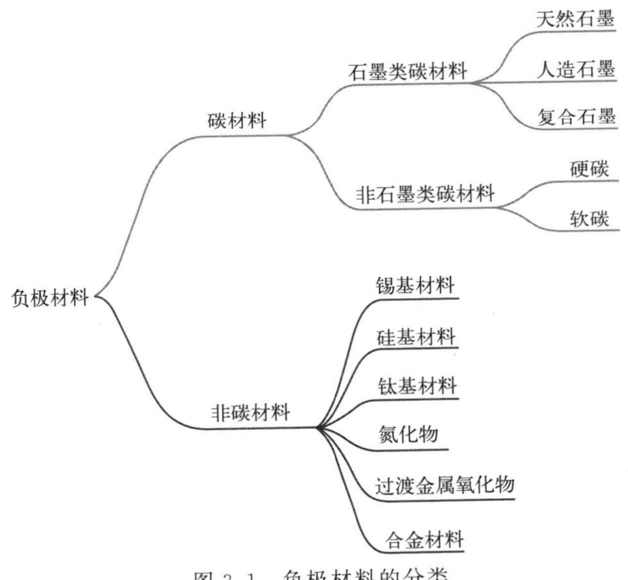

图 3.1　负极材料的分类

石墨类碳负极材料已有国家标准《锂离子电池石墨类负极材料》（GB/T 24533—2019），按照标准术语，锂离子电池石墨类负极材料采用的是结晶性层状结构的石墨类碳材料，与正极材料在一定体系下协同作用实现锂离子电池多次充电和放电，在充电过程中，石墨类负极材料接受锂离子的嵌入，而放电过程中，实现锂离子的脱出。石墨类碳材料包括天然石墨、人造石墨和复合石墨三类。

石墨具有良好的层状结构（如图 3.2 所示），层间距为 0.335nm，同层的碳原子以 sp^2 杂化形成共价键结合，石墨层间以范德华力结合。在每一层上，碳原子之间都呈六元环排列方式并向二维方向无限延伸。石墨的这种层状结构可以使锂离子很容易地嵌入和脱出，并且在充放电过程中，可保持结构稳定。石墨负极材料的理论比容量为 372mAh/g，但实际比容量为 330～370mAh/g。锂离子嵌入石墨的层间形成 Li_xC_6 层间化合物，在石墨中的嵌入/脱嵌反应发生在 0.01～0.2V（vs. Li^+/Li），具有明显的低电位充放电平台，这有利于给锂电池提供高而平稳的工作电压。但是石墨负极材料也有一定的缺陷，在充放电过程中，易与电解液反应生成SEI膜，使得锂离子电池首次库仑效率较低；此外，石墨负极与电解液的相容性较差，容易与电解液中的有机溶剂发生共嵌入情况，这会导致负极石墨层膨胀剥落，进而使得锂离子电池循环稳定性降低。

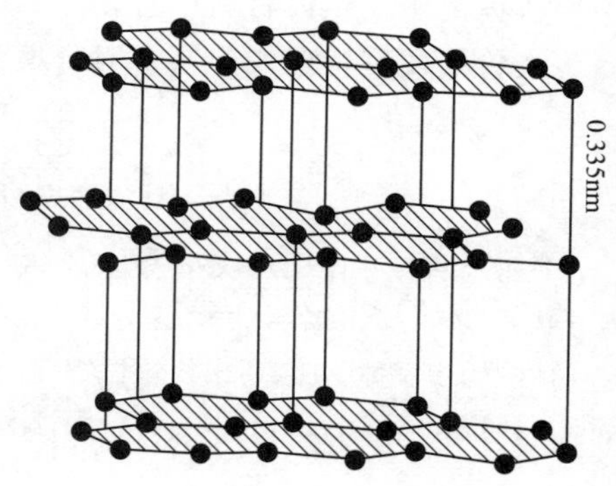

图 3.2　石墨的结构

非石墨类（无定形）碳材料按其石墨化难易程度可分为易石墨化碳材料（也称为软碳）和难石墨化碳材料（也称为硬碳）。非石墨类碳材料与石墨有不同的储锂机理，通常表现出较高的比容量，但电压平台较高，存在电位滞后现象，同时循环性能不理想，可逆储锂容量一般随循环的进行衰减得比较快。

非碳负极材料包括锡基材料、硅基材料、氮化物、钛基材料、过渡金属氧化物和其他一些新型的合金材料，其分类如图 3.1 所示。非碳负极材料的开发主要是由于碳素材料比容量低，不能满足日益增长的对电池容量的要求，再加上碳素材料首次充放电效率低，存在着有机溶剂共嵌入等缺点，所以，人们在开发碳材料的同时，也开展了对高容量的非碳负极材料的研发。

锡基材料包括锡的氧化物、锡基复合氧化物、锡盐、锡酸盐以及锡合金等；硅基材料分为硅、硅的氧化物、硅/碳复合材料、硅合金等；钛基材料主要是指钛的氧化物，包括 TiO_2、尖晶石结构的 $LiTi_2O_4$ 和钛酸锂（$Li_4Ti_5O_{12}$）等；氮化物主要是指各种过渡金属氮化物，是含锂的负极材料；过渡金属氧化物主要指 M_xO_y（M=Fe，Ni，Co，Cu）等；合金材料则包括 Sn 基、Sb 基、Si 基、Al 基合金材料等。

目前，已经商业化生产的锂离子电池负极材料，主要包括天然石墨、人造石墨、硬碳、软碳、钛酸锂（$Li_4Ti_5O_{12}$）材料、硅基材料等。从负极材料的销量对比来看，天然石墨和人造石墨一直是使用量最大的负极材料。

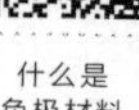
什么是负极材料

3.2　石墨类碳材料

石墨类碳材料是最早代替金属锂作为负极材料，也是截至目前应用最多的一类材料，这主要是因为石墨类碳材料在充放电过程中结构稳定、循环效率高、电极电位低、材料无毒、碳原料来源丰富且价格低廉等。因此，将石墨类碳材料代替金属锂作为锂离子电池负极材料可以避免电池在充放电循环中造成的锂枝晶问题，避免短路以提高电池的安全性能，同时还能保证电池的高电压状态并降低成本。早在 20 世纪 50 年代，金属锂嵌入到石墨片层的研究便开展起来，日本索尼公司在 90 年代初率先将石墨应用到锂离子电池中并实现了商业化，随后锂离子电池得到快速发展。

石墨类碳材料

3.2.1　天然石墨

天然石墨是自然界的石墨经过简单处理后含碳量极高的材料，用 NG（natural graphite）表示。天然石墨有六方和菱形两种层状晶体结构，具有储量大、成本低、安全无毒等优点。在锂离子电池中，天然石墨粉末的颗粒外表面反应活性不均匀，晶粒粒度较大，在充放电过程中表面晶体结构容易被破坏，存在表面 SEI 膜覆盖不均匀，导致初始库仑效率低、倍率性能不好等缺点。为了解决这些问题，可以采用颗粒球形化、表面氧化、表面氟化、表面碳包覆等表面修饰和微结构调整等技术对天然石墨进行改性处理。从成本和性能的综合考虑，目前工业界石墨改性主要使用碳包覆工艺处理，基本可以满足消费类电子产品对小型电池性能的要求。

天然石墨负极材料产品的制备工序基本类似，如图 3.3 所示，大致可以分为混合包覆、高温炭化、解聚、混合、筛分、除磁、包装等步骤。

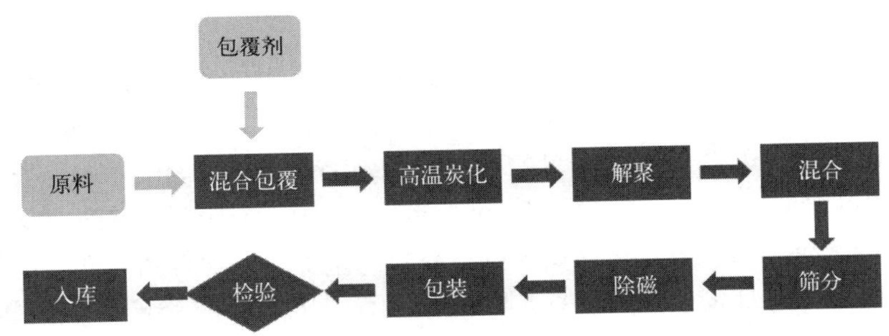

图 3.3　天然石墨的制备工艺

第一步：采用包覆剂对原料进行包覆。其中，原料通常使用平均粒径为 10～20μm 的高纯度天然球形石墨微粉，包覆剂通常使用改性沥青微粉。将两种物料按 100∶(4～8) 比例称重后，通过管道输送到混合机中，在高速搅拌下进行分散和包覆，最终使包覆剂均匀包覆在天然球形石墨颗粒表面。

第二步：对包覆后的物料进行高温炭化处理。高温炭化在窑炉中进行，将包覆后的物料装入方形匣钵中，通过轨道送入高温窑炉，在氮气保护下加热到 1100～1200℃，保温 2～6h，包覆剂将裂解成无定形碳，均匀包覆在球形石墨颗粒表面形成保护层，从而提高产品的电化学性能。

第三步：对高温炭化后的物料进行解聚处理。包覆后的物料经过高温炭化会发生不同程度的板结，无法直接用于锂离子电池负极的制备，需要进行解聚处理。物料先经过对辊破碎机粗略破碎后，再用管道输入到打散机中通过犁刀高速旋转进行解聚，从而使物料的平均粒径基本恢复到包覆前的水平。

第四步：对解聚后的物料进行筛分。解聚后的物料中仍含有少量的大颗粒，影响负极浆料制备和涂布效果。筛分工序的作用是去掉这些大颗粒，所用的设备为 200～400 目的超声波振动筛。为保证大颗粒充分去除，一般用双层筛进行筛分。超声波振动筛是将超声波发生器与振动筛结合在一起的新生产品，通过筛面产生肉眼看不到的超音速的振动，超微细粉体接受巨大的超声加速度，让筛面上的物料始终保持悬浮状态，从而抑制黏附、摩擦、平降、楔入等堵网因素，进而达到高效筛分和清网的目的，使超微细粉筛分成为易事。

第五步：对筛分后的物料除磁。由于生产过程中物料与金属部件和管道进行多次接触，会引入 Fe、Co、Ni 等具有磁性的微量金属杂质。如果不去除这些微量金属杂质，制备成电池后会对电池的自放电和安全性有较大影响。因此，生产高品质的负极材料，需要进行除磁处理。除磁所用的设备分电磁和永磁两种，电磁设备的磁感应强度可达 14000～18000Gs ($1Gs=10^{-4}T$)，去除磁性金属杂质能力强，是最常用的设备类型。采用电磁设备可保证磁性金属杂质去除彻底，一般将 2 台电磁设备串联起来使用，实现对物料的两遍除磁。

第六步：对除磁后的物料进行包装，以便于储存和运输。可以采用 20～25kg 的小包装，也可以采用 200～500kg 的大包装，这主要取决于运输方式和客户使用要求。

天然石墨负极材料的制备

第七步：包装后的成品，由质检部门根据产品技术标准进行检验。检验合格的成品入库，不合格的成品返工或降级处理。

3.2.2 人造石墨

人造石墨是指经过有机炭化和石墨化高温处理后得到的石墨材料，用 AG（artificial graphite）表示，细分为三种：①中间相炭微球人造石墨，用 MCMB（meso carbon micro bead）表示；②针状焦人造石墨，用 NAG（needle coke artificial graphite）表示；③石油普焦人造石墨，用 CPAG（common petroleum coke artificial graphite）表示。人造石墨一般由石油焦、针状焦、沥青焦、冶金焦等焦炭材料经高温石墨化处理得到，部分产品也经过表面改性，其与天然石墨有许多相似的优点。由于人造石墨中石墨晶粒较小，石墨化程度稍低，结晶取向度偏小，所以在倍率性能以及体积膨胀、防止电极反弹方面比天然石墨更好一些。

名词解释：中间相炭微球

中间相炭微球是人造石墨中一个重要品种。20世纪60年代，研究人员在研究煤焦化沥青时发现了一些光学各向异性的小球体，这些各向异性的小球体就是中间相炭微球的雏形。1973年，日本科学家 Honda 和 Yamada 把中间相小球从沥青母体中分离出来，命名为中间相炭微球。20世纪90年代，石墨化的中间相炭微球逐步应用于锂离子电池的负极并成功实现产业化，逐步替代了 SONY 开发的第一代锂离子电池中的针状焦。由于 MCMB 的颗粒外表面均为石墨结构的边缘面，反应活性均匀，容易形成稳定的 SEI 膜，更利于 Li 的嵌入脱出。因此，MCMB 具有首周效率高以及倍率性能优异等优点，但同时也存在制作成本高等问题。然而，由于其制备过程复杂且产率低，循环稳定性相比其他人造石墨无明显优势，因此在锂离子电池应用的占比日渐式微。

典型的人造石墨负极材料的制备工艺流程如图 3.4 所示，主要包括粉碎、造粒、石墨化、混合、筛分、除磁、包装、检验和入库等。

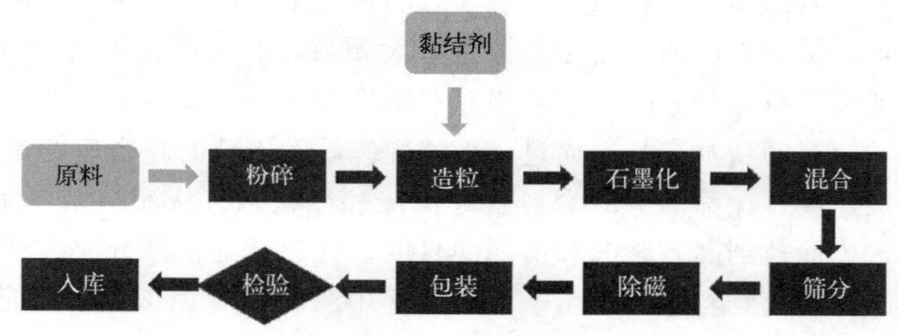

图 3.4 人造石墨的制备工艺

第一步：粉碎。采用石油冶炼后的焦化副产物为原料，使用机械冲击粉碎成平均粒径为 6～10μm 的微粉。粒度过大影响材料的倍率性能，粒度过小影响材料的容量和压实性能，因此，需要根据产品的性能要求确定合理的磨粉粒径范围。

第二步：造粒。磨粉后的粉料，输送到氮气保护的高温反应釜中进行造粒。物料中含有

10%以上的挥发分，这些挥发分主要是材料中的轻组分、碳氢化合物等，在高温下挥发分从颗粒中溢出，使颗粒与颗粒之间发生黏结。与此同时，反应釜内部的搅拌臂和螺带不断对物料进行作用，一方面使物料受热均匀，另一方面避免了物料发生过度黏结。根据不同原料或产品性能要求，可添加少量的黏结剂，例如高温或中温改性沥青微粉，以提高造粒程度。造粒是人造石墨工序中比较重要的步骤，它能增加 Li^+ 传输通道，提升动力学性能，同时改善电化学膨胀。

第三步：石墨化。石墨化是物料从焦原料转化成石墨的关键步骤，也是人造石墨负极材料生产必不可少的重要步骤，通常在 2800～3000℃下进行。石墨化常用的设备是艾奇逊炉，石墨化前先将物料装入坩埚中，然后将坩埚装入艾奇逊炉，再通电进行石墨化，通过高温热处理，六角碳原子平面网格从二维空间的无序重叠转变为三维空间的有序重叠。

第四步：混合和筛分。石墨化后的物料，输入混合机中进行充分混合，使物料均一分散，然后进行筛分，去掉粉体中的大颗粒，所用的设备为 200～400 目的超声波振动筛。为保证大颗粒充分去除，一般用双层筛进行筛分。

人造石墨负极材料的制备

接下来经过除磁、包装、检验和入库，工艺上与天然石墨负极材料的制备一样，不再赘述。

3.2.3 复合石墨

复合石墨，用 CG（composite graphite）表示，是指至少含有天然石墨和人造石墨双组分的石墨材料。

按照国标文件 GB/T 24533—2019《锂离子电池石墨类负极材料》，锂离子电池石墨类负极材料等级见表 3.1。

表 3.1　锂离子电池石墨类负极材料等级

类型		级别	首次放电比容量/(mAh/g)	首次库仑效率/%	粉末压实密度/(g/cm^3)	石墨化度/%	固定碳含量/%	磁性物质含量/10^{-6}	铁含量/10^{-6}	RoHS认证
天然石墨(NG)		Ⅰ	≥360.0	≥95.0	≥1.65	≥96	≥99.97	≤0.1	≤10	通过
		Ⅱ	≥360.0	≥93.0	≥1.55	≥94	≥99.95	≤0.1	≤30	通过
		Ⅲ	≥345.0	≥91.0	≥1.45	≥92	≥99.90	≤0.5	≤50	通过
人造石墨(AG)	中间相炭微球(CMB)	Ⅰ	≥350.0	≥95.0	≥1.50	≥94	≥99.97	≤0.1	≤20	通过
		Ⅱ	≥340.0	≥94.0	≥1.40	≥90	≥99.95	≤0.5	≤50	通过
		Ⅲ	≥330.0	≥90.0	≥1.20	≥90	≥99.70	≤1.5	≤100	通过
	针状焦(NAG)	Ⅰ	≥355.0	≥94.0	≥1.25	≥94	≥99.97	≤0.1	≤20	通过
		Ⅱ	≥340.0	≥93.0	≥1.20	≥90	≥99.95	≤0.1	≤50	通过
		Ⅲ	≥320.0	≥90.0	≥1.10	≥85	≥99.70	≤1.5	≤100	通过
	石油普焦(GPAG)	Ⅰ	≥350.0	≥95.0	≥1.40	≥94	≥99.97	≤0.1	≤20	通过
		Ⅱ	≥330.0	≥93.0	≥1.20	≥90	≥99.95	≤0.1	≤50	通过
		Ⅲ	≥300.0	≥90.0	≥1.00	≥85	≥99.70	≤1.5	≤100	通过
复合石墨(CG)		Ⅰ	≥355.0	≥94.0	≥1.60	≥94	≥99.97	≤0.1	≤20	通过
		Ⅱ	≥345.0	≥92.0	≥1.50	≥92	≥99.95	≤0.1	≤30	通过
		Ⅲ	≥330.0	≥91.0	≥1.40	≥90	≥99.70	≤0.5	≤50	通过

注：1. 产品需要满足该等级产品的所有指标，否则不归于该等级。

2. RoHS 认证是指通过限用物质含量检测认证。

锂离子电池石墨类负极材料产品代号由类别代码、等级代号、D_{50} 和首次放电比容量等依次排列组成，即：类别代码-等级代码-D_{50}-首次放电比容量。如产品代号为“NG-Ⅰ-18-

360”的负极产品，含义如下：NG 表示天然石墨类，Ⅰ表示锂离子电池石墨类负极材料的等级，18 表示 $D_{50}=(18.0\pm2.0)\mu m$，360 表示首次放电比容量≥360mAh/g。

如何改性石墨类负极材料

作为负极材料，石墨也存在许多不足。首先，较高取向度的层状结构使其对电解液的兼容性差；层状结构间距较小，因此在电流较大的情况下锂离子的扩散速率较小，锂离子的脱/嵌能力变差造成电池的容量和稳定性降低；同时在放电的过程中，由于石墨表面和有机电解液的共同作用会在材料表面形成固态电解质界面膜（SEI 膜），有机溶剂的不断分解也会使材料不断脱落并形成新的 SEI 膜，这样会增大材料的不可逆容量；在锂离子脱/嵌的过程中材料也会发生一定的体积膨胀而造成石墨粉化，降低循环寿命。为了降低石墨的负面影响并提高电极性能，通常需要对石墨进行修饰及改性。常用的改性方法包括表面处理、表面包覆和机械研磨。

（1）表面处理

表面处理可分为表面氧化和表面卤化。

表面氧化一方面可以在材料表面形成羟基、羧基等含氧官能团，这些官能团能够提高石墨类材料在电解液中的浸润性，有利于 SEI 膜的稳定性；另一方面，氧化可以使材料表面出现一定的结构缺陷及微孔，这些都会提高材料的实际比容量。研究表明，人造石墨的缓和氧化可以提高石墨作为锂离子电池负极的电化学性能，这主要归因于微孔的产生和氧的密集层的形成。近年来，学者们研究过一系列氧化剂（如氧气、臭氧、二氧化碳等）均产生了类似的效果。在氧化的过程中，也可以添加一定量的金属或金属氧化物以进一步增加储锂的活性位点，进而提高材料的电化学性能。气相氧化法虽然简单，但是容易造成氧化不均匀和产业化困难的问题。相比于气相氧化法，液相氧化法均匀可控，方法简单，对设备要求不高，适用于工业化生产，是一种较为理想的方法。

除了对石墨氧化处理外，同样可对材料表面卤化处理，卤化处理后的石墨类材料电化学性能有所提升，这是因为石墨表面的 C—X 键可以防止材料在充放电循环过程中片层间脱落，同时还能降低材料的内阻，改善电化学性能。

（2）表面包覆

表面包覆可以降低石墨的比表面积以及不可逆反应的发生，并有效缓解石墨体积膨胀，提高材料的循环稳定性。研究表明通过气相沉积法对石墨类材料进行碳包覆，材料的稳定性随着包覆量的增加而增大，同时过量的碳包覆则会降低其电化学性能。

（3）机械研磨

石墨粉体的粒度和形貌直接影响着电化学性能。机械研磨的目的就是改变石墨的形貌，使之成球以降低比表面积并提高堆积密度和能量密度。由于阻抗大部分来自材料内部的电阻，因此，在同等电流密度下，粒径较大的材料容易在内部和表面间产生浓差极化使可逆比容量降低；对于不可逆容量主要受 SEI 膜的影响，电极反应中的 SEI 膜受比表面积影响，而比表面积随粒径增大而减小，因此，粒径增大时不可逆消耗锂形成的 SEI 膜面积减小，相应的不可逆比容量降低。综上所述，石墨的电化学性能在粒径上存在一个最佳值，综合考虑各种因素在应用材料时要将粒度进行最佳匹配。

3.3 非石墨类碳材料

3.3.1 硬碳

硬碳主要指的是在高温下仍难以石墨化的碳材料，一般从高分子有机物高温热解得到。

通常将具有网状结构的有机高分子材料在1000℃左右进行高温热解即可得到硬碳。通过这种高温热解的方法制备的碳材料，一般在2500℃以上热处理也难以石墨化，因此，又称为难石墨化碳，其中最常见的硬碳有树脂热解碳（如酚醛树脂热解碳、聚醇热解碳、环氧树脂热解碳等）、有机聚合物热解碳（如聚氯乙烯热解碳、聚丙烯腈热解碳和聚偏氟乙烯热解碳等）和炭黑（Super B、乙炔黑）等。与石墨相比，硬碳的层间距较大（约0.38nm），较大的层间距有利于锂离子在其中的快速嵌入与脱出，因此，就大倍率充放电性能而言，硬碳优于石墨。同时，由于石墨在碳酸丙烯酯（PC）溶剂中会发生溶剂分子与锂离子的共嵌入，导致石墨层间剥落，结构遭到破坏。而硬碳则不然，它能够与PC基溶剂很好地兼容，这一点能够让硬碳更好地发挥出它的倍率性能。

因此，与传统的石墨类负极材料相比，硬碳材料具有更高的比容量、良好的循环稳定性和更优越的快速充放电能力，非常有希望代替石墨类材料。但是，硬碳负极材料自身存在的一些问题制约着其发展，如不可逆比容量较高，充放电曲线之间存在较明显的滞后回环，较低的密度制约了体积比容量等。为了改善上述问题，获得低成本且高性能的硬碳负极材料，对前驱体的筛选和制备方法的研究至关重要。

制备硬碳的前驱体可分为以下几类：单糖、二糖和多糖等糖类，生物质类，高分子材料类，化石燃料类等。糖类的前驱体有葡萄糖（单糖）、蔗糖（二糖）和淀粉（多糖），利用这些前驱体制备的硬碳材料可逆比容量一般为400～600mAh/g。生物质类包括花生壳、大米壳、香蕉纤维和咖啡豆壳等。高分子材料类，主要指热固性和热塑性酚醛树脂，利用酚醛树脂制备的硬碳负极材料的滞后回环较小，可逆比容量最高为550mAh/g。

热解温度、保护气氛的气体流量、炭化炉的升温速率、炭化氛围及样品的形貌等因素都会影响硬碳负极材料的电化学性能。炭化过程中在热解气体产生的阶段（尤其是CO_2）使用较低的升温速率和较高的保护气氛流速，或在使用真空氛围炭化时使用较高的真空泵速，均会优化所制备的硬碳负极材料的电化学性能。

3.3.2　软碳

软碳指的是在2500℃以上经过热处理能够石墨化的无定形碳。相对于硬碳，软碳的结晶性略高，层间距略小，为0.35nm左右，同时这二者也有很多相似之处，如首次效率不高，比容量较低，循环性能好，无明显的充放电平台区域等。常见的软碳材料有沥青、针状焦、石油焦、碳纤维等。

目前，石墨类材料大部分是由沥青热解碳经过石墨化处理得到的，因此，软碳材料是一种介于石墨与硬碳材料之间的材料，也是研究的热点之一。软碳材料具有对电解液适应性强，耐过充、过放能力强，循环较好，成本低等优点，但其首周不可逆比容量较大，充放电曲线上无电位平台，在0～1.2V内呈斜坡，造成平均电位较高（vs. Li^+/Li），以至于锂离子电池端电压较低，且压实密度低，相对于石墨类负极材料电池的能量密度偏低。软碳材料的比容量一般为200～250mAh/g。近年来，软碳材料进行改性处理后，比容量可以达到400mAh/g以上，循环性能可以提升到1500次以上。软碳负极材料由于避免了石墨化，成本较低，在储能电池和混合动力汽车等方面有一定的应用前景。

非石墨类碳材料

3.4 钛酸锂材料

自从锂离子电池在1991年产业化以来，电池的负极材料一直是石墨（包括人造及天然石墨）。钛酸锂（LTO）是由金属锂和过渡金属钛复合的氧化物，为白色晶体，立方密堆积尖晶石结构，具有锂离子的三维扩散通道，固有电子电导率为10^{-9}S/cm。作为锂离子电池负极材料，其理论嵌锂比容量为175mAh/g，初次循环库仑效率可达到98.8%。自问世起，就受到越来越多的关注，成为下一代储能电站用锂离子电池的热门候选材料。

与碳材料相比，尖晶石型$Li_4Ti_5O_{12}$材料具有两个明显的优势。

①“零应变”材料，循环性能好。钛酸锂材料在锂离子的镶嵌及脱嵌过程中晶体结构能够保持高度的稳定性，锂离子在嵌入和脱出前后材料的体积变化不到1%，能够避免电极材料因反复胀缩而导致的结构破坏，是锂离子电池中非常罕见的“零应变”材料。经过表面改性提高其室温导电性后具有非常优异的循环性能和倍率性能，有报道称循环寿命可达30000次以上，65℃高温循环也可达8000次。

② 脱嵌锂平台电位较高，安全性能好。钛酸锂的电位高（比金属锂的电位高1.55V），和电位低的碳材料不一样，在钛酸锂表面不会消耗锂生成电极固体电解质界面层（SEI）。更重要的是在正常电池使用的电压范围内，锂枝晶在钛酸锂表面上难以生成，很大程度上消除了由锂枝晶在电池内部形成短路的可能性，为保障锂电池的安全提供了基础。

尽管如此，$Li_4Ti_5O_{12}$负极材料的缺点也很明显，在应用时面临着一些技术挑战：

① 钛酸锂嵌脱锂工作电位过高，作为负极材料，会降低电池的能量密度。

② 嵌锂态$Li_7Ti_5O_{12}$会与电解液发生化学反应而导致胀气，引起电池容量衰减、寿命缩短、安全性下降，这种情况在温度较高时尤为明显。胀气问题一直困扰着钛酸锂电池的应用，在生产中先后也有多种方法被提出，如严格控制材料中水的含量、控制钛酸锂中杂质的含量以及通过掺杂、表面修饰来降低材料表面反应活性和采用高温化成工艺等。

③ 生产成本较高，涂布技术、涂布环境要求高，由其组成的锂离子电池相对其他类型的锂离子动力电池价格偏高。

④ 导电性差，大电流放电时极化比较严重，因而高倍率下性能不佳。

钛酸锂

如何改性钛酸锂材料

针对钛酸锂材料的低导电性，通过碳包覆、离子掺杂和与金属材料复合对其进行表面改性是一种很好的解决方案。

（1）碳包覆

碳包覆是改善钛酸锂材料电化学性能的一种重要方法。在钛酸锂充放电过程中，综合考虑电子电导率和离子扩散速率，对于实现最佳倍率性能是至关重要的。电子电导率是材料传递电子的能力，而离子扩散速率反映了锂离子在材料中迁移速率的大小。通过将含碳物质加热分解，导电炭可以分散或包覆于颗粒表面。在制备钛酸锂材料过程中，导电炭的添加可以使反应前驱体更加紧密、均匀地混合，使材料导电性和电池的能量密度得到提升。各类碳材料，如聚乙炔黑、海藻酸、蔗糖、聚乙烯醇、柠檬酸、沥青、葡萄糖、炭黑、聚苯胺以及石墨烯等均可应用于钛酸锂的碳包覆。

（2）离子掺杂

离子掺杂是提高钛酸锂材料电子导电性的重要方法之一，这种方法使部分 Ti^{4+} 转变为 Ti^{3+}，产生 Ti^{3+}/Ti^{4+} 混合物作为电荷补偿，增加了电子的集中度。多种阴阳离子都是可以选择掺杂的对象，如 Ta^{5+}、Ca^{2+}、Zr^{4+}、V^{5+}、Mg^{2+}、La^{3+}、Zn^{2+}、Ru^{4+}、Ni^{2+}、Sc^{3+}、Gd^{3+}、W^{6+}、Nb^{5+}、Na^{+}、K^{+}、Ce^{3+}、Al^{3+}、Nd^{3+}、Cu^{2+}、Sr^{2+}、F^{-}、Br^{-} 等，离子掺杂在 Li^{+}、Ti^{4+} 和 O^{2-} 的空位处，相关结构特性、离子价态和导电性能被广泛研究。掺杂后的复合物，除了电子导电性提高外，掺杂离子引入钛酸锂的晶格结构中会产生晶格扭曲，进而影响电池比容量和循环性能。

（3）与金属材料复合

除了碳包覆及离子掺杂外，钛酸锂材料也可以通过引入金属元素形成 $Li_4Ti_5O_{12}/M$（M＝Au、Cu、Ag 等）新材料。尽管失去了部分比容量，但新复合材料的导电性能得到明显提高，这与离子掺杂情形类似，唯一的区别是金属阳离子无法进入晶格结构，无法与锂离子一同参与电化学反应。

3.5　硅基材料

硅基负极

硅基负极材料，主要包括硅、硅氧化物及硅/碳复合材料三种类型，因其较高的理论容量、环境友好、储量丰富等特点，是公认的最具发展前途的下一代高能量密度锂离子电池负极材料。我国科研人员在国际上较早提出了纳米硅材料在锂离子电池中的应用，而且我国硅资源丰富，具备全球最大最先进的单质硅生产能力，因此，加强硅基负极材料在锂离子电池领域的开发和应用，对于抢占下一代高能量密度锂离子电池的制高点有重要意义。

3.5.1　硅

硅一般有晶体和无定形两种形式存在，作为锂离子电池的负极材料，以无定形硅的性能较佳。之所以作为储锂材料，主要在于锂和硅反应可以形成 $Li_{12}Si_7$、$Li_{13}Si_4$、Li_7Si_3 和 $Li_{22}Si_5$ 等，硅作为负极材料的理论比容量高达 4200mAh/g。

作为锂离子电池的负极材料，硅的主要特点包括：①具有其他高容量材料（除金属锂外）所无法匹敌的容量优势；②微观结构在首次嵌锂后即转变为无定形态，并且在后续的循环过程中，这种无定形态一直被保持，从这一角度看来可以认为其具有相对的结构稳定性；③电化学脱嵌锂过程中，材料不易团聚；④放电平台略高于碳材料，因此，在充放电过程中，不易引起锂枝晶在电极表面的形成。

硅负极为合金化储锂机制，硅与 Li 的合金化反应可以描述为式(3.1) 所示：

$$Si + xLi^{+} + xe^{-} \longrightarrow Li_xSi \tag{3.1}$$

实际电化学嵌锂是晶态硅与非晶亚稳态 Li_xSi 共存的过程。研究发现，在充电电位 <0.5V（vs. Li/Li^{+}）时，硅锂合金化后，最终形成相常见的是 $Li_{15}Si_4$，对应的理论质量比容量为 3579mAh/g。硅在常温下充放电过程如式(3.2)～(3.4) 所示，式(3.2) 和式(3.3) 表示嵌锂过程，式(3.4) 表示脱锂过程，式中 a 代表无定形，c 代表结晶态。

$$Si_{(c)} + xLi^{+} + xe^{-} \longrightarrow Li_xSi_{(a)} \tag{3.2}$$

$$Li_xSi_{(a)} + (3.75-x)Li^{+} + (3.75-x)e^{-} \longrightarrow Li_{15}Si_{4(c)} \tag{3.3}$$

$$Li_{15}Si_{4(c)} \longrightarrow Si_{(a)} + yLi^{+} + ye^{-} + Li_{15}Si_4 \tag{3.4}$$

硅的电化学性能与其形态、粒径大小和工作电压窗口有关。从形态上看，用作电极的硅有主体材料和薄膜材料之分。主体材料可以通过球磨和高温固相法得到，薄膜材料可通过物理或化学气相沉积法、溅射法等制得。硅材料在高度嵌脱锂条件下，存在严重的体积膨胀/收缩，容易导致电极结构崩塌，从而造成电池的循环寿命迅速衰减。薄膜材料在一定程度上可以缓解体积效应，提高电池的循环寿命。例如，通过真空沉积法制得的硅薄膜，在 PC 基电解液里，循环 700 次后比容量还可保持在 1000mAh/g 以上。另外，采用纳米材料，利用其比表面积大的特性，能够在一定程度上提高材料的循环稳定性。但是由于纳米材料容易团聚，经过若干次循环后，不能从根本上解决材料的循环稳定性问题。

3.5.2 硅氧化物

近年来，一种已经产业化的工业原料硅氧化物（SiO_x，$0<x\leqslant 2$）引起了人们的特别关注，最常见的是氧化亚硅（SiO），目前已经开始用于锂离子电池负极材料并展现出巨大的潜力。SiO_x 与石墨类材料相比，具有较高的比容量，与 Si 单质相比拥有良好的循环稳定性。

SiO_x 并非由单一相组成，而是由许多均匀分布的纳米级 Si 团簇、SiO_2 团簇以及介于 Si/SiO_2 两相界面之间的 SiO_x 过渡相组成，因此其储锂机理非常复杂。一般认为，SiO_x（$0<x<2$）的储锂机理有两种可能：第一种认为，嵌锂过程中，SiO 与 Li^+ 生成 Li_xSiO；另一种则认为，在较高的电位下，Li^+ 首先与 SiO_x 分子中的 O 反应生成不可逆的化合物 Li_2O，随着嵌锂过程的进行，再在更低的电位下与硅形成锂的硅化物。

SiO_x 作为一种负极材料，主要存在两个问题：①SiO_x 循环性能的衰减。在硅/锂合金化过程中，伴随着巨大的体积效应。虽然氧原子会在原位生成惰性缓冲基质相，但是总体体积效应仍然较大，产生的机械应力会使得活性材料粉化并与集流体之间发生电接触失效；同时，SiO_x 的本征电导率低，对电化学性能造成不利影响。此外，SiO_x 负极与有些电解液的匹配性也不是很好，易被锂盐分解产生的微量 HF 腐蚀。因此，最终导致 SiO_x 负极材料的循环性能严重衰减。②SiO_x 首次库仑效率低。在电池运行过程中，由于有机电解质热力学的不稳定性，其在工作电位处会发生分解而在电极表面形成固体电解质界面相（SEI），不可逆 SEI 的形成消耗了电解液和正极材料脱出的 Li，导致活性正极材料容量的明显损失和首次循环库仑效率偏低。此外，在首次嵌锂时，SiO_x 中的氧原子也会和电解液中的 Li^+ 发生不可逆反应生成惰性相的 Li_2O 和 Li_4SiO_4，再次增加其首次不可逆容量，最终导致 SiO_x 负极材料首效低的问题，从而严重制约了 SiO_x 负极材料在高比能量锂离子电池中的应用。据了解，截至 2021 年底，已产业化的 SiO_x 负极材料首次库仑效率最高为 93%。目前中国的氧化亚硅负极材料处于国际领先水平，以贝特瑞为代表的企业，是领域头部企业。表 3.2 是贝特瑞新型高容量 SiO_x 复合负极材料产品系列的技术指标。

表 3.2　贝特瑞新型高容量 SiO_x 复合负极材料产品系列的技术指标

型号	$D_{50}/\mu m$	比表面积 /(m^2/g)	振实密度 /(g/cm^3)	首次比容量 /(mAh/g)	首次效率
DXA5	13.0±2.0	≤3.0	0.95±0.10	450±5	≥89
DXA5-2A	13.0±2.0	≤3.0	0.95±0.10	450±5	≥91
DXA5-LA	13.0±2.0	≤3.0	0.95±0.10	450±5	≥93
DXA8-LA	11.0±2.0	≤3.0	0.95±0.10	650±10	≥91

总之，相对 Si 材料，SiO_x 材料中的氧有利也有弊。一方面，随着 x 值升高，电化学活性储锂相减少，不可逆相 Li_2O 和 Li_4SiO_4 增加，因此比容量逐渐下降，首次库仑效率降低；然而从另一方面来讲，生成的不可逆 Li_2O 相增加，锂离子扩散动力学性能得到改善，并且伴随着体积膨胀产生的应力得到有效释放，因此电化学性能得到提升。

3.5.3　硅/碳复合材料

针对硅材料严重的体积效应，除采用合金化或其他形式的硅化物（SiO_x、SiB_x 等）外，还有一个有效的方法就是制备成含硅的复合材料。利用复合材料各组分间的协同效应，达到优势互补的目的。碳材料由于在充放过程中体积变化很小，具有良好的循环性能，而且本身是离子与电子的混合导体，因此，经常被选作高容量负极材料的基体材料（即分散载体）。硅的嵌锂电位与碳材料，如石墨、MCMB 等相似，因此，通常将 Si、C 进行复合，形成硅/碳（Si/C）复合材料，以改善 Si 的体积效应，从而提高其电化学稳定性。由于在常温下 Si、C 都具有较高的稳定性，很难形成完整的界面结合，故制备 Si/C 复合材料一般采用高温固相反应、CVD 等高温方法合成。Si、C 在超过 1400℃时会生成惰性相 SiC，因此，高温过程中所制备的 Si/C 复合材料中 C 基体的有序度较低。

Si/C 复合材料按硅在碳中的分布方式主要分为以下三类。

（1）包覆型

包覆型即通常所说的核壳结构，较常见的结构是硅外包裹碳层。硅颗粒外包覆碳层的存在可以最大限度地降低电解液与硅的直接接触，从而抑制由于硅表面悬空键引起的电解液分解；另外，由于 Li^+ 在固相中要克服碳层、Si/C 界面层的阻力才能与硅反应，因此，通过适当的充放电制度可以在一定程度上控制硅的嵌锂深度，从而使硅的结构破坏程度降低，提高材料的循环稳定性。

（2）嵌入型

Si/C 复合材料中，最常见的是嵌入型结构，硅粉体均匀分散于硬碳、石墨等分散载体中，形成稳定均匀的两相或多相复合体系。在充放电过程中，硅为电化学反应的活性中心，碳载体虽然具有脱嵌锂性能，但主要起离子、电子的传输通道和结构支撑体的作用。这种体系的制备多采用高温固相反应，通过将硅均匀分散于能在高温下裂解和炭化的高聚物中，再利用高温固相反应得到。这类体系的电化学性能主要由载体的性能、Si/C 摩尔比等因素决定。一般来说，碳基体的有序度越高，脱氢越彻底；Si/C 摩尔比越低，两种组分间的协调作用越明显，循环性能越好。但是 Si/C 在高温过程中易生成惰性的 SiC，使得 Si 失去电化学活性，因此，C 基体的无序度已成为嵌入型 Si/C 复合材料进一步提高其电化学性能的瓶颈问题。而硅粉与有序度高的石墨可直接作为反应前驱物，将通过高能球磨制备的纳米硅粉分散于碳基体中的 Si/C 复合体系 $C_{1-x}Si_x$ 中，在一定范围内能提高硅的循环性能，$C_{1-x}Si_x$ 中 x 的值决定着材料的初始容量，如 $C_{0.8}Si_{0.2}$ 的初始嵌锂比容量高达 1089mAh/g，经过 20 次循环以后，比容量为 794mAh/g，表现出良好的循环性能。由于硅、石墨本身的稳定性决定了两者之间难以形成完整的界面结合，增加球磨时间，可以增加二者之间的协同度，但是球磨时间的增加会导致前驱物相互反应，生成惰性的 SiC 相。当将硅粉进行高能球磨，可得到具有高比表面积的无定形粉体，再将石墨粉体加入其中进行球磨，一方面可增加硅粉的比表面积，降低材料嵌锂过程中的绝对体积膨胀率，另一方面能减少材料由于长时间的高能球磨生成 SiC 的可能性，从而使材料的循环性能得到极大的提高。

（3）分子接触型

包覆型和嵌入型的 Si/C 复合材料均是以纯硅粉直接作为反应前驱物进入复合体系的。分子接触型的复合材料中，硅、碳则是采用含硅、碳元素的有机前驱物经处理后形成的分子间接触的高度分散体系，是一种较理想的分散体系，纳米级的活性粒子高度分散于碳层中，能够在最大程度上克服硅的体积膨胀。

采用气相沉积方法，以苯、$SiCl_4$ 以及 $(CH_3)_2Cl_2Si$ 为前驱物可制备分子接触型的 Si/C 复合材料。该材料的首次容量随硅的原子含量而变化，一般在 300～500mAh/g 之间。当硅的含量小于 6%时，容量与硅的原子含量呈线性变化，其嵌锂容量则远远小于硅的实际嵌锂容量，大约每分子的硅原子能嵌入 1.5 个锂离子，这可能是由于气相反应中不可避免地生成了部分惰性 SiC 所致。

硅材料的改性

常见负极材料的性能对比

常见负极材料，包括天然石墨、人造石墨、软碳、硬碳、钛酸锂以及 Si 基材料都已有产品上市，其性能对比如表3.3所示。中国贝特瑞、璞泰来和杉杉等企业目前已经代表全球锂电池碳和硅/碳复合负极材料行业的最高水平，占有领先地位。

表3.3　常见负极材料的性能对比

负极材料	比容量/(mAh/g)	首周效率/%	振实密度/(g/cm^3)	压实密度/(g/cm^3)	工作电压/V	循环寿命/次	安全性	倍率性能
天然石墨	340～370	90～93	0.8～1.2	1.6～1.85	0.2	>1000	一般	差
人造石墨	310～370	90～96	0.8～1.1	1.5～1.8	0.2	>1500	良好	良好
MCMB	280～340	90～94	0.9～1.2	1.5～1.7	0.2	>1000	良好	优秀
软碳	250～300	80～85	0.7～1.0	1.3～1.5	0.52	>1000	良好	优秀
硬碳	250～400	80～85	0.7～1.0	1.3～1.5	0.52	>1500	良好	优秀
LTO	165～170	98～99	1.5～2.0	1.8～2.3	1.55	>30000	优秀	优秀
Si 基材料	380～950	60～92	0.6～1.1	0.9～1.6	0.3～0.5	300～500	良好	一般

负极材料的比较

3.6　过渡金属氧化物材料

过渡金属氧化物负极材料是一类非常重要的二次电池负极材料。过渡金属氧化物是以过渡金属为主体的氧化物。早在 1987 年，就发现 SnO、SnO_2、WO_2、MoO_2、VO_2 和 TiO_2 等金属氧化物具有可逆的充放电能力。1994 年，Fuji 公司申请了以非晶态锡基复合氧化物（ATCO）为负极材料的发明专利，该负极材料比容量高达 600mAh/g。此后，金属氧化物作为负极材料的研究被人们广泛关注。

根据材料不同的脱嵌锂机理，过渡金属氧化物可以分为两类，第一类材料为真正意义上的嵌锂氧化物，锂的嵌入只伴随着材料结构的改变，而没有氧化锂（Li_2O）的形成，这种类型的代表有 TiO_2、WO_2、MoO_2 等，这类氧化物通常具有良好的脱嵌锂可逆性，但其比容量低而且嵌锂电位高。第二类过渡金属氧化物以 MO（M＝Co、Ni、Cu、Fe）为代表，材料嵌锂时伴随着氧化锂（Li_2O）的形成，这类材料作为负极制成的锂离子电池在进行放电时，电化学活性的 Li_2O 可以脱锂，具有较好的可逆性，从而重新形成金属氧化物。Nature 曾报道作为锂离子电池负极材料纳米尺寸的过渡金属氧化物 MO（M＝Co、Ni、Cu、Fe）具有良好的电化学性能。

TiO_2 是研究得最早的金属氧化物负极材料，它有三种不同的晶型，只有锐钛矿型与金红石型两种结构能够嵌锂。层状金红石型是密排六方结构，由针状颗粒组成；而锐钛矿型由圆球状颗粒组成，具有较好的可逆脱嵌锂的性能。但由于极化的影响，这两种结构的 TiO_2 在脱嵌锂过程中均存在电位滞后。

α-Fe_2O_3 作负极材料，可形成 $Li_6Fe_2O_3$，理论比容量可达 1008mAh/g。对不同形貌 α-Fe_2O_3 的电化学性能的研究结果表明，无定形结构的循环性能比纳米晶差，这是由于其颗粒粒度小，比表面积大，更容易使电解液在其表面分解形成 SEI 膜，阻碍了锂在 α-Fe_2O_3 电极上的吸附及发生电化学反应。

纳米级的 CoO 和 Co_3O_4 作为负极材料，具有 700～800mAh/g 的比容量，并且在循环 100 次后其容量仍保持在 100%左右。这类过渡金属氧化物属于岩盐相结构，没有空位可供锂离子嵌入，因此，其储锂机理可认为是，充电时锂与过渡金属氧化物中的氧结合生成 Li_2O，放电时 Li_2O 又被还原为锂，过渡金属氧化物重新生成。以 CoO 为例，其主要反应过程如下：

$$CoO + 2Li \rightleftharpoons Li_2O + Co$$

过渡金属氧物负极材料（Co_3O_4、CoO、FeO、NiO）具有 600～1000mAh/g 的高比容量，而且密度也较大，还能承受较大功率的充放电。然而，这类材料最主要的缺点是工作电位较高。在实际应用中，与正极材料组成的电池电压较低，如 CoO 与 $LiMn_2O_4$，组成的电池，其平均电压只有 2.2V。

3.7　负极材料典型制备工艺与表征

目前商业化的锂离子电池主流负极产品有天然石墨与人造石墨两大类，人造石墨主要用于大容量的车用动力电池和倍率电池以及中高端电子产品锂离子电池，天然石墨主要用于小型锂离子电池和一般用途的电子产品锂离子电池。石墨负极的发展方向是高容量、高倍率、高安全性，实现高容量、高倍率的主要途径是开发以人造石墨为主要原材料的高性能锂离子电池负极材料。中国锂离子电池企业的制造水平，特别是负极材料的产业化水平，已经引领世界。以深圳某公司 AY5 型产品为例，介绍锂离子电池人造石墨负极材料，该产品的特点是低膨胀、高能量密度且长循环，应用方向为电动汽车及储能领域。

3.7.1　制备工艺

AY5 型人造石墨负极材料的制备工艺主要包含原料、粉碎、分级、高温造粒、石墨化、混合筛分、除磁及包装等八个关键步骤，制备工艺流程如图 3.5 所示。

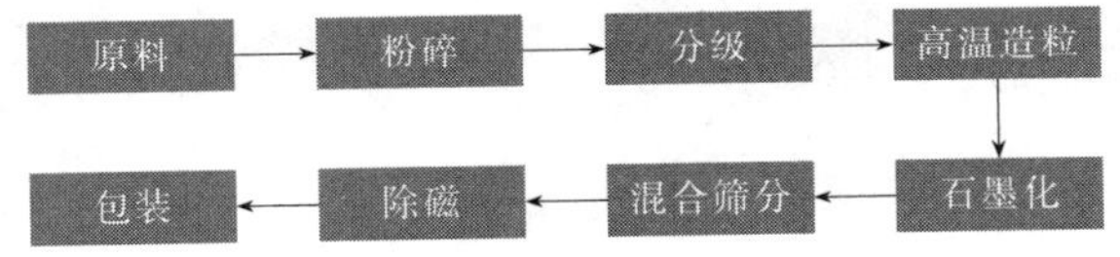

图 3.5　AY5 型人造石墨负极材料制备工艺流程

（1）原料

人造石墨负极的原料主要包括煤系焦和石油系焦。AY5 型产品采用低硫石油系针状焦（HR-5C），机械强度相对较低，纹理较好，如图 3.6 和图 3.7 所示。要严格管控针状焦原料的灰分、杂质、水分、微晶结构等各项指标，制备 AY5 型产品的针状焦原料各项指标如表 3.4 所示。

图 3.6　AY5 型产品用石油系针状焦（HR-5C）

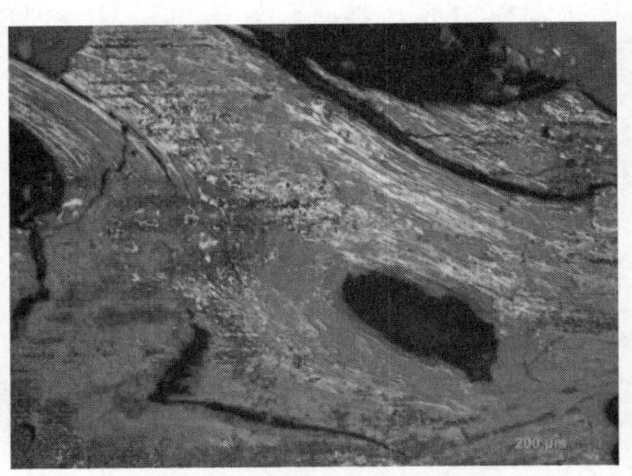

图 3.7　AY5 型产品用石油系针状焦（HR-5C）偏光显微图（见彩插）

表 3.4　AY5 型产品用石油系针状焦指标

焦型号	灰分/%	水分/%	挥发分/%	真密度/(g/mL)	Fe 含量/10^{-6}	S 含量/%	Si 含量/10^{-6}	拉曼面积比	TG 温度/℃	XRD 结晶度
HR-5C	0.05～0.1	≤0.6	7.0～8.5	1.4～1.46	≤200	≤0.5	12～15	1.5～1.9	600～700	≥500

（2）粉碎和分级

将 HR-5C 针状焦物料投放超微气流粉碎机（图 3.8）后，随气流在粉碎盘与齿圈形成的粉碎区内高速旋转，在旋转过程中受到摩擦、剪切、碰撞等多个粉碎力叠加冲击而瞬间粉碎，粉碎后的物料被上升气流运送至分级区，由高速旋转的分级轮筛选出符合粒度要求（D_{max}≤10μm）的细粉，然后进入旋风收集器收集，未达到粒度要求的粗粉返回粉碎区继续粉碎。粉碎和分级后的颗粒如图 3.9 所示。

图 3.8　超微气流粉碎机

图 3.9　粉碎和分级后的物料颗粒外观

(3) 高温造粒

将粉碎和分级好的物料和煤沥青按 96∶4 质量比例装填入高温造粒反应釜（如图 3.10 所示）内进行造粒。造粒原理是将一次颗粒通过黏结剂（煤沥青）黏结得到包含 3～8 个小颗粒的二次颗粒，造粒原理示意图如图 3.11 所示，目的是提升颗粒的各向同性，造粒后的颗粒微观形貌如图 3.12 所示。

图 3.10　高温造粒反应釜

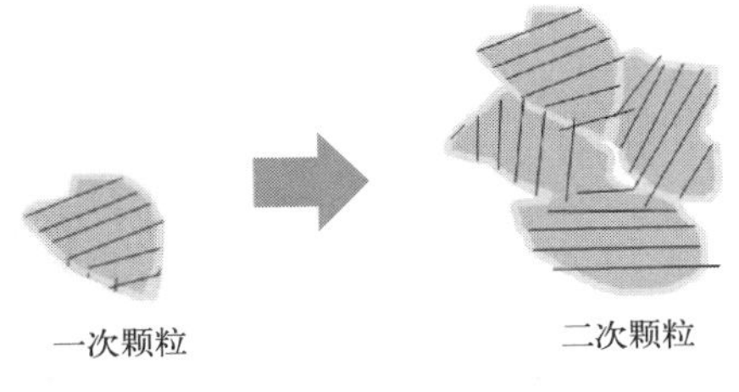

图 3.11　造粒原理（图形上的横线表示的是石墨颗粒存在层状结构）

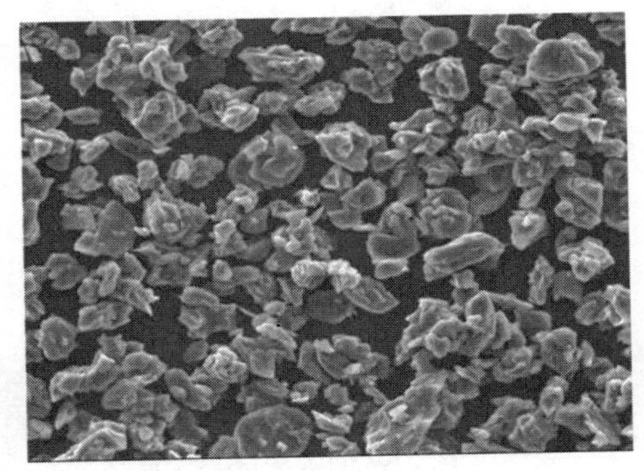

图 3.12　造粒后的石墨颗粒

图 3.13　石墨坩埚

(4) 石墨化

将造粒处理后的物料装入石墨坩埚（图 3.13）中，然后将坩埚装入艾奇逊石墨化炉（图 3.14）进行石墨化处理，石墨化温度设定在 2900℃，石墨化时间保持在 8～10h。石墨化的目的是在高温下，使六角碳原子平面网格从二维空间的无序排列（乱层结构或称无定形）转变为三维空间的有序排列的石墨结构，如图 3.15 所示。

图 3.14　艾奇逊石墨化炉

(5) 混合筛分

将不同批次坩埚的石墨化后的物料进行物理混合，然后通过真空输送到超声波振动筛

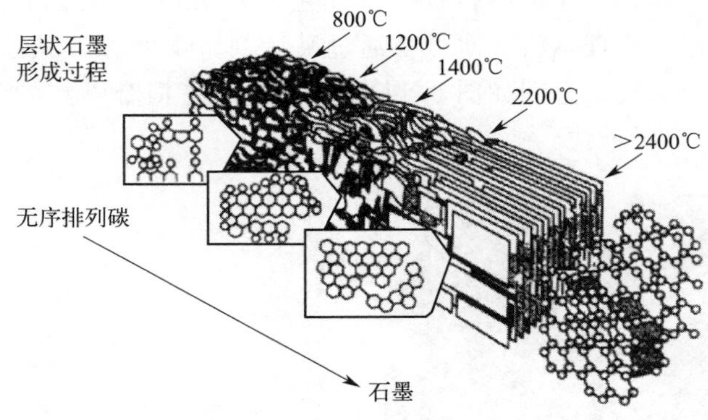

图 3.15　石墨化过程

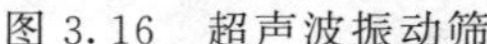

图 3.16　超声波振动筛

图 3.17　筛分后石墨半成品

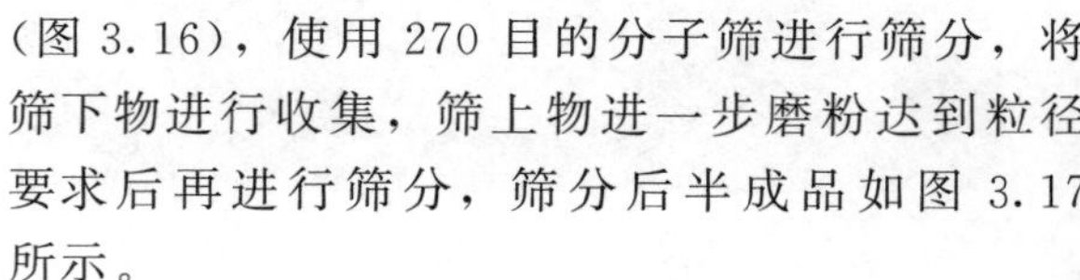

（图 3.16），使用 270 目的分子筛进行筛分，将筛下物进行收集，筛上物进一步磨粉达到粒径要求后再进行筛分，筛分后半成品如图 3.17 所示。

（6）除磁

将筛分后的物料加入电磁除铁器，如图 3.18 所示，除铁盘串接于内部物料输送管道，倾角 55°，当物料经除铁器时，其中的铁磁性物质被吸附到管道除铁盘上，排杂模式开启后，铁磁性物质从出铁口滑出，实现与物料分离，除磁后的物料向下工序继续流动。

图 3.18　电磁除铁器

（7）包装

除磁后的物料流入包装机，如图 3.19 所示，尤其需要注意的是包装过程不能引入任何金属异物或灰尘等杂质，以防造成产品污染。按照客户需求定量装包，常规为 1200kg 的装包标准。

图 3.19　包装机

3.7.2 理化性质

上述制备工艺所制得的 AY5 型人造石墨负极产品，经过检测，其理化性质如表 3.5 所示。

表 3.5　AY5 型人造石墨负极材料关键理化指标

理化指标		单位	典型值
粒度分布(PSD)	D_{10}	μm	9.38
	D_{50}	μm	15.81
	D_{90}	μm	26.09
	D_{99}	μm	34.57
比表面积(BET)		m^2/g	1.29
振实密度		g/cm^3	1.06
固定碳含量		%	99.98
Fe 含量		10^{-6}	4.5
磁性异物总量		10^{-9}	12
首次库仑效率		%	94.4

3.7.3 微观形貌与结构

AY5 型人造石墨负极材料的外观如图 3.20 所示，呈现黑色粉末状。通过扫描电镜(SEM) 观察发现，粉末呈现明显的颗粒结构，平均粒径在 16μm 左右，如图 3.21 所示。XRD 图谱（图 3.22）表明，采用该工艺制备的 AY5 型人造石墨负极材料呈现典型的石墨层状晶体结构，26°～27°的衍射峰为石墨（002）晶面的衍射峰，54°～55°的衍射峰为石墨（004）晶面的衍射峰，不存在其他杂相。

图 3.20　AY5 型人造石墨负极材料粉体外观

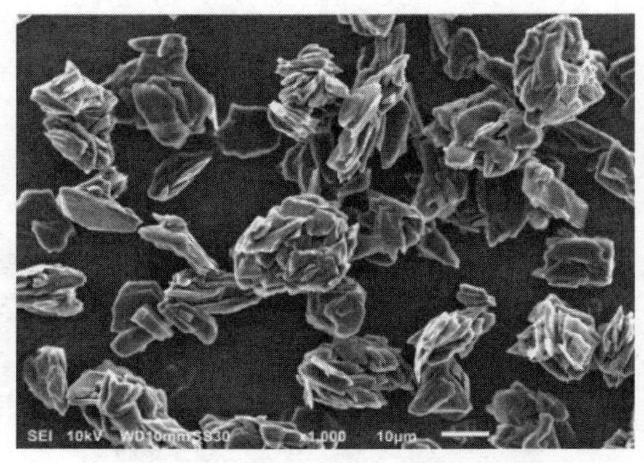

图 3.21 AY5 型人造石墨负极材料 SEM 图

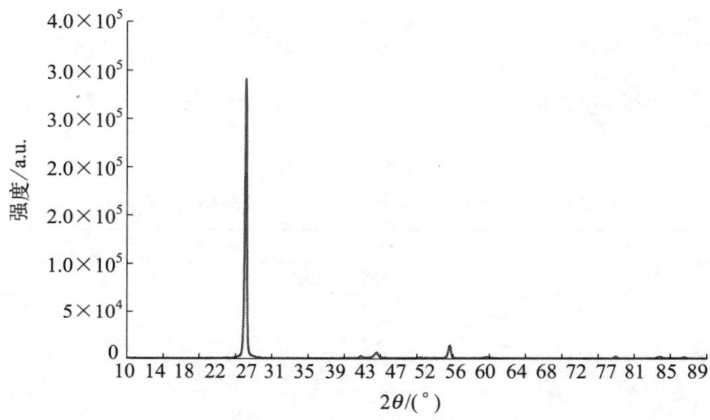

图 3.22 AY5 型人造石墨负极材料 XRD 图

3.7.4 电化学性能

(1) 首次可逆容量和首次库仑效率

首次可逆容量和首次库仑效率是锂离子电池负极材料非常重要的两个电化学指标。参照第 6 章中扣式锂离子电池的制备方法，以 AY5 型人造石墨负极材料为活性物质，Super-P 为导电剂，CMC 和 SBR 为黏结剂，按照 95∶1.0∶1.6∶2.4（按固态含量计）的质量配比进行混合，加入去离子水配制浆料并进行涂布、辊压、冲片等工序，制作扣式半电池并测试首次可逆容量和库仑效率。

在室温下，将组装好的扣式半电池以 0.1C 倍率放电至 0.005V，然后静置若干分钟，再以 0.02C 倍率放电至 0.005V，以降低极化的影响，使锂离子能够充分嵌入石墨晶面层间；充电时，以 0.1C 倍率充电至 2.0V，该阶段锂离子从石墨晶面层间脱出。按此方法，测出某人造石墨负极首次嵌锂比容量为 379.5mAh/g，首次脱锂比容量为 358.2mAh/g，由此可以计算出首次库仑效率为 94.4%。扣式半电池的充放电曲线如图 3.23 所示。

(2) 循环性能

负极的循环性能一般通过全电池来评价，然而，不同结构和设计的电池，循环性能差异显著。通常情况下，对于同一款负极材料，采用储能型锂离子电池设计时循环性能最好，其

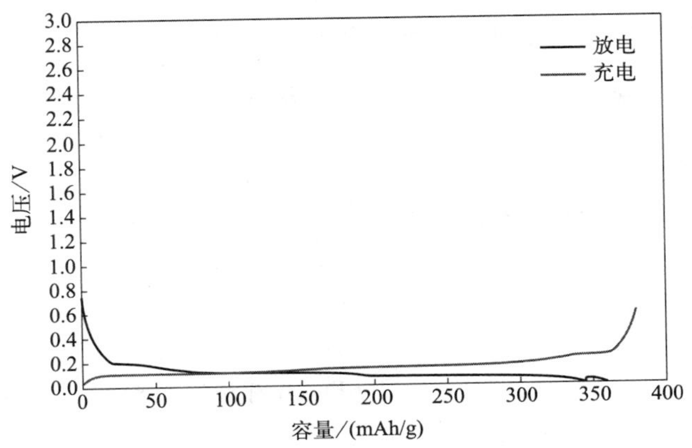

图 3.23　AY5 型人造石墨负极扣式半电池的充放电曲线

次是动力型电池，而采用数码型电池设计时循环性能相对较差。这和所用的正极材料、电解液、电池结构以及电极设计的关系极大。以设计成高能量密度数码型锂离子电池为例，AY5 型人造石墨负极材料配合 4.35V 钴酸锂（$LiCoO_2$）设计成液态软包装结构，常温下 1C 充放电循环 600 周容量保持率可保持在 95%以上，具有较好的循环性能，循环曲线如图 3.24 所示。

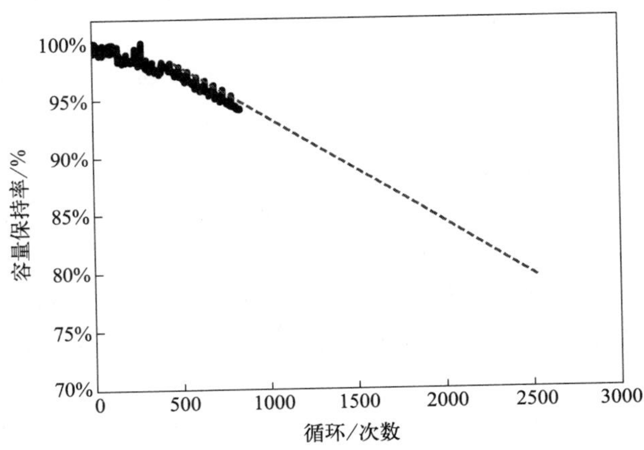

图 3.24　AY5 型负极与钴酸锂组装成全电池的循环曲线

课后作业

一、单选题

1. 下列中的（　　）不属于非碳负极材料。

A. 锡基材料　　B. 硅基材料

C. 过渡金属氧化物　　D. 磷酸铁锂

2. 下列中的（　　）属于碳负极材料。

A. 硅基材料　　B. 天然石墨　　C. 磷酸铁锂　　D. 锡基材料

3. 当前，锂离子电池所用的负极材料最成熟的是（　　）。

A. 石墨　　B. 钛酸锂　　C. 磷酸铁锂　　D. 硅材料

4. 根据国家标准《锂离子电池石墨类负极材料》(GB/T 24533—2019)，人造石墨不包括的是（　　）。

A. 中间相炭微球人造石墨　　B. 针状焦人造石墨

C. 石墨普焦人造石墨　　D. 沥青焦人造石墨

5. 下列中的（　　）不是易石墨化碳材料。

A. 针状焦　　B. 石油焦　　C. 乙炔黑　　D. 碳纤维

6. 作为负极材料，软碳的突出优点是（　　）。

A. 倍率性能好　　B. 对锂电位高

C. 能量密度大　　D. 与有机溶剂相容性较好

7. 下列中的（　　）不是硅基材料。

A. 硅　　B. 碳化硅　　C. 硅氧化物　　D. 硅/碳复合材料

8. 钛酸锂 $Li_4Ti_5O_{12}$ 的晶体结构是（　　）。

A. 尖晶石结构　　B. 层状结构　　C. 橄榄石结构　　D. 立方结构

9. 下列中的（　　）材料，还未商业化推广或者使用较少。

A. 石墨类负极　　B. 氧化物基负极　　C. 硅基负极　　D. 钛酸锂负极

10. 从储锂机理的角度看，（　　）是合金化型负极材料。

A. 人造石墨　　B. 天然石墨　　C. 钛酸锂负极　　D. 硅基负极

11. 相对而言，（　　）的理论比容量最低。

A. 人造石墨　　B. 天然石墨　　C. 钛酸锂负极　　D. 硅基负极

二、多选题

1. 锂离子电池的应用领域包括（　　）。

A. 电子消费品　　B. 交通工具　　C. 储能领域　　D. 电动玩具

2. 从销量对比来看，目前（　　）使用量较大。

A. 天然石墨　　B. 钛酸锂材料　　C. 人造石墨　　D. 硅基材料

3. 为了改善天然石墨初始库仑效率低、倍率性能不好等缺点，采取的改性处理方法有（　　）。

A. 颗粒球形化　　B. 表面氧化　　C. 表面氟化　　D. 表面碳包覆

4. 根据国家标准《锂离子电池石墨类负极材料》(GB/T 24533—2019)，石墨类碳材料包括（　　）。

A. 天然石墨　　B. 碳纳米管　　C. 人造石墨　　D. 复合石墨

5. 下列中的（　　）是易石墨化碳材料。

A. 石油焦　　B. 针状焦　　C. 沥青焦　　D. 冶金焦

6. 相对天然石墨，人造石墨的优势体现在下列中的（　　）。

A. 循环性能　　B. 大倍率充放电性能

C. 与电解液的相容性　　D. 能量密度

7. 硬碳一般由高分子有机物高温热解得到，最常见的硬碳包括下列中的（　　）。

A. 树脂热解碳　　B. 有机聚合物热解碳

C. 炭黑　　D. 石墨碳

8. 硬碳材料的缺点有（　　）。

A. 不可逆比容量较高
B. 电压随容量的变化大
C. 倍率性能差
D. 缺少平稳的放电平台

9. 作为负极材料，硅基材料的缺陷有（　　）。

A. 首效低　　B. 循环性能差　　C. 倍率性能差　　D. 体积膨胀大

10. 限制钛酸锂规模化应用的主要因素有（　　）。

A. 能量密度低
B. 高倍率下性能不佳
C. 普遍存在“胀气”问题
D. 循环寿命短

11. 下列中的（　　）可用以改性钛酸锂负极。

A. 离子掺杂
B. 碳包覆
C. 与金属形成复合材料
D. 开发与钛酸锂负极相匹配的电解液

12. 随着锂离子电池应用场景和市场的不断扩大，未来负极材料的发展方向是（　　）。

A. 低成本　　B. 高容量密度　　C. 高安全性　　D. 长循环

三、判断题

1. 正极材料是锂离子电池储锂的主体。（　　）
2. 在锂离子的脱嵌过程中，负极材料结构可以发生很大的变化。（　　）
3. 在放电过程中，石墨类负极接受锂离子的嵌入，而充电过程中，实现锂离子的脱出。（　　）
4. 天然石墨的循环性能、大功率放电性能优于人造石墨。（　　）
5. 天然石墨已成为动力电池和中高端消费电池的主流负极材料。（　　）
6. 与石墨相比，硬碳的层间距较小。（　　）
7. 硬碳的大倍率充放电性能优于石墨。（　　）
8. 软碳和硬碳共同的特点是不可逆比容量高。（　　）
9. 作为锂离子电池的负极材料，硅负极为插入型储锂机制。（　　）
10. 硅材料在脱嵌锂过程中存在300%～400%的体积变化，循环稳定性好。（　　）
11. 相比石墨类材料，硅基材料具有更高的比容量。（　　）
12. 相比硅材料和硅氧化物，Si/C复合材料电化学稳定性更高。（　　）
13. 人们常常设计具有纳米结构的材料，如硅纳米线或者纳米多孔硅，其目的是释放硅材料的体积变化。（　　）
14. 设计纳米级的硅基材料作为负极，虽然有助于提高SEI膜稳定性，但首次库仑效率会降低。（　　）
15. 在正常电池使用的电压范围内，钛酸锂表面容易生成锂枝晶，很大程度上增加了锂枝晶在电池内部形成短路的可能性。（　　）
16. 钛酸锂具有较高的嵌锂电位，因此，很难在材料表面形成SEI膜。（　　）
17. 对钛酸锂进行离子掺杂或碳包覆等，其目的是改善钛酸锂的导电性，进而改善电化学性能。（　　）
18. 钛酸锂作为负极材料，经常应用于手机锂离子电池。（　　）
19. 人造石墨材料被认为是最有潜力的新一代高容量锂离子电池负极。（　　）

四、填空题

1. 负极材料有多种分类方法，按组成，可分为____材料和______材料两大类。

2. 负极材料应有较好的______电导率和______电导率，这样可以减少极化并能进行大电流充放电。

3. 固体电解质界面膜，也称为______膜。

4. 石墨类碳材料包括______石墨、______石墨和复合石墨。

5. 锂离子电池石墨类负极材料采用的是结晶性______结构的石墨类碳材料。

6. 石墨负极材料的理论比容量为______mAh/g。

7. 锂离子嵌入石墨的层间形成________层间化合物。

8. 在充放电过程中，石墨易与电解液反应生成______膜，使得锂离子电池首次库仑效率较低。

9. ________一般由易石墨化碳经高温石墨化处理得到。

10. 复合石墨是至少含有______石墨和______石墨双组分的石墨材料。

11. 非石墨类碳材料，按石墨化难易程度，可分为____________和____________。

12. 作为负极材料，硅的理论比容量最高可达______mAh/g。

13. 硅基材料的两大问题是电子电导率低以及锂离子脱/嵌过程产生较大的______变化。

14. 由于碳材料具有一定的柔韧性和________，常用来与硅材料进行复合来优化其性能。

15. 钛酸锂理论比容量为______mAh/g。

16. 充放电过程对应的晶胞体积变化仅为0.2%，几乎可以忽略，因此，钛酸锂也被称为“________”材料。

17. 因为石墨具有层状结构，锂离子可有效地嵌入层间形成插层化合物，所以从储锂机理角度看，无论是天然石墨，还是人造石墨，都是______型。

18. 在实际的商业化应用中，硅材料一般与______材料复合，以提高循环性能。

五、主观题

1. 说一说理想的负极材料应该具备的特点。

2. 作为负极，相对Si材料而言，SiO_x材料中的氧起到什么作用？

3. 由于碳材料具有一定的柔韧性和导电性，常用来与硅材料进行复合来优化其性能，研究发现添加适量的碳材料不仅可以为锂离子提供传输的通道，而且可以增加锂离子的嵌入点位。你能否举出至少四种适合与硅材料复合的碳材料？

4. 受“碳达峰碳中和”以及党的二十大报告提出的“深入推进能源革命”等政策的叠加拉动，新能源电池及材料产业呈现高速发展态势。新能源电池及材料产业市场前景广阔、发展潜力巨大，对实现经济发展具有重要意义。请结合锂离子电池负极材料的技术创新点来谈谈如何实现“绿色发展，节约能源，降耗成本”？

第 4 章 电解液

知识目标

掌握电解液的概念、特点及分类；
掌握理想的溶剂、锂盐和添加剂的特征；
掌握常见锂盐的类型；
掌握添加剂的分类和作用；

技能目标

能够说出电解液各组分的作用；
能够掌握常见的电解液类型；
能够表述电解液对电池电化学性能和安全性能的影响。

电解液是锂离子电池的重要组成部分之一。在锂离子电池充放电过程中，电解液承担着传输锂离子与传导电流的重要功能；同时，具有电子绝缘性，能阻隔正负极之间电子的导通。电解液如同锂离子电池中的“血液”，连接着正负极主材以保障锂离子电池在充放电过程中正常工作。

电解液的组分很大程度上决定着锂离子电池的性能，包括能量密度、功率密度、循环性能、存储寿命、安全性能等。因此，锂离子电池的电解液配方，一直被视为核心的商业机密。

4.1 电解液的特点及分类

4.1.1 电解液的特点

作为锂离子电池理想的电解液，应满足以下性能特征：

① 具有良好的离子电导性，但对于电子是绝缘体；
② 在电池工作时，除了传输锂离子外，不与正负电极发生其它副反应；
③ 化学稳定性好，不与锂离子电池其它组件发生副反应；
④ 热稳定性好，有较高的沸点和较低的熔点，工作温度范围宽；
⑤ 电化学稳定性好，工作电压窗口宽；

名词解释：电压窗口

电压窗口是指电解液发生氧化还原反应的电位之差。电化学窗口越宽，表明电解液的电化学稳定性越高。

⑥ 无毒、安全、环保。

锂离子电池中，电解液的核心功能是在正极与负极之间传递锂离子的同时，保持对电子的绝缘性。在满足其功能的情况下，需具有较好的化学、电化学及热稳定性，以保证电芯的使用寿命与可靠性。

4.1.2 电解液的分类

按照室温下存在的状态分类，可将锂离子电池电解液分为液态、固态、固液复合态三种。一般来讲，对于液体状态，习惯上叫作电解液。对于固态与固液复合态，习惯上叫电解质。其中，液态电解液可分为有机液体电解液和离子液体电解液；固态电解质包括聚合物电解质与无机电解质两大类；固液复合态电解质，又称为凝胶态电解质。具体分类如图 4.1 所示。

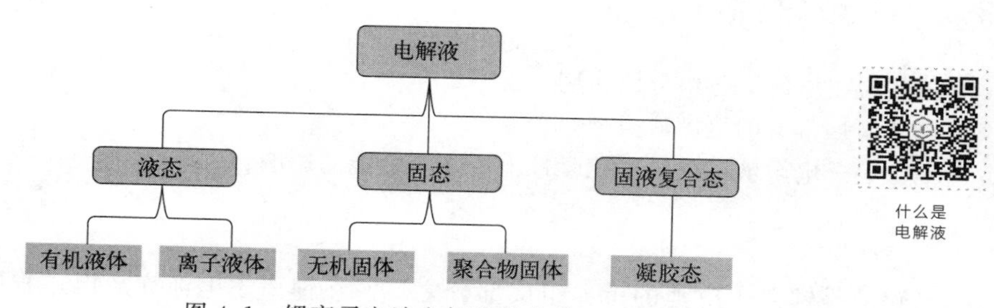

图 4.1 锂离子电池电解液的分类

不同种类的电解液性能上各有优缺点，根据性能的不同可应用于不同场景的锂离子电池中。从电解液性能对比（表 4.1）可以看出，有机液体电解液的 Li^+ 电导率最高，综合性能优异，是目前商业化量产的锂离子电池所使用的电解液；离子液体电解液安全性能相对优异，但因其成本较高，大规模应用受到限制；聚合物固态电解质优势在于安全性好，但较低的 Li^+ 电导率限制了广泛应用；固液复合态电解质在室温的状态为凝胶态，安全性相比于有机液态电解液具有一定优势，锂离子电导率也高于固态电解质，然而也存在高电压下化学稳定性欠佳的缺陷。

表 4.1 不同类型锂离子电池电解液性质比较

项目	液态		固态		固液复合态
	有机液体	离子液体	聚合物固态	无机固体	凝胶态
基体特性	流动	流动	柔韧	脆	柔韧
Li^+ 位置	不固定	不固定	相对固定	固定	相对固定
Li^+ 浓度	较低	较低	较高	高	较低
Li^+ 电导率	高	较高	较低	低	较高
安全性	差	好	好	好	较好
成本	较高	很高	较高	较低	较高

名词解释：离子液体

离子液体，又称为室温熔盐，室温或接近室温下呈现液态，是完全由阴阳离子所组成的盐。离子液体电导率高、蒸气压极低（或零蒸气压）、不易产生蒸汽，热稳定性与化学稳定性高，整体安全性能较好，被誉为绿色溶剂。该类电解液可以消除电池电解液引发的安全隐患，但价格十分昂贵，目前仍处于实验室研发阶段。

4.2　电解液的组分

目前，已经商业化的锂离子电池中，电解液的主要组分包括溶剂、锂盐与添加剂三个重要部分，其组成如图 4.2 所示。溶剂、锂盐与添加剂分别承担着不同的功能，共同实现电解液在锂离子电池中的重要作用。其中，锂盐为锂离子输运的重要主体，溶剂为溶解分散与承载锂盐的载体，添加剂的主要功能是改善锂离子电池的电化学性能或安全性能等。

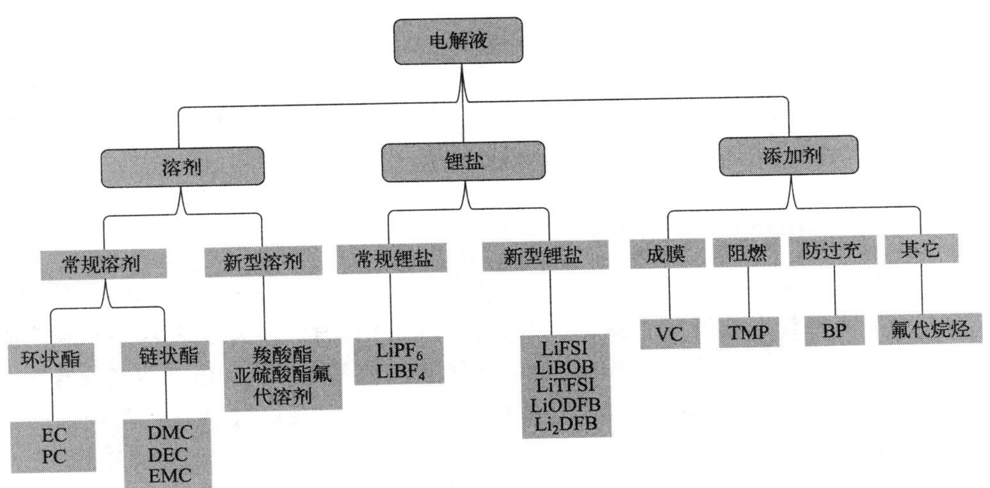

图 4.2　锂离子电池电解液组成

4.2.1　溶剂

4.2.1.1　溶剂的特点

溶剂的熔沸点、黏度、稳定性以及与正负极的相容性等物化特征，对于锂离子电池的电化学性能、寿命与安全产生了重要影响。理想的溶剂应该具有如下一些特点：

① 较高的介电常数与较低的黏度。由于锂盐具有较大的极性，因此，当溶剂具有较高的介电常数与较大的极性时，才能保证锂盐在溶剂中的较高溶解度。但高介电常数的溶剂，一般具有较高的黏度。如果黏度过高，会在一定程度上对锂离子的迁移和输运产生负面影响。因此，在选择电解液溶剂时，要求较高的介电常数，同时需控制相对低的黏度。

名词解释

◇ 极性分子：分子中正负中心不重合，从整个分子来看，电荷分布非均匀的，为不对称的，这样的分子称为极性分子。

◇ 介电常数：在外场作用下，物质分子产生极化程度的物理量，称为介电常数。介电常数越大，意味着在外电场作用下，分子越易产生极化（即分子内正负电荷分离）的现象。

② 较高的沸点与较低的熔点。至少在－40～150℃温度范围内为液体，以保证电解液在较宽的温度范围内可以正常工作。

③ 较好的化学稳定性。电解液填充在整个锂离子电池中，除自身稳定不易分解外，还应同其接触的组件，包括正负极极片、隔离膜、铜铝箔材、壳体、铜镍极耳及胶纸等均不发生化学腐蚀反应，以保证锂离子电池的寿命与可靠性。

④ 较好的电化学稳定性。通常指的是电解液稳定时的电压窗口，即电解液发生氧化还原反应的电位之差。电化学窗口越宽，说明电解液电化学稳定性越高。在商业化锂离子电池中，部分消费类钴酸锂正极主材，充电截止电压已达到 4.45V，其对应的电解液电化学窗口须达到 4.5V 以上。

⑤ 较好的安全性与环境兼容性。电解液在加工与使用过程中，需对人员无毒无害，对环境友好；闪点、燃点高，安全性较好；对不同加工条件与使用环境，不能太敏感，确保低加工成本以满足量产要求。

4.2.1.2 常见的溶剂体系

单一的溶剂很少能满足以上全部要求，例如：通常介电常数大的溶剂分子，黏度一般偏高。因此，通常将多种溶剂按照一定比例混合得到混合溶剂，以满足锂离子电池性能的需要。为满足电解液较高锂离子电导率的要求，实际应用中，通常将介电常数高的有机溶剂与黏度较小的有机溶剂按一定比例混合，以制得介电常数相对较高且黏度相对较低的混合溶剂，从而满足锂离子电池使用需求。

碳酸酯类溶剂是锂离子电池工业最早且最广泛应用的有机溶剂体系，在锂离子电池电解液中具有不可替代的地位。目前常用的碳酸酯类，包括环状酯与线性链状酯两大类，已商业化的溶剂的分子结构与物性参数如表 4.2 所示。

表 4.2 商业化锂离子电池常见溶剂

溶剂	结构式	分子量	熔点/℃	沸点/℃	黏度(25℃)/cP	介电常数(25℃)	密度(25℃)/(g/cm³)
EC		88	36.4	248	1.9 (40℃)	89.78	1.321
PC		102	－48.8	242	2.53	64.92	1.2
DMC		90	4.6	91	0.59 (20℃)	3.107	1.063

续表

溶剂	结构式	分子量	熔点/℃	沸点/℃	黏度(25℃)/cP	介电常数(25℃)	密度(25℃)/(g/cm³)
DEC	(结构式)	118	−74.3	126	0.75	2.805	0.969
EMC	(结构式)	104	−53	110	0.65	2.958	1.006

注：$1cP=10^{-3}Pa \cdot s$。

常见的环状碳酸酯溶剂，包括碳酸乙烯酯（EC）与碳酸丙烯酯（PC），如表 4.2 中结构式所示，两者结构式很相似，PC 相比于 EC 仅多一个甲基，分子结构的不对称性较明显，因此，两者介电常数较高，同时室温黏度较大。EC 熔点为 36.4℃，室温下为无色晶体，而 PC 室温下为无色液体，液态温度范围更宽。由于 PC 同石墨负极材料兼容度不好，较少作为锂离子电池电解液的溶剂使用。EC 综合性能更优且成本更低，因此目前电解液有机溶剂基本以 EC 为主。

常见的线性链状碳酸酯溶剂，包括碳酸二甲酯（DMC）、碳酸二乙酯（DEC）和碳酸甲乙酯（EMC）等。如表 4.2 中结构式所示，三者分子构型对称度相对较高，介电常数与室温下黏度较低。DMC、DEC、EMC 室温下均为无色液体，混入环状酯类 EC，可改善液体温度范围、介电常数及黏度等，最终满足锂离子电池使用需求。

除了碳酸酯溶剂体系外，羧酸酯类是另一类锂离子电池电解液的溶剂体系，常见的线性羧酸酯包括甲酸甲酯（MF）、乙酸甲酯（MA）、丁酸甲酯（MB）和丙酸乙酯（EP）等。羧酸酯分子的平均凝固点比碳酸酯低 20～30℃，且黏度较小，作为溶剂能显著提高锂离子电池低温的特性。然而，羧酸酯整体稳定性低于碳酸酯，对锂离子电池的高温循环与存储寿命等具有负面影响，目前暂未作为溶剂大量使用。

尽管目前商业化锂离子电池有机溶剂体系在低温性能与安全性上存在一定不足，但基于 EC 的混合碳酸酯溶剂仍是目前最广泛应用的商业化锂离子电池电解液溶剂体系，尚无其他溶剂可取代。下一代锂离子电池新型溶剂的研发方向，聚焦在含硼、含硫的新型溶剂体系，综合性能上可能超越碳酸酯类溶剂。

电解液中的溶剂

4.2.2 锂盐

4.2.2.1 锂盐的特点

锂盐是电解液中锂离子的来源，同时也是锂离子电池充放电工作中锂离子传输的主体。锂盐的性能对锂离子电池能量密度、功率密度、工作电压窗口、循环及安全方面均具有较大的影响。理想的锂盐应该具有如下一些性能特点：

① 在有机溶剂中有足够高的溶解度且易解离，以确保电解液具有较高的离子电导率。

② 锂盐的阴离子电化学稳定性较高，且还原产物易在负极表面形成钝化膜，确保在较宽的电压窗口下锂盐在充放电过程中不易分解。即便锂盐发生分解，还原产物在负极也能形成稳定的 SEI 膜。

③ 化学稳定性较高。电解液中的锂盐填充在锂离子电池中，其自身稳定且不易分解外，

还应同其接触的组件不发生化学腐蚀反应，以保证锂离子电池的寿命与可靠性。

④ 环境亲和性好，无毒无害。

⑤ 易于合成与纯化，成本可控。

4.2.2.2 常见的锂盐体系

自然界中存在的锂盐种类繁多，然而能够满足上述性能特点且达到锂离子电池使用标准的锂盐十分有限。目前，实验室和工业生产中，常用的锂盐一般选择阴离子半径较大，氧化性与还原性相对稳定的锂盐。根据锂盐的化学组分，一般可分为无机锂盐与有机锂盐两大类。

（1）无机锂盐

一般而言，用于锂离子电池的无机锂盐普遍具有价格低、不易分解、能耐受高的电位、合成简单的优点。常见的电解质无机锂盐主要有高氯酸锂（$LiClO_4$）、四氟硼酸锂（$LiBF_4$）、六氟砷酸锂（$LiAsF_6$）及六氟磷酸锂（$LiPF_6$）等，常见的无机锂盐参数如表 4.3 所示。

高氯酸锂（$LiClO_4$）是一个溶解度相对较高的锂盐，表现出相对较高的离子电导率，其在碳酸酯类有机溶剂中的室温离子电导率能够达到 9mS/cm。除此之外，以 $LiClO_4$ 作为锂盐的电解液电化学稳定窗口能够达到 5.1V（vs. Li^+/Li），具有相对较好的氧化稳定性，这一性质也使得该电解液能够匹配一些高电压正极材料，有利于实现锂离子电池高的能量密度。另外，$LiClO_4$ 具有制备简单、成本低、稳定性好等优点，在实验室基础研究中得到了广泛的应用。然而，由于 $LiClO_4$ 中的 Cl 处于最高价态＋7，极易与电解液中的有机溶剂发生氧化还原反应，从而造成电池燃烧、爆炸等安全问题，因此，$LiClO_4$ 极少用在商用锂离子电池中。

$LiBF_4$ 具有相对较小的阴离子半径（0.227nm），因此，与锂离子具有相对较弱的配位能力，在有机溶剂中容易解离，有助于提高锂离子电池电导率，从而提高电池性能。然而，正是由于其阴离子具有相对较小的半径，极易与电解液中的有机溶剂发生配位反应，导致锂离子电导率相对较低，因此，$LiBF_4$ 极少用于常温锂离子电池。然而，$LiBF_4$ 具有相对较高的热稳定性，在高温下不易分解，故常用于高温锂离子电池中。与此同时，在低温条件下，$LiBF_4$ 也表现出很好的电池性能，这主要是由于低温条件下基于 $LiBF_4$ 的电解液表现出更小的界面阻抗。除此之外，$LiBF_4$ 对于集流体 Al 具有一定的耐腐蚀性，因此，$LiBF_4$ 常用作锂离子电池电解液添加剂，从而提高电解液对集流体 Al 的腐蚀电位。

$LiAsF_6$ 具有与 $LiBF_4$ 相近的离子电导率，与此同时，该锂盐对集流体 Al 没有腐蚀性。此外，$LiAsF_6$ 作为锂盐的电解液电化学稳定窗口能够达到 6.3V（vs. Li^+/Li），远高于一般锂盐的电化学稳定性。但是，由于 $LiAsF_6$ 中含有剧毒的 As 元素，因此，不常用于商业锂离子电池中。

$LiPF_6$ 是目前商业化锂离子电池最常用的电解质锂盐，其在非质子型有机溶剂中具有相对较好的离子电导率和电化学稳定性。另外，$LiPF_6$ 能够与集流体 Al 形成一层保护膜，从而减弱电解液对集流体 Al 的腐蚀性。更为重要的是基于 $LiPF_6$ 锂盐的碳酸酯电解液能够在石墨负极形成一层固态电解质界面（SEI）膜，从而防止电解液与石墨负极之间发生不良反应，促进锂离子电池具有好的长循环性能。然而，$LiPF_6$ 锂盐热稳定性较差，且其极易与痕量的水分发生反应，产生强酸 PF_5，PF_5 极易与电解液中的有机溶剂发生副反应，造成电池性能衰减。

表 4.3　常见无机锂盐与有机锂盐物性参数

种类	锂盐	结构式	摩尔质量/(g/mol)	分解温度/℃（溶液）	Al腐蚀	离子电导率 δ/(mS/cm)(1.0mol/L,25℃)	
						PC溶剂中	EC/DMC溶剂中
无机锂盐	$LiClO_4$	$Li^+[ClO_4]^-$	106.4	>100	无	5.6	
	$LiBF_4$	$Li^+[BF_4]^-$	93.9	>100	无	3.4	4.9
	LiA_SF_6	$Li^+[AsF_6]^-$	195.9	>100	无	5.7	11.1
	$LiPF_6$	$Li^+[PF_6]^-$	151.9	约80	无	5.8	10.7
有机锂盐	LiBOB	$Li^+[B(C_2O_4)_2]^-$	193.8	>100	无		7.5
	LiFSI	$Li^+[N(SO_2F)_2]^-$	187.1	>100	有		
	LiTFSI	$Li^+[N(SO_2CF_3)_2]^-$	286.9	>100	有	5.1	9.0

（2）有机锂盐

相对于无机锂盐，锂离子电池常用的有机锂盐可认为是在无机锂盐的阴离子上又增加了吸电子基团调控而成的，常见的有机锂盐主要包括双草酸硼酸锂（LiBOB）、二氟草酸硼酸锂（LiDFOB）、双氟磺酰亚胺锂（LiFSI）及双三氟甲基磺酰亚胺锂（LiTFSI），常见的有机锂盐参数如表4.3所示。

双草酸硼酸锂（LiBOB）具有离子电导率高、电化学稳定窗口宽、热稳定性好等优点。研究表明，LiBOB 能够与集流体 Al 形成稳定的钝化膜，保护 Al 免受电解液的腐蚀。但是，LiBOB 具有明显的缺点，其在非质子型溶剂中的溶解度较低，从而导致由其构成的电解液电导率较低，从而限制了基于该盐电池的倍率性能。

双氟磺酰亚胺锂（LiFSI）是一种新型锂盐，发展最快，应用前景最佳。当前，LiFSI 主要作为电解液添加剂少量地与 $LiPF_6$ 混合使用，整体用量较小。相较于 $LiPF_6$ 而言，LiFSI 在电解液电导率、高低温性能、热稳定性、耐水解性、抑制胀气等方面更加优异，因此也被视为最有希望替代 $LiPF_6$ 的锂盐之一。当前锂电池应用最广的是动力电池，因此部分电解液发展方向需适应动力电池的需求。一般来说动力电池有两大诉求，即高续航和快充。现有研究表明，一方面掺杂 LiFSI 的电解液拥有更强的导电性能；另一方面相比于 $LiPF_6$，LiFSI 更适用于快充，即高倍率充电，在高倍率下运行可保持更高的电池容量。但由于 LiFSI 合成工艺复杂，成本较高，分子中含有硫元素，容易腐蚀铝箔，因此当前仅添加使用，且主要应用于三元材料电池中，尤其在高镍体系下。未来随着成本的降低以及高性能电池的需求，LiFSI 比例有增长的趋势。综合来看，LiFSI 具备提高添加量或替代 $LiPF_6$ 的性能基础。

双三氟甲基磺酰亚胺锂（LiTFSI）的负离子由电负性强的氮（N）原子和两个连有强吸电子基团（CF_3）的硫（S）原子构成，这种结构分散了负电荷，使得正负离子更易解离，从而显著提高了其离子电导率。但与 LiFSI 类似，LiTFSI 商业化最大的阻碍是其腐蚀正极集流体铝箔。针对腐蚀铝箔的问题，一般可通过对铝箔表面进行氟化处理、提高铝金属的纯度等方法，或加入各类的添加剂以及同其它具有钝化铝箔功能的锂盐混合使用等方法有效降低对铝箔的腐蚀。目前，LiTFSI 受到腐蚀铝箔问题困扰，只是少量用于锂离子电池中作为提高热稳定性的添加剂，因而其生产规模较小，成本较高。

总之，$LiPF_6$ 虽面临高温稳定性不足及遇水易分解等问题，但其具有较高的锂离子电导率，同 Al 箔形成稳定的钝化膜，且与石墨负极兼容性较好，因此，相比于其他几种锂盐（如表 4.4 所示），整体性能上没有明显缺陷。随着制造成本不断降低，$LiPF_6$ 逐渐成为商业化锂离子电池电解液中最主要的锂盐。

表 4.4 常见无机锂盐与有机锂盐重要缺陷

锂盐种类	缺陷	锂盐种类	缺陷
$LiBF_4$	电导率低	LiBOB	溶解度低、成本高
$LiAsF_6$	毒性大	LiFSI	腐蚀铝箔，成本较高
$LiClO_4$	安全性能差	LiTFSI	腐蚀铝箔，成本高

4.2.2.3 锂盐的稳定性

$LiPF_6$ 热稳定性并不高，有研究表明，纯净的 $LiPF_6$ 在干燥的环境下分解温度在 110℃ 附近；若存在微量的水，$LiPF_6$ 分解温度会降低至 70℃。在干燥的环境下，$LiPF_6$ 分解产物为 LiF 和 PF_5；而若有微量的水参与，其分解产物为 POF_3 和 HF。具体反应方程式如下：

无水条件下：

$$LiPF_6 \longrightarrow LiF + PF_5$$

微量水存在条件下：

$$LiPF_6 + H_2O \longrightarrow LiF + POF_3 + 2HF$$

$$PF_5 + H_2O \longrightarrow POF_3 + 2HF$$

HF 是具有较强腐蚀性的弱酸，在锂离子电池中会与正负极极片发生反应，形成 LiF 等离子电导率很低的副产物，进而增加锂离子电池的内阻。另外，电解液溶剂中的环状酯与链状酯等分子与 LiF 和 PF_5 等酸性分解产物发生不可逆反应，产生部分气体，进而影响到锂离子电池寿命与安全等。与线性链状酯和 EC 等电解液溶剂发生的化学反应方程式如下所示：

$$R-O-\overset{\overset{\displaystyle O}{\|}}{C}-O-R \xrightarrow{PF_5} R-F, R^1-O-R^2, \text{烯烃}, CO_2$$

$$n\,\text{EC} \xrightarrow{PF_5/HF} -\!\!\left[CH_2-CH_2-O\right]\!\!-_n + -\!\!\left[O-\overset{\overset{\displaystyle O}{\|}}{C}-(OCH_2CH_2)_n\right]\!\!- + nCO_2$$

锂盐

因此，$LiPF_6$ 锂盐在生产、纯化、存储与使用时要格外小心，尽量避免与空气中水分的接触，以免影响锂盐与电解液的品质。

4.2.3 添加剂

锂离子电池的电解液，主要由溶剂与锂盐所构成，但是这种简单的配方未必能够完全满足锂离子电池在复杂环境下的使用需求。在高纯度的溶剂与溶质组成电解液配方的基础上，使用少量的非储能材料，可以有针对性地显著提升锂离子电池某些性能，这些少量的物质称为添加剂。

添加剂在电解液成分中的含量较低，其本身既可以是有机物，也可能是无机盐。部分溶剂或锂盐本身也可作为添加剂，例如氟代碳酸乙烯酯（FEC）本身是一种溶剂，可作为一种添加剂使用；再如双草酸硼酸锂（LiBOB）本身是一种锂盐，但已有的研究发现，其作为一种成膜添加剂对改善锂离子电池寿命有较大的帮助。

添加剂按照其对锂离子电池性能改善的功能分类，常见的添加剂可分为如下几个大类：①成膜添加剂；②阻燃添加剂；③防过充添加剂；④功能添加剂等几个大类。

4.2.3.1　成膜添加剂

锂离子电池的电解液对锂离子电池的性能有十分重要的影响，其中一个关键因素就是有机电解液与正负极主材的兼容性。成膜添加剂是研究最为广泛的添加剂，重要的功能是在负极或正极表面形成界面层或者钝化膜。

成膜添加剂

针对此类界面层（或者钝化膜）的研究，最早集中于碳基负极表面的钝化膜，又称 SEI 膜。在负极碳材料首次充放电过程中，存在不可逆的容量损失，目前已成熟量产的人造石墨，其不可逆损失也达到了 10%左右。其中，绝大多数的不可逆容量，来自于正极的锂离子沉积于碳材料表面，失去了储能性质，导致锂离子电池能量密度降低。在碳材料表面沉积的界面层，虽一定程度上允许 Li^+ 的传输，但增大了极片与电解液界面的电化学阻抗；然而，SEI 膜形成后，成功阻隔了电解液中的溶剂同负极片的直接接触，阻止了电解液溶剂在负电极表面进一步发生还原反应等不可逆变化，大大提高了锂离子电池的循环寿命。首次充电在碳基负极表面形成的完善、致密的 SEI 膜，对提升锂离子电池的电化学性能有十分重要的意义。在商业化锂离子电池出货前，一般会进行化成与老化工艺，目的之一就是为了在锂离子电池负极表面形成稳定的 SEI 膜，避免后期出货使用中出现不可逆的容量损失。

名词解释

◇ 化成工艺：锂离子电池在一定温度与压力下，首次进行充电与活化的过程。该过程一般采用小倍率充电至一定电压，主要是为了使形成的 SEI 膜具有稳定的结构，同时对活性材料进行一次脱嵌锂的激活。化成工艺一般会产生一定量的气体，部分锂离子电池需要采用负压化成条件或者提前设计气袋的方式，将化成工艺产生的气体除去，以保证锂离子电池极片同电解液界面具有均匀与紧实的接触状态。

◇ 老化工艺：在锂离子电池装配完首次充电后，在一定温度与荷电状态下进行存储放置，确保锂离子电池出货后电化学性能的稳定。老化工艺主要有如下目的：①SEI 膜结构调整与稳定；②进一步完成锂离子扩散，去除浓差极化，稳定锂离子电池电压；③提升电解液在锂离子电池极片与隔膜等组件的浸润，利于电池性能的稳定。④电池在高温带电下静置，部分微短路或正极部分金属异物的溶出的电芯压降较快，老化工艺可将自放电异常的坏品剔除。

总结来看，可改善锂离子电池性能的优异的 SEI 膜应具有如下特征：

① 首次充电达到一定电位时，电解液中的溶剂、添加剂甚至是锂盐或杂质，在负极/电解液界面发生不可逆的反应形成 SEI 膜。

② 负极完全被 SEI 膜覆盖后，不可逆反应停止。

③ SEI 膜不溶于电解液溶剂且溶剂分子不易穿过。

④ SEI 膜具有高的锂离子电导率，但对电子绝缘。

⑤ 具有均匀的形貌与化学组成，保证电流与电场分布均匀。

⑥ 在碳负极表面具有较好的黏附性。

⑦ 具有较好的机械强度和弹性，充放电过程中锂离子穿过时不发生破坏。

有研究认为，SEI 膜形成机理最主要是电解液有机溶剂中部分环状酯类的还原反应。以 EC 为例，每个溶剂分子在还原过程中获得不同数目的电子，形成了阴离子自由基。阴离子自由基反应活性较大，会引发多种反应形式，形成或部分聚合成不同组分的固体不溶物沉积在负极表面。已有研究的部分 EC 还原反应如下所示：

$$2EC+2e^-+2Li^+ \longrightarrow (CH_2OCO_2Li)_2+CH_2=CH_2\uparrow$$

$$EC+2e^-+2Li^+ \longrightarrow Li_2CO_3+CH_2=CH_2\uparrow$$

当中间产物烷氧碳酸锂遇到微量的水时，还会继续发生分解：

$$(CH_2OCO_2Li)_2+H_2O \longrightarrow Li_2CO_3+CO_2\uparrow+(CH_2OH)_2$$

当中间产物碳酸锂遇到微量的 HF 时，还会继续发生分解：

$$Li_2CO_3+2HF \longrightarrow 2LiF+H_2O+CO_2\uparrow$$

从反应产物来看，基于碳酸酯的还原反应首先会产生一定量的气体，如 CO_2 和 C_2H_4 等，因此，在电芯化成工艺中，一般采用负压或者保留软包气袋的方式，将化成中产生的气体除去。在 SEI 膜形成过程中，产物中存在一定量的无机盐，如 LiF 和 Li_2CO_3 等。此外，当碳酸酯类溶剂分子在负极极片被还原后，形成部分含有锂的有机聚合物，如 $ROCO_2Li$ 和 ROLi 等。

关于 SEI 膜的结构与构型具有多种模型与假设，其中比较经典的是 Peled 等人提出的 SEI 膜可看作多种微粒的混合相态。如图 4.3 中所示，根据还原反应发生电位以及电荷与溶剂浓度分布等，预计靠近负极片形成的 SEI 膜主要为无机盐，如 Li_2O、LiF 和 Li_2CO_3 等；而远离负极片方向，则形成部分含有锂的有机聚合物，如 $ROCO_2Li$ 和 ROLi 等。

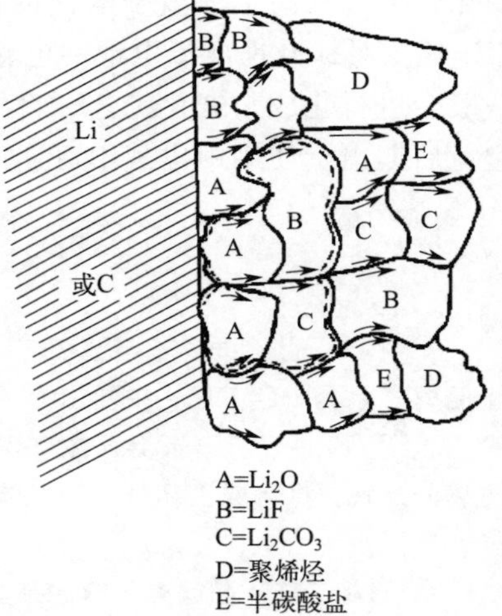

图 4.3 SEI 膜微观物相组成示意图

成膜添加剂最重要的作用，就是优化 SEI 膜性质，实现电极片与电解液更好的兼容性，最终优化锂离子电池的电化学性能。成膜添加剂应具有较高的还原电位，优先于电解液中的溶剂在负极片发生还原反应，且形成优良的 SEI 膜。根据成膜添加剂的化学组分分类，大致可以分为烯烃基不饱和有机物、含硫类有机物、卤代有机酯及锂盐类添加剂几个大类。其中，每个大类中包含的一些典型的添加剂如图 4.4 所示。

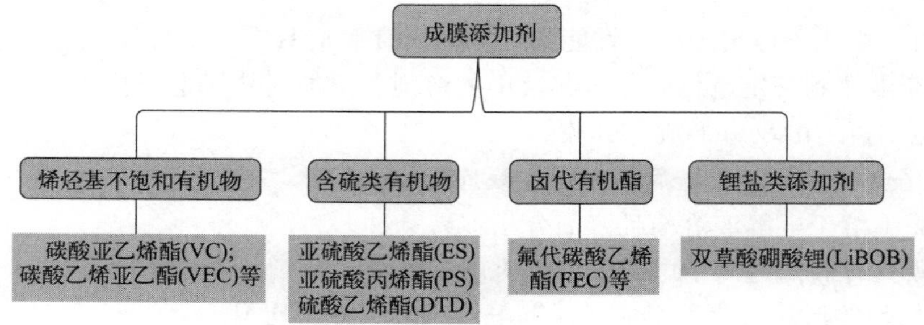

图 4.4 常见的成膜添加剂种类

4.2.3.2 阻燃添加剂

安全性能是锂离子电池，尤其是电动汽车用的锂离子电池非常重要的关键性能。锂离子电池中有机溶剂电解液明显的缺点之一，就是在高温下发生分解与燃烧所产生的安全隐患。阻燃添加剂的关键作用就在于使易燃的有机电解液变成难以燃烧或者无法燃烧的电解液，降低放热能量进而提高电解液自身的稳定性。

一般来说，锂离子电池电解液中的溶剂分子在高温下会发生分解，产生 H·或 HO·等。自由基通常活性较强，同溶剂或气体分子等进一步发生反应，形成链式反应，最终导致电芯热失控。常见的溶剂热分解自由基链式反应如下：

$$RH \longrightarrow R\cdot + H\cdot$$

$$H\cdot + O_2 \longrightarrow HO\cdot + O\cdot$$

$$HO\cdot + H_2 \longrightarrow H\cdot + H_2O$$

就有机电解液体系而言，溶剂的沸点与氢含量一定程度上决定了其易燃程度。根据有机电解液溶剂高温失效机理，阻燃添加剂的设计理念与作用机理是利用其高温分解出来的阻燃自由基，捕获气相中的氢自由基或氢氧自由基，进而切断链式反应，降低热失控风险。

常见的阻燃添加剂，根据其成分种类大体可分为磷系阻燃剂与卤素阻燃剂两个大类。常见的磷系阻燃添加剂包括烷基磷酸酯、氟化磷酸酯及磷腈类化合物。这类物质室温下为液体，能溶于有机溶剂。其中，烷基磷酸酯包括磷酸三甲酯（TMP）、磷酸三乙酯（TEP）、磷酸三苯酯（TPP）、磷酸三丁酯（TBP）等；氟化磷酸酯包括三(2,2,2-三氟乙基)磷酸酯（TFP）、二(2,2,2-三氟乙基)甲基磷酸酯（BMP）等；磷腈类化合物包括六甲基磷腈（HMPN）等。

以常见的磷酸三甲酯(TMP)为例，阻燃添加剂在高温受热的情况下，首先发生汽化。汽化后的分子进一步受热分解，产生自由基，TMP 汽化后反应方程式如下：

$$TMP_{gas} \longrightarrow [P]\cdot$$

形成的磷自由基具有捕获氢自由基的能力，进而降低了溶剂中自由基的浓度，降低热失控风险。

$$[P]\cdot + H\cdot \longrightarrow PH$$

根据添加剂自由基反应方程式可知，添加剂沸点越低、自由基元素含量越高，阻燃效果越好。

4.2.3.3 防过充添加剂

锂离子电池在充电过程中，如果电压超过设定上限截止电压，则发生过充现象。在过充时，首先正极材料发生大量脱锂，导致晶格中锂离子含量过低，影响结构稳定性，进而发生不可逆相变与释放晶格中氧气，引发安全事故；其次，负极材料不断嵌入锂，存在锂单质结晶析出的风险，在电芯内产生的锂枝晶导致短路等安全隐患；最后，在过高的电压下，部分电解液溶剂分子发生氧化分解，产生大量的气体并伴随热量放出，导致电池内压与温度升高，引发燃烧或爆炸等安全隐患。

防过充添加剂，又称限压添加剂，可以在电池化学体系中建立一种防止过充的自我保护机制，将电池充电电压限制在安全范围内。按照防过充添加剂的工作机制，可分为氧化还原穿梭电对添加剂与断路添加剂。

氧化还原穿梭电对添加剂的工作原理是：电解液中稳定地存在氧化/还原电对［O］/［R］，不参与任何化学或电化学反应；当充电电压超过某一截止电压时，还原产物［R］在正极被氧化，其氧化产物［O］扩散至负极被还原成［R］，还原产物［R］继续扩散至正极被氧化，整个过程沿着“氧化-扩散-还原-扩散”循环进行，反应原理示意图如图 4.5 所示。该过程反复消耗掉过充时的电荷，进而将锂离子电池工作电压锁定在氧化/还原电对［O］/［R］氧化电位附近，降低了锂离子电池过充时对电解液的氧化分解的风险。

氧化还原穿梭电对添加剂以盐类为主，或者是可以被可逆氧化/还原的有机物。通常在实际应用中，氧化还原穿梭电对添加剂的选择有如下几个原则：

① 穿梭电对氧化电位，略高于电池充电截止电压，低于电解液正极表面氧化电位；

② 氧化还原穿梭电对的氧化/还原反应具有较好的电化学可逆性，且反应热效应较小；

③ 氧化还原穿梭电对添加剂对电池性能影响很小；

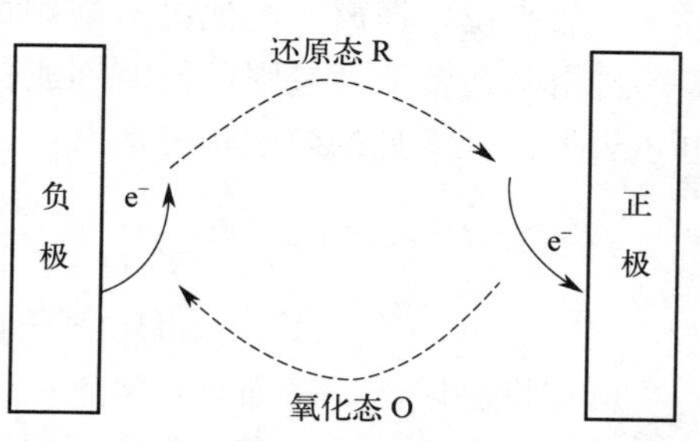

图 4.5　氧化还原穿梭电对［O］/［R］工作原理

④ 氧化或还原产物不与电解液发生副反应；

⑤ 氧化还原穿梭电对添加剂在有机溶剂中溶解性较好。

在添加剂中，能够同时满足如上条件的穿梭剂很少。常见的氧化还原穿梭电对添加剂有芳香族类化合物，包括甲基芳香族化合物、芳香基金刚烷、萘的衍生物及多聚苯等。此类化合物氧化还原电位在 3～5V 之间，且对电池的循环及存储寿命负面影响较小。金属茂化合物也是一类氧化还原穿梭电对添加剂，其结构以 Fe 或 Co 为金属离子中心，两个环戊二烯基为配体，通过金属原子氧化态变化实现可逆的氧化还原反应，但其氧化电位较低，一般在 1.7～3.5V 之间，限制了其应用。卤素单质最早用作锂离子电池的氧化还原穿梭电对添加剂，I_2/LiI 电对使锂离子电池电压（对锂电位）达到 3.2V，LiI 在正极表面形成 I_2。单质的吸附会导致电池循环效率降低，且部分卤素单质具有一定挥发性，其推广与应用在一定程度上受限。噻蒽及其衍生物的氧化电位均在 4V 以上，相比于金属茂化合物更高，应用范围更广。以 2,7-二溴噻蒽为例，氧化还原电位达到了 4.37V，对锂离子电池具有较好的过充保护作用。

断路添加剂能在电池过充状态下，永久地中断电池的工作。一般断路添加剂包括两类，一类是产气添加剂，通过气体释放激活电流切断的部件，如铝壳锂离子电池中的断路器（current interrupter device，CID）阀门；另一类添加剂发生聚合反应，阻碍电解液中锂离子传输通道。常见的产气添加剂包括有机物与无机物两类，要求其分解电压高于充电截止电压，低于电解液溶剂氧化分解电压，同时在溶剂中具有较好的溶解性，且化学稳定性较好。无机物常见的有碳酸锂，有机物包括一些焦碳酸酯类、环己基苯以及烷基苯环衍生物等。电聚合添加剂是另一类断路添加剂，主要作用机理是，在电池充电到一定电压时，聚合物单体分子发生聚合生成聚合膜，该聚合膜同电极片产生一定程度的电接触，导致内阻增加、电流下降，实现断路，改善锂离子电池安全性。电聚合添加剂通常为苯的衍生物，如环己基苯（CHB）和联苯（BP）等，聚合反应原理如图 4.6 所示。通过苯环取代基，可调整聚合氧化电位，一般而言，供电子基团会降低氧化电位，而吸电子基团会提高氧化电位。针对商业化锂离子电池，合适的氧化电位通常在 4.6～4.8V 之间。

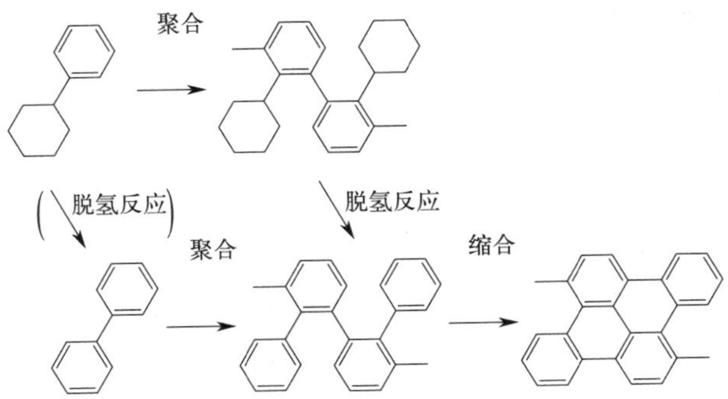

聚合

脱氢反应

脱氢反应

聚合

缩合

图 4.6　联苯（BP）和环己基苯（CHB）过充下聚合反应原理

4.2.3.4　多功能添加剂

同时具有两种或者两种以上功能的添加剂，称之为多功能添加剂。多功能添加剂是锂离子电池电解液重要的发展方向，此类添加剂可以从多个方向改善锂离子电池性能，其添加量较小、副作用相对更低，为未来锂离子电池电解液添加剂重要的开发方向。

目前已量产的部分添加剂，如氟化有机溶剂和卤代磷酸酯等，本身是一种较好的成膜添加剂，在高温下也有一定阻燃的作用，对电池的寿命与安全均具有一定改善作用。发展具有较好的成膜效果，同时能够阻燃，并与锂离子电池极片匹配性较好的添加剂，是未来锂离子电池跨界发展的重要前提。

4.3　电解液对锂离子电池性能的影响

锂离子电池电解液的重要功能是在充放电过程中，起到传输锂离子与传导电流的重要作用。电解液的溶剂组分、锂盐浓度及添加剂配方等对电解液相关物性参数（如黏度、密度、熔点、沸点、电导率、稳定性及杂质种类与含量等）产生重要的影响，进而最终影响锂离子电池的关键性能，如能量密度、功率密度、内阻、倍率性能、循环存储寿命及安全等。

通常来讲，电解液影响锂离子电池的性能有如下几个大的方面：

4.3.1　工作温度范围

对于锂离子电池而言，工作温度范围很大程度上受到电解液影响。当锂离子电池工作温度过低，活性材料电极反应速率降低，电解液溶剂黏度增大，离子扩散与传输速度降低，进而影响锂离子容量、内阻及功率等特征。当工作温度过高，电极电化学反应活性增加，同电解液交互作用增强，副反应也加剧。尤其是正极在脱锂态下，过渡金属具有较高的氧化态，对部分溶剂的氧化性增强，导致锂离子电池产气或循环过程容量衰减过快等现象。

目前商业化锂离子电池的电解液，工作温度范围通常在－10～45℃之间，极限条件下可拓展至－20～60℃。为了拓展工作温度范围，一般采用提高电解液的液态温度范围，提高电解液低温时离子电导率，改善低温黏度，同时提高高温下电解液溶剂稳定性等方案。

4.3.2 容量与首次库仑效率

电解液在锂离子电池中主要承担锂离子传输的功能，本身并不提供容量，然而锂离子电池电极片在脱嵌锂与循环过程中始终同电解液存在交互作用，电解液在极片同电解液界面发生的反应以及锂盐的溶剂化与传输过程对电池的容量均会产生一定程度的影响。锂离子电池首次充电过程中，部分溶剂以及锂盐会在负极片发生还原反应形成 SEI 膜，该反应为不可逆的过程。通常形成的 SEI 膜越厚，反应消耗的电解液越多，首次放电容量越低且首次库仑效率越低。当电极片表面发生钝化，产生 SEI 膜时，一定程度上会导致界面阻抗增大，在动力学上对正负极片锂的脱嵌产生负面影响，进而降低锂离子电池容量与首次库仑效率。

4.3.3 内阻与倍率

锂离子电池内阻是指电流通过锂离子电池时所受到的阻力（R），包含欧姆阻抗（R_s）及电荷转移阻抗（R_{ct}）以及在电极与电解液界面阻抗（R_f）。电池的欧姆阻抗（R_s）主要来源于电解液的导电性，以及隔膜、电极片与集流体等欧姆电阻，由于电解液导电为离子导电，相比于电极片与集流体等电子导电的 R_s 要大很多，因此，电解液体系的电阻是锂离子电池中不可忽视的一部分。电荷转移阻抗是在电极片与电解液界面的电荷传递阻抗，锂离子传递时在界面转移的阻力越大，电荷转移阻抗越大，通常改善电解液体系黏度与同电极片的浸润情况，提高极片的孔隙率与正负极比表面积，能有效降低电荷转移阻抗。电极与电解液界面阻抗很大程度上与正负极片界面形成的钝化膜有关，如果电解液与极片界面副反应较多、成膜较厚，通常会导致界面阻抗增大。

倍率充放电是衡量锂离子电池快速充放电下容量保持能力的重要指标。在锂离子电池大电流充放电情况下，电池内阻、电解液中锂离子扩散与传递速度等对锂离子电池高倍率下的容量保持率均有重要影响。通常选择离子电导率较高、溶剂体系黏度较低同时锂盐浓度略高的电解液对锂离子电池高倍率充放电性能具有一定帮助。

4.3.4 循环与存储寿命

评估二次电池重要的性能指标之一是反复充放电循环下的使用寿命以及在一定温度与荷电状态存放后电池存储寿命。对于循环寿命，常用的量化评估手段是记录一定温度与充放电倍率循环下，当电池容量降低到某一特定值（常见值为 80%）时循环的次数（cls）。对于存储寿命，常用的量化评估手段是在一定温度与荷电状态下当电池容量降低到某一特定值时，记录电池存放的时间（t）。

对于电解液，提升其化学与电化学稳定性，减少在高温下或高电压下同氧化性较强的正极片发生副反应，能有效改善锂离子电池循环与存储寿命。另外，通过合适的添加剂，在负极片表面形成稳定的 SEI 膜，也是稳定界面化学环境，改善循环寿命的重要手段之一。

4.3.5 安全性

由于商业化锂离子电池有机溶剂具有挥发性和可燃性，材料的本质特性是电池安全性隐患的根源。关于液态电解液安全性能的研究，集中在电极片在高温或过充下同电解液的反应以及电解液热失效方面。对于液态电解液可燃性的抑制方面，通常通过阻燃添加剂的开发，可以降低有机溶剂的阻燃性；另外，开发安全性更高或者根本不燃烧的电解质体系，消除溶剂可燃性的根源。

在高温或高电压下，通过正极材料的部分添加剂可以有效稳定材料中高氧化态的过渡金属，进而减少极片同溶剂的副反应，降低热失效的可能性。过充状态下，氧化还原穿梭电对添加剂可以有效消耗多余的电荷；部分电聚合添加剂与产气添加剂等可在锂离子电池过充状态下协助锂离子电池形成断路，阻隔锂离子电池电压进一步提高，改善锂离子电池过充状态下的安全性。

不可忽视的电解液

4.4　电解液杂质含量对电池性能的影响

在锂离子电池电解液的生产过程中，由于原材料（包括锂盐与有机溶剂）的纯度、生产环境管控等问题，不可避免地引入部分杂质。根据杂质的成分组成，大体分为三类：①无机物，包括 H_2O 和 HF；②分子中含有活泼氢原子的有机物，包括有机酸、醇、醛、酰胺类物质；③部分金属杂质离子，包括 Fe、Cu、Cr、Ni、Na、Al 等金属杂质离子。

4.4.1　无机物

H_2O 和 HF 是影响有机电解液性能的重要因素。首先，当电解液中出现痕量的 H_2O，会与锂盐 $LiPF_6$ 发生反应，导致 $LiPF_6$ 分解，产生 HF。分解反应方程式如下所示：

$$H_2O + LiPF_6 \longrightarrow LiF + POF_3 + 2HF$$

其次，充电过程中，电解液中痕量的 H_2O 在负极发生还原反应，产生 H_2，导致电芯产气，影响安全性。还原反应方程式如下所示：

$$H_2O + 2Li \longrightarrow Li_2O + H_2\uparrow$$

当部分有机溶剂在负极还原形成 SEI 膜时，会形成部分烷基碳酸锂。当遇到痕量水时，SEI 膜中的烷基碳酸锂发生分解，形成 Li_2CO_3 和 ROH 等，附着在负极片表面。痕量水同烷基碳酸锂反应方程式如下所示：

$$H_2O + 2ROCO_2Li \longrightarrow Li_2CO_3 + 2ROH + CO_2\uparrow$$

无机盐 Li_2CO_3、LiF 等热力学稳定性要高于 SEI 膜中有机成分，对稳定 SEI 膜结构具有一定积极作用。最后，H_2O 与部分有机溶剂（如 PC）等发生反应，生成 CO_2。化学反应方程式如下：

$$H_2O + C_4H_6O_3\ (PC) \longrightarrow C_2H_8O_2\ (\text{丙二醇}) + CO_2\uparrow$$

研究表明，有机电解液中的痕量水对锂离子电池性能没有负面影响，反而一定程度上有利于 SEI 膜形成，对改善锂离子电池电化学性能具有一定积极意义。当水含量较高时，将导致锂盐与溶剂的分解，最终对锂离子电池内阻、容量以及循环存储寿命等产生负面影响。根据 2018 年工信部发布的关于锂离子电池行业标准（SJ/T 11723—2018《锂离子电池用电解液》）的规定，每千克电解液中水分含量不高于 20mg（$H_2O \leqslant 2\times10^{-5}$）。

HF 为电解液中的痕量水同锂盐反应的产物，具有较强的酸性。在还原状态下，同锂离子反应形成 LiF 沉积，反应方程式如下：

$$HF + e^- + Li^+ \longrightarrow LiF\downarrow + \frac{1}{2}H_2\uparrow$$

HF同SEI膜中的碳酸锂与烷基碳酸锂等发生反应，形成CO_2与LiF等；如果HF量过多，对SEI膜的组分、稳定性及致密性产生负面影响。SEI膜的破坏以及修复，通常对锂离子电池中可逆锂及容量造成损失，以及导致循环寿命的衰减。

HF与正极材料也会发生反应，导致正极材料晶格中金属离子溶解，使得容量衰减与电芯性能恶化。以$LiCoO_2$为例，HF与其反应如下：

$$12HF + 4LiCoO_2 \longrightarrow 4LiF\downarrow + 6H_2O + 4CoF_2 + O_2\uparrow$$

整体上讲，由于电解液在不断催化过程中产生HF，其含量很难控制，过量的HF对正负极片界面状态与材料本身均产生一定破坏作用，进而对锂离子电池性能产生负面影响。根据锂离子电池行业标准（SJ/T 11723—2018《锂离子电池用电解液》）的规定，每千克电解液中HF含量不高于50mg（$HF \leqslant 5\times10^{-5}$）。

4.4.2 含有活泼氢原子的有机物

当溶剂中存在含有活泼氢原子的有机物，如有机酸、醇、醛、酮等物质时，在锂离子电池首次充放电过程中形成羧酸锂或烷氧基锂等物质，在有机溶剂中具有一定的溶解度，降低了SEI膜的稳定性，进而降低循环过程中的库仑效率。部分胺与酰胺类物质在充放电过程中发生聚合反应，导致电解液电导率降低。有机电解液中活泼氢原子溶剂含量越低，越有利于电池性能改善。根据锂离子电池行业标准（SJ/T 11723—2018《锂离子电池用电解液》），常见的有机醇杂质总含量要求控制在1.5×10^{-4}（0.015%）以内。

4.4.3 金属杂质

锂离子电池中的电解液及其原材料在生产过程中，由于存在同金属加工设备的接触及生产环境暴露的因素，不可避免地引入金属杂质，部分可溶于电解液形成金属离子。常见的金属杂质有Fe、Cr、Ni、Zn、Cu等，包括其在溶液中形成的离子。此类金属离子相比于锂离子，其氧化还原电位更高，氧化性更强，在充电过程中更易在负极表面析出。当金属杂质含量过高，一方面本身沉积在负极表面的过程消耗电子；另一方面，部分金属沉积形成枝晶，产生局部的微短路，进而导致电芯压降偏大，同时存在一定安全隐患。根据研究报道，当金属沉积在负极时，对SEI膜形成后的稳定性存在一定破坏作用；另外，金属沉积位点占据了锂离子传输通道，一定程度阻碍了锂离子脱嵌，进而影响锂离子电池阻抗与循环寿命等。根据锂离子电池行业标准（SJ/T 11723—2018《锂离子电池用电解液》），常见的金属杂质（包括K、Na、Fe、Ca、Pb、Cu、Zn、Ni、Cr）含量均控制在2mg/kg以内。

4.5 电解液的典型制备工艺与表征

商业化锂离子电池电解液材料，主要由三部分构成：碳酸酯类溶剂、锂盐（$LiPF_6$）和添加剂。以深圳某公司一款针对数码电子产品软包电池用高电压钴酸锂体系的电解液为案例，介绍电解液常见的制备工艺与理化性质和电化学性能。该产品定位为高能量密度、长寿命、高电压应用下的电解液，应用方向为针对手机等数码产品使用的软包锂离子电池。

4.5.1 制备工艺

电解液制备过程，其工艺核心是按照设计的电解液配方，生产出组分符合电解液设计配方的产品，对加入组分需要做准确的计量。生产过程中重点控制电解液配制流程中杂质与异物的引入，包含如水分、氢氟酸、异组分及金属异物等；同时需保证运输罐的洁净与密闭，在封装、存储与运输过程中电解液不会发生变质。案例所述的锂离子电池电解液制备工艺流程图如图 4.7 所示：

（1）精制

溶剂占电解液含量为 60%～85%，是电解液中占比最大的组分，原料碳酸酯溶剂（碳酸二甲酯、碳酸二乙酯及碳酸甲乙酯）中包含微量的醇类杂质（甲醇、乙醇），且由于碳酸酯溶剂和醇类杂质形成了共沸物而难以提纯，这些醇类杂质对锂离子电池性能的影响主要体现为劣化电池的循环性能及存储性能。该公司对溶剂进行处理，通过降低溶剂中水分、醇类杂质能够有效地提高电解液品质。

本案例中的溶剂原料为碳酸乙烯酯，为了减少醇类杂质的影响，利用精制塔对碳酸乙烯酯精制除水除醇，从而减少溶剂引入的水分及杂质，确保精制后的溶剂中水分和含活性质子的杂质总含量低于 1×10^{-5}。

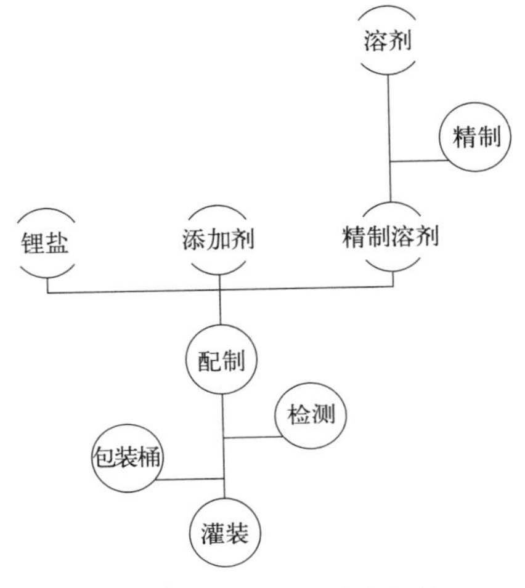

图 4.7 锂离子电池电解液制备工艺流程图

（2）配制

电解液配制工序中重点控制夹套反应釜内的压力（一般为常压）与温度（生产中控制在 10～15℃），图 4.8 示意了实际生产中所用夹套反应釜设备及其内部结构。电解液配制过程中同样隔绝水氧，因此，夹套反应釜需使用惰性气体（通常为 N_2）保护，除了保证反应釜

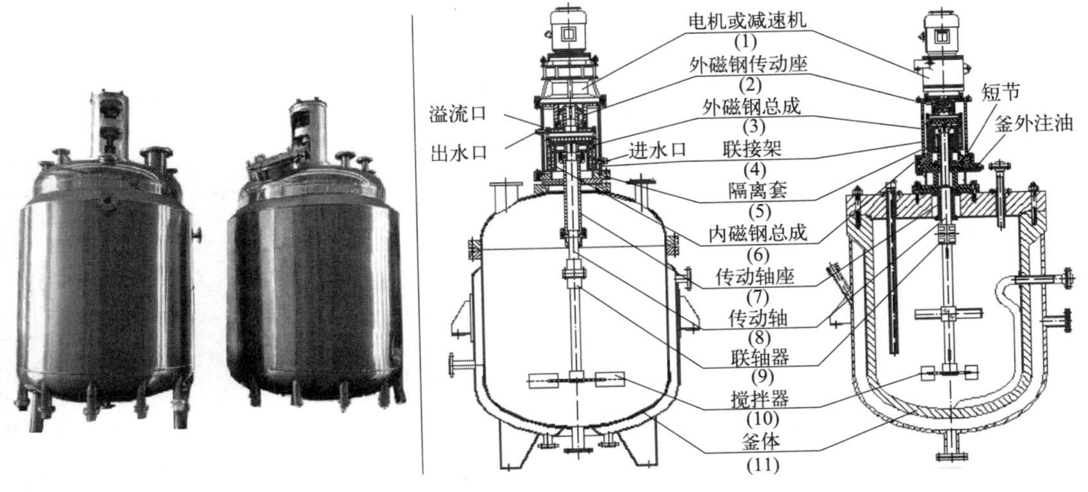

图 4.8 夹套反应釜示意图

的密闭性外，还需保持反应釜处于微正压及以上。反应过程中，$LiPF_6$ 溶解于溶剂时释放大量溶解热，且 $LiPF_6$ 热稳定性差，高温易分解产生 HF，因此需要使用冷冻液对反应釜降温。但碳酸酯溶剂在低温时黏度增大，难以搅拌导致溶剂、添加剂及锂盐混合不均匀，因此电解液配制过程中需要保持反应釜的温度处于较窄的温度区间，最佳温度区间一般根据体系在 0～25℃之间选择。

本案例电解液配制的流程依次如下：溶剂投料、反应釜降温、添加剂投料、锂盐投料。溶剂量使用较大时，生产厂家通过建设溶剂储罐，将合格溶剂打入储罐存储，利用管道连接溶剂储罐与车间反应釜。在干净的反应釜内，首先将溶剂进行混合，搅拌后对混合溶剂检测。混合溶剂检测合格后，冷却水通过夹套反应釜外层，对反应釜开始降温。将反应釜温度降低至一定温度（例如：0～15℃）后，加入添加剂及锂盐。调节锂盐的加入速度，保持反应釜温度处于 0～25℃之间。搅拌至各组分混合均匀后，即可进行检测、灌装、入库。

（3）检测

出货前需要检测电解液品质，主要检测项目有：外观、密度、电导、色度、水分、氢氟酸、金属杂质以及组分含量。电解液设计配方决定电解液的电导、密度及组分，电解液的配制过程影响电解液的色度、水分、氢氟酸及金属杂质，通过检测确保产品的品质满足要求。

4.5.2 理化性质

经过上述制备工艺流程所制得的电解液的理化性质经检测如表 4.5 所示。

表 4.5 电解液理化检测指标

项目	单位	规格
外观	—	透明液体
色度	Hazen	≤30
密度(25℃)	g/cm^3	1.0±0.20
氢氟酸含量	10^{-6}	≤50
水含量	10^{-6}	≤20
电导率(25℃)	mS/cm	7.5±0.5
成分	—	符合电解液配比
钙含量 Ca	10^{-6}	≤1
铁含量 Fe	10^{-6}	≤1
铅含量 Pb	10^{-6}	≤1
钠含量 Na	10^{-6}	≤1
铬含量 Cr	10^{-6}	≤1
氯含量 Cl	10^{-6}	≤5

4.5.3 性能检测

4.5.3.1 色度的检测

铂-钴等级是指含有规定浓度的铂［以氯铂（Ⅳ）酸盐离子形式存在］和氯化钴（Ⅱ）六水合物溶液的颜色等级。用氯铂酸钾和氯化钴配制成标准色列，用于电解液样品目视比色测定色度。将试样的颜色和标准色列管进行比较，识别出与试样颜色最接近的标准色列管，记录能得到的近似匹配的颜色，并将此结果用铂-钴单位（度）表示。

按所要求的范围配制一系列的标准色列，在一系列的纳氏比色管中加入一定体积的铂-

钴标准原液，稀释至刻度并摇匀，将比色管塞上塞子，并在比色管上标明相应的铂-钴单位数。如配制了0～100度的色列，每管间隔5度，如图4.9所示。

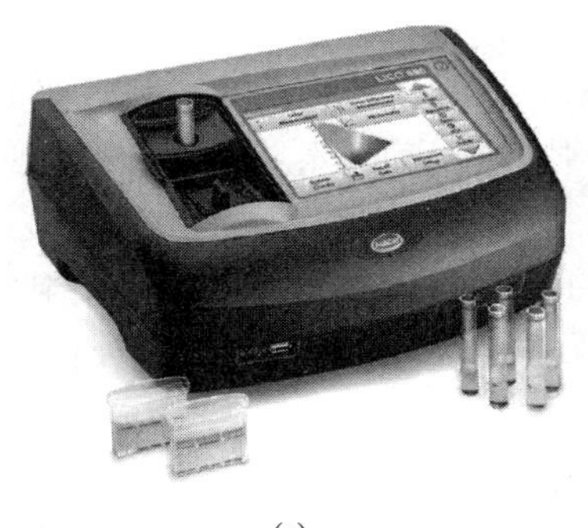

(a)

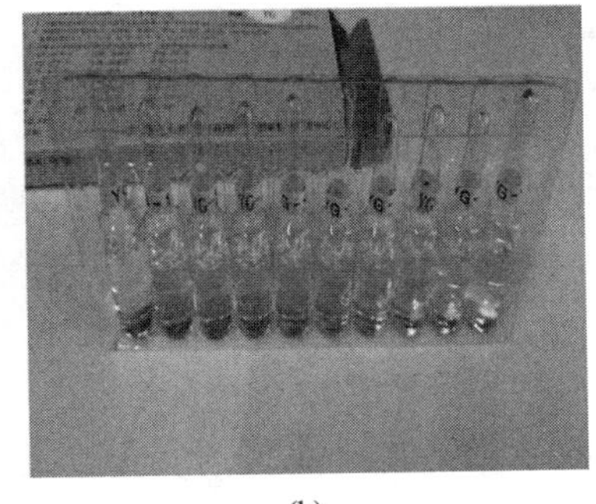

(b)

图4.9　比色过程示意图

(a) 比色试样制备；(b) 配制的标准色列试剂

如在测试电解液色度时，将样品倒入纳氏比色管中至刻度线处，将标准色列管与样品管进行目视比色，直至找出颜色最匹配的标准色列管并记录数据，此时颜色最匹配的标准色列管上标明的数值代表样品的结果。如果与样品管最匹配的标准色列管是15度，则说明该样品的色度为15度。经测试，案例所制备电解液的色度在15度以下。

4.5.3.2　密度的检测

采用密度仪（图4.10）检测，密度仪主要由U形玻璃振动管、电磁振荡器、温度控制器、显示单元和数据处理单元组成，当一定体积的液体充满U形玻璃振动管后，管内物质的质量发生变化，使得振动管的固有振动频率或特征频率随之发生变化。体积一定时，振动管的频率是管内所充物质质量的函数：当质量增加时密度增加，频率降低，振动周期增大；反之，当质量减小时，振动周期减小。二者之间的关系式简单描述如下：

$$\rho = AT^2 - B$$

式中，ρ为密度；T为振动周期；A、B为仪器常数。

通过对特定频率的精确测定和数学换算（由仪器进行），仪器便可以测量出样品的密度。电解液的密度测试步骤如下：密度仪开机预热后，设置好测试温度（如20℃），先进行空气/水的校准，然后用电解液样品多次润洗密度仪的U形玻璃振动管，再开始测试电解液样

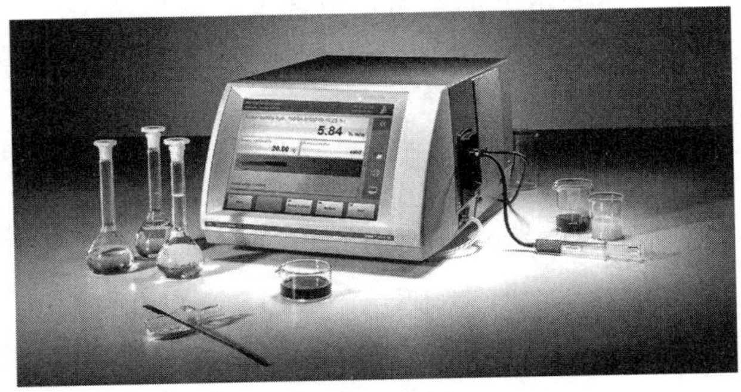

图4.10　密度仪

品，测试完成后，密度仪显示数值为 1.1853g/cm³，则表明案例所述电解液在 20℃时的密度为 1.1853g/cm³。

4.5.3.3 氢氟酸含量检测

游离酸的测试主要依靠以酸碱反应为基础的酸碱滴定，滴定剂一般为强碱（如 NaOH），并使用合适的指示剂来确定滴定终点。酸碱指示剂一般是有机弱酸或弱碱，它们的共轭酸碱具有不同结构而呈现不同颜色。当溶液的 pH 改变时，指示剂得到质子，由碱式转变为共轭酸式，或失去质子，由酸式转变为共轭碱式，由于其结构的转变而发生颜色的变化，进而来判断滴定的终点，反应式为 $H^+ + OH^- \longrightarrow H_2O$。

以测试 $LiPF_6$ 中的游离酸为例。主要采用冰水相酸碱滴定法（采用冰水作溶剂的原因主要是 $LiPF_6$ 在常温下容易与水发生反应生成酸，影响测试结果的准确性），指示剂为溴百里香酚蓝。

其具体方案为：取适量的碎冰和纯水于 250mL 洁净锥形瓶中，加入 3～5 滴指示剂，此时冰块呈黄色。用 0.01mol/L 的氢氧化钠标准溶液滴定至蓝色，调节好滴定管起始读数，备用。取 10g 左右 $LiPF_6$ 倒入上述锥形瓶中，使其快速摇动混合，用氢氧化钠标准溶液快速滴定到混合液由黄色变成蓝色即为终点。用分析天平准确称取滴定时所加入的 $LiPF_6$ 的量（m，g），并记录下滴定所消耗的氢氧化钠标准溶液体积（mL）。

$$\text{计算式：} w = \frac{cV \times 20 \times 1000}{m}$$

式中 w——$LiPF_6$ 的游离酸含量（以 HF 计），μg/g；

c——氢氧化钠标准溶液浓度；

V——消耗的氢氧化钠标准溶液的体积；

20——HF 的摩尔质量。

经过测试，该案例的 HF 含量为 12μg/g。

4.5.3.4 水分含量的检测

对于微量水分测试，主要采用卡尔费休库仑法进行测试。卡尔费休水分测定仪基本原理如下式所示：

$$I_2 + SO_2 + 2H_2O \rightleftharpoons 2HI + H_2SO_4$$

即碘与二氧化硫的反应需要水分的参与，但该反应为可逆反应，当 H_2SO_4 浓度达到 0.05%以上时，即能发生可逆反应。因此，为使其向正反应方向进行完全，可在卡氏液中加入碱性物质（比如吡啶），反应式为：

$$H_2O + I_2 + SO_2 + 3C_5H_5N \longrightarrow 2C_5H_5N \cdot HI + C_5H_5N \cdot SO_3$$

然而，上式中的反应产物硫酸酐吡啶（$C_5H_5N \cdot SO_3$）并不稳定，会与水发生副反应，因此，须加入无水甲醇，形成稳定的甲基硫酸氢吡啶，反应为：

$$C_5H_5N \cdot SO_3 + CH_3OH \longrightarrow C_5H_5N \cdot HSO_4CH_3$$

终点前，卡氏试剂中的 I_2 与水反应消耗掉；到达终点后，I_2 过量，指示电极间发生电极反应 $I_2 \longrightarrow 2I^- - 2e^-$。指示电极两端的电压差发生急剧变化，利用这一变化确定滴定终点。根据上式，电解碘的电量相当于电解水的电量，因此可通过消耗的电量来计算水分的含量。

以使用置于手套箱内的 JF-3 型水分测定仪测试 $LiPF_6$ 的水分为例。首先往滴定池和阴极室中加入适量的卡氏试剂，打开仪器开关，等待仪器自动平衡，状态值稳定。

图 4.11　水分滴定仪

在手套箱内，用磨口瓶称取约 35g 已确定水分值的碳酸二甲酯（DMC）溶剂，然后称取约 7g 六氟磷酸锂（$LiPF_6$）样品，加入到上述 DMC 溶剂中，溶解完全后用注射器反复抽取混合溶液以冲洗注射器 5～8 次，然后抽取约 0.5mL 上述混合溶液，再用减重法准确记录注射器内溶液的质量。更改仪器方法中的“延时”，输入合适的进样时间。在仪器（图 4.11）的状态值稳定到 42 左右之后，按下启动键，仪器开始倒计时。将取好的混合溶液通过进样口迅速注入滴定池内。等待仪器自动进行滴定，到终点时，仪器显示屏自动显示出混合溶液的含水量。由检测出的含水量/混合溶液的质量，即可得出水分含量。计算式如下：

$$w=\frac{A_2-A_1}{m}$$

式中　w——$LiPF_6$ 的水分含量，μg/g；

A_1——仪器测试 DMC 样品读取的水分结果，μg；

A_2——仪器测试 $LiPF_6$/DMC 溶液中的水分，μg；

m——称取的 $LiPF_6$ 成品质量，g。

经过测试，该案例的水分含量为 15μg/g。

4.5.3.5　电导率的检测

电导率是用来表示溶液传导电流能力的。在电解质的溶液里，离子在电场的作用下移动而具有导电作用。电解液具有一定的导电性，其电导与溶剂、溶质配比有关，在恒温条件下用电导率仪（图 4.12）测试电解液的电导率。

在相同温度下测定样品的电导 G，它与样品的电阻 R 成倒数关系

$$G=\frac{1}{R}$$

在一定条件下，样品的电导随着离子含量的增加而升高，而电阻则降低。因此，电导率 γ 就是电流通过单位面积 A 为 $1cm^2$，距离 L 为 1cm 的两铂黑电极的导电能力。

图 4.12　电导率仪

$$\gamma=G\frac{L}{A}$$

即电导率 γ 为给定的电导池常数 C 与样品电阻 R_S 的比值

$$\gamma=CG_S=\frac{C}{R_S}\times10^6$$

电导池常数 C 为标准溶液的电导率除以测得的标准溶液的电导，样品在固定温度时，电导率 γ 等于电导池常数 C 乘以测得样品的电导。标准溶液一般都使用氯化钾溶液，这是因为氯化钾的电导率在不同温度和浓度情况下非常稳定准确。

举例测试某电解液的电导率过程：先用 0.1mol/L 氯化钾标准溶液在 25℃时校准电导池常数。然后用干燥、洁净的耐腐蚀样品瓶取约 100mL 电解液样品，密闭置于 25℃的恒温水浴中，不时摇动，待试样温度恒定在 25℃时，用上述已校准好的电导率仪测试电解液样品，读数稳定时，读取数据，即为被测电解液的电导率。如仪器上显示被测试样的电导率为 8.00mS/cm，则此电解液样品在 25℃时的电导率为 8.00mS/cm。

4.5.3.6 盐类溶质含量的检测

在检测工作中，离子色谱仪（图 4.13）可用于测定电解液中锂盐的含量。测试过程是以盐溶液（淋洗液）作为流动相，将样品载入系统，经离子交换树脂色谱柱分离后，待测组分依次进入电导检测器被检测。色谱柱分离的原理是基于离子交换树脂上可离解的离子与流动相中具有相当电荷的溶质离子之间进行的可逆交换和被分析物溶质对离子交换树脂亲和力的差别而被分离。值得一提的是，离子色谱仪一般都会在电导池前配置抑制器，其作用是将来自淋洗液的背景电导抑制到最小，使得被分析物进入电导池时有较大的可准确测量的电导信号。

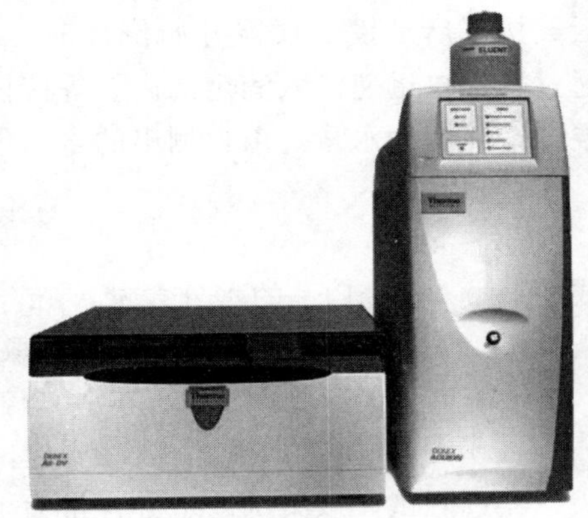

图 4.13 离子色谱仪

在当前商用锂离子电池电解液中，最为主流的锂盐为 $LiPF_6$。以 $LiPF_6$ 的含量（通常质量分数为 10%～20%）测试为例，可配制一定浓度盐溶液作为淋洗液（如 $Na_2CO_3/NaHCO_3$），使用相应仪器设备检测经稀释后的样品。

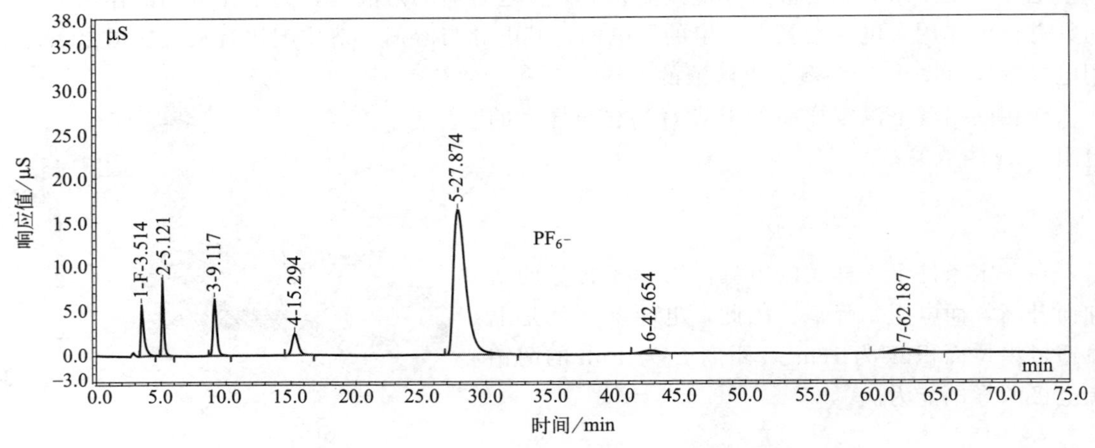

图 4.14 锂离子电池电解液测试的谱图

如图 4.14 中的测试谱图所示，对应 27.87min 的色谱峰即为 $LiPF_6$ 的负离子在电导检测器中的响应信号。通过仪器操作软件处理不同的信号强度，得到量化数据（如峰面积和峰高等），进而进行定量计算。

以外标法定量为例，需配制标准样品进行检测以得到标准曲线，再通过标准曲线计算得到 $LiPF_6$ 在相应电解液配方中的含量。标准样品的配制应满足以下条件：①浓度范围应覆盖操作条件下的被测量区间；②标准样品的浓度值应等距离（或等比例）地分布在被测量范围内；③标准样品的上机基质尽量与被测样品一致；④标准样品应有 3～5 个浓度。

最后结果处理环节，将标样谱图中 $LiPF_6$ 峰面积读取为横坐标，理论配制含量为纵坐标可得到标准曲线，得到 $LiPF_6$ 的标准曲线：$Y=aX+b$（要求线性相关指数 $R^2>0.997$），并根据该线性方程计算待测样品中 $LiPF_6$ 的浓度，按照如下公式计算。

$$w=\frac{(aX_0+b)M}{m}\times 100\%$$

式中　X_0——待测样品中 $LiPF_6$ 的峰面积，$\mu S\cdot min$；

M——样品稀释后的溶液总质量，g；

m——电解液样品的质量，g；

a——标准曲线中对应的斜率；

b——标准曲线中对应的截距。

经过测试和分析计算，该案例的 $LiPF_6$ 浓度为 12.5%。

4.5.3.7　溶剂及添加剂类含量的检测

目前主要是用气相色谱仪（图 4.15）测量电解液中有机溶剂和添加剂的含量。测试原理是：利用气相色谱仪，样品在仪器进样口高温瞬间汽化，汽化后的样品在载气（N_2/He）驱动下进入毛细管色谱柱，色谱柱柱箱会按程序设置保持某一较高温度或进行程序升温。样品中沸点低、分子量小、与色谱柱固定相作用较弱的组分会更早流出色谱柱，而沸点较高、分子量较大、与色谱柱固定相亲和性更强的组分会后流出色谱柱，样品中不同物质因此会有不同的保留时间。流出色谱柱的物质依次通过 FID 检测器，有机成分在检测器中燃烧产生光电信号，并由数据处理系统记录，最终得到色谱图。

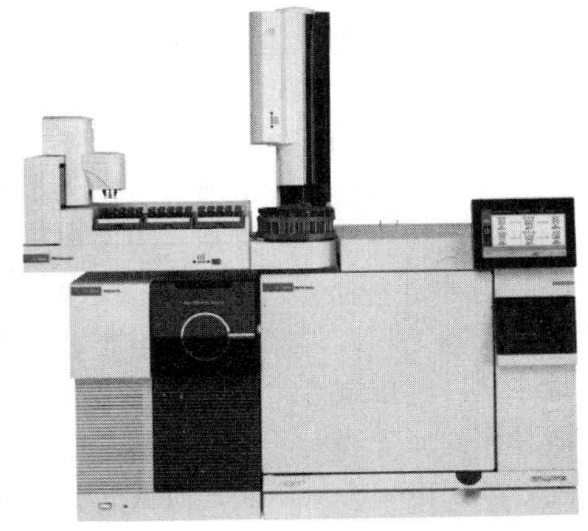

图 4.15　气相色谱仪

商用锂离子电池电解液配方种类繁多，为了准确分析和测量其中有机溶剂和添加剂的种类和含量，常会选择不同规格色谱柱（HP-5、DB1701、DB210、DB200 等）、柱箱温度等测试条件来优化分离电解液中各个成分。以行业类常用色谱柱为例，可使用以下测试条件进行分析。检测色谱柱为（5%-苯基）-甲基聚硅氧烷（HP-5）毛细管柱，柱长 30m，内径 250μm，内涂层厚 0.25μm；柱温采用升温程序控制，初始温度：60℃，保持时间：5min，5℃/min 升温至 260℃，保持 5min；进样口：270℃，进样量 0.2μL，柱流量：1mL/min（N_2），分流比：60∶1；检测器：300℃；空气：400mL/min，氢气：40mL/min，尾吹：30mL/min；样品前处理：使用合适的溶剂（丙酮、乙腈等）稀释样品至合适的浓度后再进行上机测试。

色谱图（图 4.16）给出的保留时间与样品性质和色谱柱性质有关，可用于定性分析。

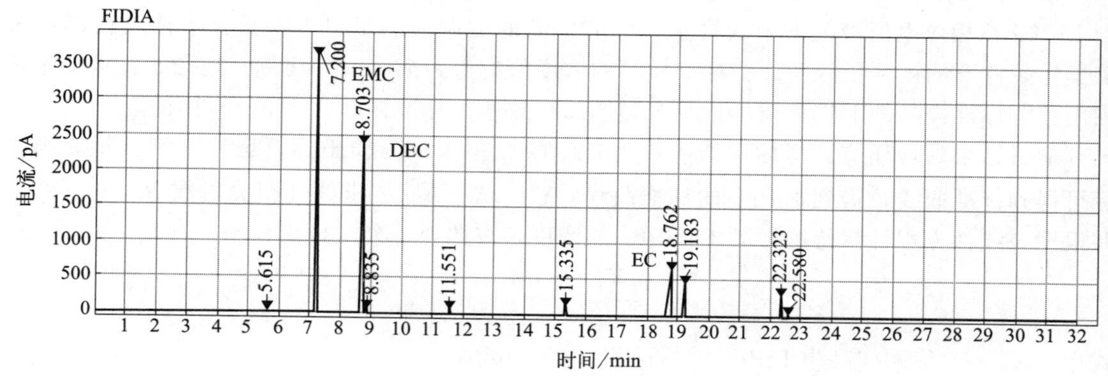

图 4.16 锂离子电池电解液 GC 测试参考谱图

色谱图上的峰面积、峰高等量化数据与样品中组分含量有关，可用于定量分析。

目前用于定量的方法主要有校正因子法和内标法等，以校正因子法为例，通过测试标准样品获得各成分的校正因子，再以校正因子 f 去计算各成分含量。

例如测试电解液中 EC 的含量可 $f_i=m_i/A_i$ 或 $f_i=c_i/h_i$ 按 $m_{EC}=f_{EC}A_{EC}$ 公式获得。

经过测试，该案例有机溶剂的浓度分别为：EMC 25%、DMC 30%、EC 25%，添加剂的浓度分别为：VC 1%、FEC 2%、DTD 1.5%。

4.5.3.8 电解液中的金属杂质含量的检测

电感耦合等离子体发射光谱仪（简称 ICP-OES，图 4.17）主要用来测定电解液中影响电池性能的一些杂质离子，如 Na、K、Ca、Mg、Cr、Fe、Ni、Pb 和 Zn 等，其中磁性物质 Fe、Cr 等离子存在时，不仅导致电池本身的容量减少，还严重影响电池的配组及循环寿命，为了保证电池的性能与安全，需要进行杂质元素管控。ICP-OES 工作基本原理：仪器工作时，氩气通过炬管被激发产生稳定的等离子体，利用氩等离子体的高温使试样完全分解形成激发态的原子和离子，由于激发态的原子和离子不稳定，外层电子会从激发态向低的能级跃迁，由此发射出特征的谱线。每种元素的谱线频率只与其原子结构有关，是固定的，光的强度与待测元素浓度成正比。因此通过光栅等分光后，利用检测器检测谱线频率和强度，便可对样品中所含元素种类和浓度进行准确分析。

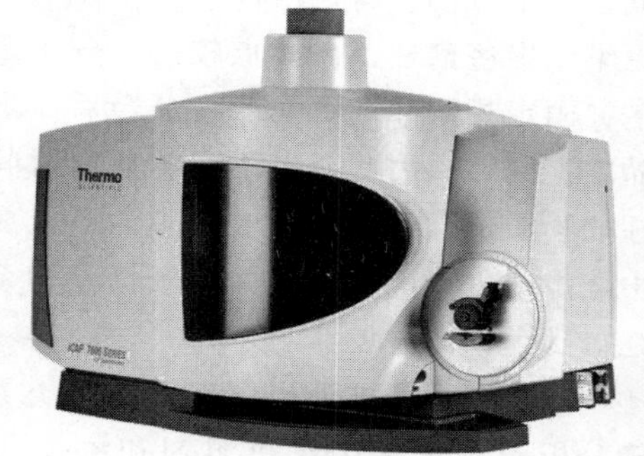

图 4.17 电感耦合等离子体发射光谱仪（ICP-OES）

目前行业内使用的电解液前处理方法有湿法消解和有机进样法，其中使用最多的还是湿法消解，具有批量多、处理快速、有机物残留少等优点，在一定量电解液中加入足量硝酸，利用加热板加速反应分解，破坏有机成分，产生气体而挥发，保留溶液中的杂质离子，最后稀释至一定浓度，进行上机测试。定量测试前，需要进行仪器校准和标准曲线的检测，确定是否满足测试的要求。仪器参考设置参数见表 4.6，部分元素测试谱线见表 4.7。

表 4.6　仪器参考设置参数

分析参数		等离子体控制条件	
样品冲洗时间	30s	高频功率	1150W
样品导入	雾化器	辅助气	0.5L/min
延时	0s	雾化气流量	0.70L/min
稳定时间	5s	冲洗泵速	100r/min
读数次数	2 次	分析泵速	50r/min
观测方向	水平	泵管类型	聚乙烯
校准模式	外部	雾化器	耐氢氟酸
计算模式	浓度	驱气气体流量	少量

表 4.7　部分元素测试谱线参考选择表

序号	元素	测试谱线	序号	元素	测试谱线
1	Na	589.5nm	6	Cr	283.5nm
2	K	766.4nm	7	Pb	220.3nm
3	Ca	393.3nm	8	Fe	259.9nm
4	Cu	324.7nm	9	Mn	257.6nm
5	Al	396.1nm	10	Zn	206.2nm

以 Fe 元素定量（图 4.18）为例，需配制 3～5 个梯度浓度标准样品进行检测以得到标准曲线，再通过标准曲线计算得到该元素在电解液中的含量。

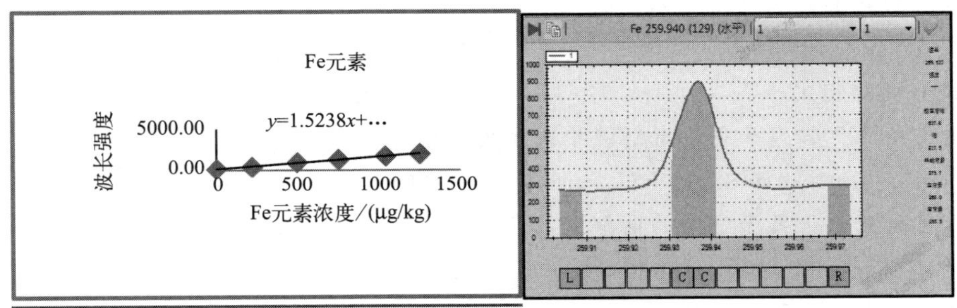

图 4.18　Fe 元素测试参考谱图

测试结果计算电解液中各金属杂质的含量：

$$w=\frac{(c-c_0)m_1}{m_2}$$

式中　w——电解液中金属杂质离子的浓度，mg/kg；

c——样品溶液中金属杂质的浓度，mg/kg；

c_0——空白溶液中金属杂质的浓度，mg/kg；

m_1——样品稀释的总质量，g；

m_2——电解液样品的质量，g。

经过测试，该案例中 Fe 元素在电解液中的含量为 0.5mg/kg。

4.5.4　电解液的包装

目前商业化锂离子电池电解液中锂盐使用 $LiPF_6$，因此电解液中不可避免地引入部分 HF，具有腐蚀性。同时电解液的品质与包装桶十分相关，由于电解液在生产、运输、存储及使用的全流程均需要隔绝水氧，因此电解液的包装桶需要具备一定的压力与密闭性，防止电解液与环境中的水分接触。基于以上电解液的特性，包装桶一般使用 304 不锈钢材料，具备一定的耐腐蚀性。在包装桶预处理过程中，需要使用酸洗钝化，增加包装桶的耐腐蚀性。电解液包装桶如图 4.19 所示。

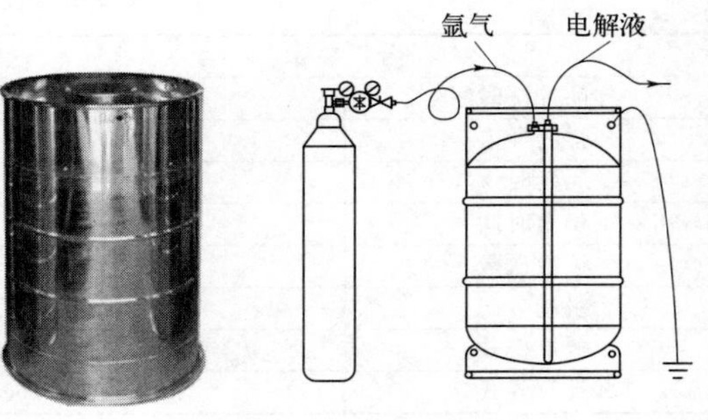

图 4.19 电解液包装桶

包装桶的水洗需要经过多次清洗，在最后一次清洗过程中，需要使用纯水清洗，避免自来水引入氯化物或其它杂质。烘干与氩气置换步骤也能防止包装桶本身引入水分、氧气以劣化电解液品质，最终经过洁净度检测、水氧测试、试压试漏等检测合格后，才能用于电解液的灌装。

课后作业

一、单选题

1. 理想的电解液不包括下列中的（　　）。

A. 较好的化学稳定性　　B. 较好的电化学稳定性

C. 较好的热稳定性　　D. 较好的电子电导率

2. 当前商业化锂离子电池电解液中最主要的锂盐是（　　）。

A. $LiCF_3SO_3$　　B. LiTFSI　　C. $LiPF_6$　　D. $LiClO_4$

3. 目前商业化锂离子电池的电解液，比较正常的工作温度范围是（　　）。

A. －10℃～45℃　　B. －10℃～65℃　　C. －20℃～45℃　　D. －20℃～65℃

4. 锂离子电池内阻不包括（　　）。

A. 欧姆阻抗　　B. 电荷转移阻抗　　C. 界面阻抗　　D. 表面阻抗

5. 通过降低电解液体系黏度以及改善电解液与电极片的浸润性，能有效降低（　　）。

A. 欧姆阻抗　　B. 电荷转移阻抗　　C. 界面阻抗　　D. 表面阻抗

二、多选题

1. 按照室温状态来分，电解液可以分为（　　）。

A. 液态　　B. 固态　　C. 气态　　D. 固液复合态

2. 电解液的主要组分包括（　　）三部分。

A. 溶剂　　B. 锂盐　　C. 添加剂　　D. 隔膜

3. 电解液的配方对锂离子电池的（　　）有重要影响。

A. 能量密度　　B. 安全

C. 循环与存储寿命　　D. 高温胀气

4. 下列关于理想的溶剂应该具有的特点，正确的是（　　）。

A. 较高的介电常数　　B. 较高的黏度

C. 较高的沸点　　D. 较高的熔点

5. 下列属于线性链状碳酸酯溶剂的包括（　　）。

A. 碳酸二甲酯（DMC）　　B. 碳酸乙烯酯（EC）

C. 碳酸二乙酯（DEC）　　D. 碳酸甲乙酯（EMC）

6. 根据锂盐的化学组分，一般可分为无机锂盐与有机锂盐两大类。其中，无机锂盐包括（　　）。

A. 六氟磷酸锂（$LiPF_6$）　　B. 四氟硼酸锂（$LiBF_4$）

C. 六氟砷酸锂（$LiAsF_6$）　　D. 高氯酸锂（$LiClO_4$）

7. 六氟磷酸锂（$LiPF_6$）作为锂盐，其缺点是本身的稳定性并不高，在下列中的（　　）情况下会发生分解产生 LiF 以及 PF_5 与 POF_3 等物质，对电池性能产生负面影响。

A. 氩气气氛　　B. 干燥空气　　C. 受热　　D. 同空气中水分接触

8. 按照对锂离子电池性能改善的功能分类，添加剂可分为（　　）。

A. 成膜添加剂　　B. 阻燃添加剂　　C. 防过充添加剂　　D. 多功能添加剂

9. SEI 膜可看作多种微粒的混合相态，一般认为靠近负极片的物质包括（　　）。

A. Li_2O　　B. LiF　　C. Li_2CO_3　　D. Li

10. 电解液作为电池中离子传输的重要载体，对锂离子电池的（　　）产生重要影响。

A. 电池安全性　　B. 循环寿命　　C. 充放电倍率　　D. 高低温性能

11. 由于商业化锂离子电池有机溶剂具有挥发性和可燃性，材料的本质特为电池安全隐患的根源。为了抑制液态电解液的可燃性，可以采取的措施有（　　）。

A. 通过开发并加入阻燃添加剂

B. 开发安全性更高或者根本不燃烧的电解质体系

C. 制作电池时，不使用电解液

D. 减少电解液的用量

三、判断题

1. 作为电解液，必须具备优良的化学稳定性，与正负极极片、隔膜、铜铝箔材、壳体、铜镍极耳及胶纸等均不发生化学腐蚀反应。（　　）

2. 所谓电解液热稳定性好，是指电解液有较高的沸点和较低的熔点，可工作的温度范围宽。（　　）

3. 电化学窗口越宽，说明电解液电化学稳定性越低。（　　）

4. 商用锂离子电池电解液通常选用水系有机溶剂。（　　）

5. 通常介电常数大的溶剂分子，黏度一般偏低。（　　）

6. 碳酸乙烯酯不属于环状碳酸酯。（　　）

7. 羧酸酯分子的平均凝固点比碳酸酯低 20～30℃，且黏度较小，作为溶剂能显著提高锂离子电池低温的特性。（　　）

8. 羧酸酯类溶剂已经大量用于商业电解液体系。（　　）

9. $LiClO_4$ 作为锂盐，之所以没有大规模应用，是因为 $LiClO_4$ 氧化性很强，在高温、大电流密度等条件下与溶剂反应，会有爆炸风险。（　　）

10. 添加剂是指在电解液中具有特定功能的物质，含量较低，却能明显提升电池的电化学性能。（　　）

11. 电解液中的添加剂与锂盐完全不同，不可能是同一类物质。（　　）

12. 当工作温度过高，锂离子电池电极电化学反应活性增加，电极材料同电解液交互作用增强，对锂离子电池有利。 ( )

13. 电解液中的部分溶剂以及锂盐会在负极片发生还原反应形成SEI膜，这个反应为不可逆的过程。 ( )

14. 电解液的电阻比较小，可以忽略。 ( )

四、填空题

1. 在电池充放电过程中，________承担着传输锂离子的重要功能。

2. 作为锂离子电池关键材料，________应该具有较高的离子电导率，但对于电子是绝缘体。

3. 一般来讲，对于液体状态的电解液，习惯上叫作电解液；而对于固态与固液复合态的电解液，习惯上叫________。

4. 电解液中有机溶剂，主要承担着溶解________的功能。

5. 通常来讲，单一的溶剂很少能满足以上全部要求。一般将____介电常数溶剂与低黏度溶剂按照一定比例混合得到混合溶剂，以满足锂离子电池性能的需要。

6. ________类溶剂是锂离子电池工业最早且最广泛应用的有机溶剂体系，在锂离子电池电解液中具有不可替代的地位。

7. 目前常用的碳酸酯类，包括________酯与线性链状酯两大类。

8. ________是电解液中锂离子的来源。

9. 六氟磷酸锂在遇到微量水的情况下，会主要分解生成POF_3和________。

10. 为了针对性地提升锂离子电池某方面性能，往往在电解液中加入________。

11. 成膜添加剂的作用是在正极或负极表面形成或优化________膜。

12. 一般来说，形成的SEI膜越厚，反应消耗的电解液越多，首次放电容量越低且首次库仑效率越______。

13. 如果电解液与极片界面副反应较多，成膜较厚，通常会导致________阻抗增大。

五、简答题

1. 简述理想的电解液溶剂应该具备的特点。

2. 简述锂离子电池电解液中理想的锂盐应该具备的特点。

3. 简述$LiPF_6$作为商业化锂离子电池电解液锂盐的最主要原因。

4. 在碳基材料表面沉积的SEI膜，对于电化学过程的正面和负面影响有哪些？

5. 对锂离子电池性能改善优异的SEI膜应具有哪些特征？

第5章 隔膜

知识目标

掌握隔膜的概念、特征及分类；
掌握隔膜常见的性能指标；
掌握隔膜的干法工艺和湿法工艺；
掌握聚乙烯单层膜、聚丙烯单层膜和复合多层膜的特点。

能力目标

能够理解隔膜在锂离子电池中的作用；
能够理解隔膜的性能参数对锂离子电池电化学性能的影响；
能够对比干法工艺和湿法工艺隔膜的优缺点；
能够掌握湿法工艺制备隔膜的工艺流程。

隔膜是锂离子电池中重要的主材之一，是支持锂离子电池完成充电与放电电化学功能的重要组件。隔膜在锂离子电池结构中位于正极片与负极片之间，隔绝正极片与负极片的直接接触，避免短路，然而对锂离子却保持较好的透过性，保证充放电过程中锂离子在正负极片间正常传输。隔膜具有一定力学强度及电解液润湿与保液能力，一定程度上支撑了锂离子电池内部极片与卷芯的结构，对锂离子电池电化学性能及安全性能等构成重要影响。

什么是隔膜

5.1 隔膜的特征

作为锂离子电池中的隔膜材料，应具有如下特征：
① 避免正负极材料接触，隔离电子避免短路；
② 对电解液中的离子具有较高透过性和高的离子电导率；
③ 较好的润湿性，具有较高的吸收保持液体的能力；
④ 耐电解液腐蚀，具有较好的化学与电化学稳定性；
⑤ 具有足够的力学强度（拉伸强度与穿刺强度等），且厚度尽量薄；
⑥ 热稳定性较高，具有自动断路保护性能；
⑦ 不含有电解液可溶的颗粒或金属杂质等对电池性能有害的物质；

⑧ 空间一致性（厚度、面密度、孔径分布等）较高，平整性较好。

总之，性能优异的隔膜需具有均匀的厚度、面密度与孔径分布等形态特征，具有优良的力学性能、润湿性、透气性能、化学与电化学稳定性、热稳定性以及安全性等。隔膜对锂离子电池的容量、功率、循环寿命及安全等特性具有十分重要的作用。

5.2 隔膜的关键性能与测试方法

5.2.1 隔膜的关键性能

商业化锂离子电池的隔膜材料，涉及的性能参数相对较多，大体可分为七个主要方面。

① 隔膜的外观、厚度与面密度；

② 孔隙率与孔径大小分布；

③ 透气值（Gurley 指数）；

④ 电解液浸润性；

⑤ 离子电导率；

⑥ 力学性能，包括拉伸强度与穿刺强度；

⑦ 热稳定性，包括热收缩特性、闭孔温度与破膜温度。

上述七个方面，按照性能特征可分为三个大类，包括隔膜基础性能、热性能及力学性能，关键性能分类如表 5.1 所示：

表 5.1　隔膜关键性能分类表

基础性能	热性能	力学性能
外观、厚度与面密度	热收缩性	拉伸强度
孔隙率与孔径分布	闭孔温度	穿刺强度
透气值	破膜温度	
离子电导率		
电解液浸润性		

隔膜关键性能最终会影响到锂离子电池的电化学性能，如表 5.2 所示。

表 5.2　隔膜关键性能与电池常见性能关系

隔膜特性	电池性能	影响
厚度	容量	隔膜越薄，留给活性物质的空间越多，电池容量越大
厚度、孔隙率、透气值	内阻	厚度越薄、透气值越小、孔隙率越大的隔膜，越有利于锂离子传输，电池内阻越小
孔径、针孔缺陷	自放电	隔膜孔径偏大或出现针孔缺陷，可能导致电芯内部微短路，自放电增加
厚度、闭孔温度	安全性	闭孔温度低，热稳定性高；厚度大，电池热安全性提高
抗氧化性、浸润性	循环寿命	隔膜抗氧化性强、对电解液浸润性好，通常对循环寿命有利

隔膜的厚度影响锂离子电池能量密度，隔膜厚度越薄，留给活性物质的空间越多，容量可以设计更大。

隔膜的厚度、孔隙率与透气值等，一定程度影响了电池的内阻。隔膜越薄，透气值越小且孔隙率越大的隔膜，对锂离子传输的阻力越小，电池的内阻越小。

隔膜的孔径分布与微结构中的针孔等缺陷，易造成电池内部微短路，导致锂离子电池自放电加剧，压降明显。

隔膜的厚度和闭孔温度将影响锂离子电池的安全性，如短路与热冲击下，锂离子电池隔膜发生闭孔，能阻碍锂离子传输，导致电池阻抗很大，避免进一步发生热失效。

隔膜的抗氧化性与浸润性将影响锂离子电池的循环性能。当高温或电压充放电下，隔膜具有较好的稳定性，同时具有较好的电解液浸润与保液能力，有利于提高循环寿命。

综上所述，锂离子电池的隔膜应朝着以下性能目标进行开发设计：保证性能的前提下，厚度尽可能薄、适当的孔隙率、透气值尽可能低、孔径分布尽可能均匀、浸润性尽可能高、闭孔温度尽可能低、破膜温度尽可能高、力学性能尽可能高。

5.2.2　隔膜关键性能的测试方法

5.2.2.1　厚度

厚度是隔膜最重要的基本特性之一，包括隔膜基膜及涂层隔膜截面方向的尺寸。隔膜的厚度，对锂离子电池能量密度、绝缘性、内阻、自放电及安全性等方面构成影响。一般在保证隔膜强度的情况下，隔膜越薄越好，因为其对提升电芯能量密度有益，但隔膜越厚，锂离子电池发生短路的概率越低，安全性越好。商业化锂离子电池量产的隔膜基膜厚度一般在 5～25μm 范围内，根据不同的电芯能量及功率密度需求，采用不同材质与厚度的隔膜。隔膜厚度通常要求机械拉伸方向（MD）与垂直于机械拉伸方向（TD）隔膜厚度的一致性。厚度测试设备一般可采用马尔测厚仪，测试精度能达到 0.01μm，厚度的测试方法可参考 GB/T 6672—2001《塑料薄膜和薄片厚度测定 机械测量法》和 GB/T 36363—2018《锂离子电池用聚烯烃隔膜》。

名词解释

机械拉伸方向：MD 是英文 machine direction 的缩写，通常是隔膜制备过程中，机械拉伸与隔膜受力方向。

垂直于机械拉伸方向：TD 是英文 transverse direction 的缩写。

MD 与 TD 方向示意图，如图5.1所示。

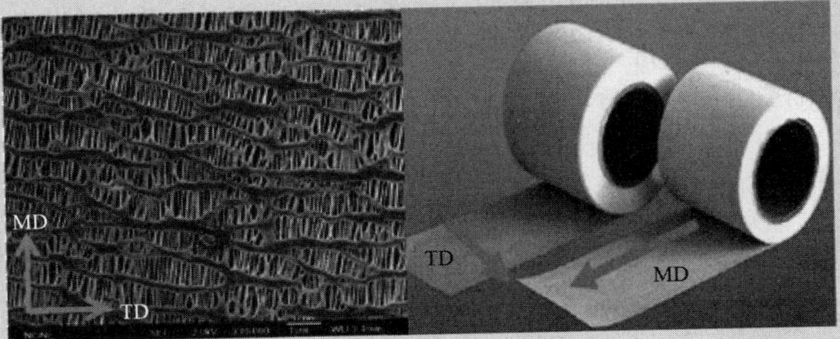

图5.1　隔膜 TD 与 MD 方向示意图

5.2.2.2　孔隙率与孔径分布

孔隙率与孔径分布是隔膜微结构的重要属性。孔隙率的定义为隔膜内部孔隙的体积占隔膜总体积的百分比，其中，孔隙包含通孔、盲孔、闭孔三种结构。隔膜孔隙率对电解液保液量、锂离子电池内阻与自放电等均产生一定程度的影响。通常来讲，孔隙率越大，电解液保液量越大，锂离子传输阻隔越小，电芯内阻越小。然而当孔隙率过高、孔径过大，会导致锂离子电池正负极接触概率增大，自放电值增大。当孔径分布不均匀，会导致大倍率充放电时，电流密度分布不均，最终影响到锂离子电池的循环寿命等电化学性能。孔隙率测试一般使用吸液法、计算法和测试法。其中，计算法通常为隔膜厂商所使用，孔隙率计算公式为：

$$孔隙率(\%)=(1-\frac{隔膜质量/骨架密度}{隔膜表观体积})\times 100\%$$

其中，骨架密度为隔膜所使用原材料的密度。

针对不同用途的电芯，一般会选用不同种类和孔隙率的隔膜。常见的湿法 PE 隔膜，孔隙率一般在 35%～55%；而干法 PP 隔膜，孔隙率一般在 37%～52%。

隔膜的孔径分布常用压汞仪进行测试，主要通过测试汞压入孔所施加压力计算出孔径参数，其测试方法可参考国标 GB/T 21650.1—2008《压汞法和气体吸附法测定固体材料孔径分布和孔隙度 第 1 部分：压汞法》。根据压汞法测试原理，由于隔膜微孔不是刚性结构，在金属汞作用下会发生变形，进而会对测试结果产生影响。压汞法测试结果包含通孔与盲孔，这两种微孔结构影响隔膜中锂离子穿透能力。

5.2.2.3 透气度

透气度反映隔膜的透过能力，一般采用 Gurley 法进行测试。透气度的单位为 s/100mL，表征方法如下：在测试温湿度、常压环境中，测试仪器施加 1.21kPa 压力下，100mL 空气通过面积为 6.45cm^2 的隔膜所需要的时间。透气度的概念主要来源于造纸行业，测试方法可参考 GB/T 458—2008《纸和纸板透气度的测定》和 GB/T 36363—2018《锂离子电池用聚烯烃隔膜》。

5.2.2.4 浸润性

浸润性可表征隔膜与电解液的亲和程度。隔膜浸润性越高，表明隔膜吸液性越好。隔膜浸润性测试一般采用目测法和接触角法两种方法。目测法是将固定量的电解液滴在隔膜上，计量电解液完全浸润并消失的时间，该测试精度与分辨率相对较低，但可用于甄别对电解液浸润性不好的隔膜。通常来讲，若 2～3s 内电解液可以完全消失，则隔膜视为浸润性较好。接触角法可测量隔膜上的接触角，接触角测量示意图如图 5.2 所示，通常接触角越小，浸润性越好；接触角越大，浸润性越差。

图 5.2 接触角测量示意图

5.2.2.5 离子电导率

离子电导率表征的是隔膜传输锂离子的能力，对锂离子电池内阻产生直接影响。离子电导率与电阻率互为倒数，实际中通常测试电阻值，再通过以下计算公式得到离子电导率：

$$\sigma=\frac{d}{R_s A}$$

其中，σ 为离子电导率；R_s 为测试得到的隔膜电阻值，Ω；A 为电极对应的隔膜有效面积，cm^2；d 为隔膜厚度，cm。可采用与测试闭孔温度类似的测量装置，利用交流阻抗法，为了提高精度减少干扰噪声，可测试多次不同层数隔膜的内阻值，将测试结果进行线性拟合，斜率值即为隔膜电阻值，如图5.3所示。

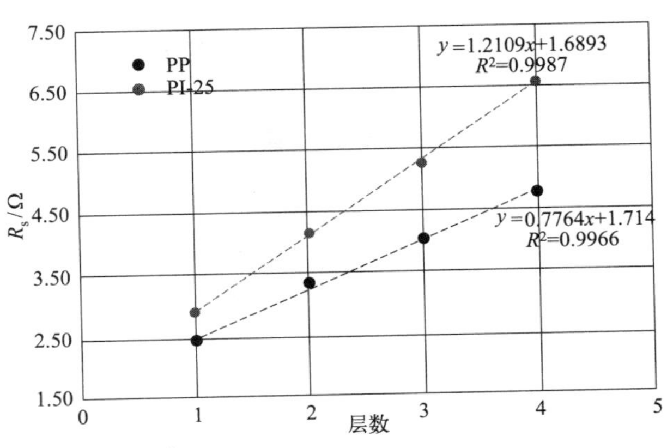

图5.3 隔膜电导率测试数据处理示意图

5.2.2.6 力学性能

隔膜力学性能主要评估拉伸强度与穿刺强度两个方面。

目前，拉伸强度的测试方法主要参考塑料行业内的国标（GB/T 1040.3—2006《塑料拉伸性能的测定 第3部分：薄膜和薄片的试验条件》）和GB/T 36363—2018《锂离子电池用聚烯烃隔膜》。针对隔膜材料，通常评估MD/TD两个方向的拉伸强度与断裂伸长率，较高的拉伸强度，对锂离子电池结构稳定性与安全等具有十分重要的意义。拉伸强度的测试常用的设备是万能拉伸试验机，测试结果同夹板距离、拉伸速率及样品尺寸有关。

穿刺强度通常用来评估隔膜对抗垂直挤压导致短路的安全性能，同时对于评估隔膜对异物颗粒的抵抗性也具有一定意义。隔膜中穿刺强度的测试方法，主要参考纺织品行业内的国标GB/T 23318—2009《纺织品 刺破强力的测定》以及GB/T 36363—2018《锂离子电池用聚烯烃隔膜》。穿刺强度的测试常用的设备有穿刺强度测试仪，测试结果同穿刺针的规格、穿刺速率、下夹具孔的尺寸有关。

例如：将隔膜平展于内直径为10mm的夹具中并夹紧，用直径为1.0mm、尖端为球面（$R=0.5$mm）的穿刺针以（100±10)mm/min的速率进行穿刺。通过以下公式可计算出该隔膜的穿刺强度。

$$F_p=\frac{F_0}{\overline{d}}$$

式中 F_p——穿刺强度，N/μm；

F_0——隔膜被穿刺时所测得的力，N；

$\overline{d}$——隔膜的厚度平均值，μm。

5.2.2.7 热性能

隔膜热性能主要评估隔膜热收缩率、闭孔温度与破膜温度。

隔膜热收缩率指隔膜加热前后隔膜尺寸的变化率，通常需测试 MD/TD 两个方向的尺寸变化率。隔膜热收缩率的主要测试方法可参考国标 GB/T 36363—2018《锂离子电池用聚烯烃隔膜》。

具体测试过程如下：将不锈钢板和两片定量滤纸放入烘箱中部位置，控制温度使不锈钢板和滤纸达到（90±1)℃或（120±1)℃。按照图 5.4 所示标记隔膜的纵向和横向，根据实际需求使用相应分辨率的长度测量器具分别量取试样纵向和横向的长度，然后将隔膜平展放置于鼓风式恒温箱中部不锈钢板上的其中一片定量滤纸上，接着用另外一片定量滤纸压住，关上恒温箱门，开始计算时间，在 90℃的温度下保持 2h±12 min，或在 120℃的温度下保持 1h±6min。

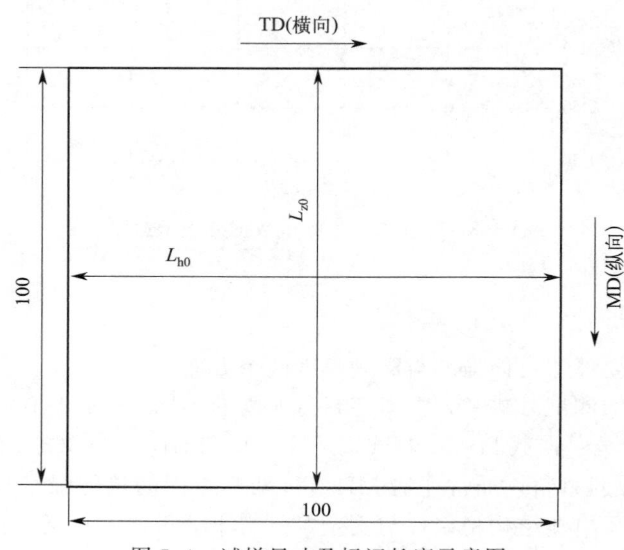

图 5.4 试样尺寸及标记长度示意图

加热结束后，取出隔膜，待隔膜恢复到室温后，再次测量纵向和横向的标记长度。按照下列计算公式分别计算隔膜纵向和横向的收缩率，取 3 个测试结果的平均值作为该隔膜的热收缩率。

其计算公式如下：

$$\Delta L_z=\frac{L_{z0}-L_z}{L_{z0}}\times 100\%$$

式中 ΔL_z——隔膜纵向方向上的热收缩率，%；

L_{z0}——隔膜加热前纵向方向上的长度，mm；

L_z——隔膜加热后纵向方向上的长度，mm。

$$\Delta L_h=\frac{L_{h0}-L_h}{L_{h0}}\times 100\%$$

式中 ΔL_h——隔膜横向方向上的热收缩率，%；

L_{h0}——隔膜加热前横向方向上的长度，mm；

L_h——隔膜加热后横向方向上的长度，mm。

隔膜的闭孔温度与破膜温度是决定锂离子电池安全性的重要指标。隔膜微结构中存在无数互通的微孔，当温度升高时，隔膜原材料初步发生熔化，导致微孔孔径缩小甚至闭合而电阻增大，进而阻止锂离子通过，导致锂离子电池内部阻抗增加，形成断路。如图 5.5 所示，聚乙烯（PE）材质的隔膜，在 150℃温度下存放 1h，其孔隙结构发生明显变化，部分小孔隙消失融合形成大的孔隙。通常情况下，闭孔发生的温度较低时，隔膜发生的闭孔反应可以在较低温度下阻止离子通过，进而阻止电池内部温度进一步升高而避免火灾事故，达到安全的目的。当隔膜温度进一步升高，隔膜熔化黏度降低，达到一定温度时发生膜破裂，导致正负电极直接接触发生短路，这是十分危险的。因此，一般隔膜破膜温度越高，阻止锂离子流通时间越长，因而具有更高的安全性。综上所述，隔膜的闭孔温度越低，同时破膜温度越高，对锂离子电池安全性越有利。

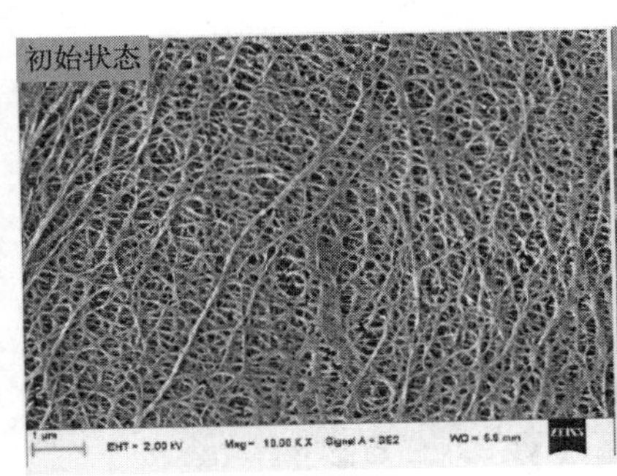

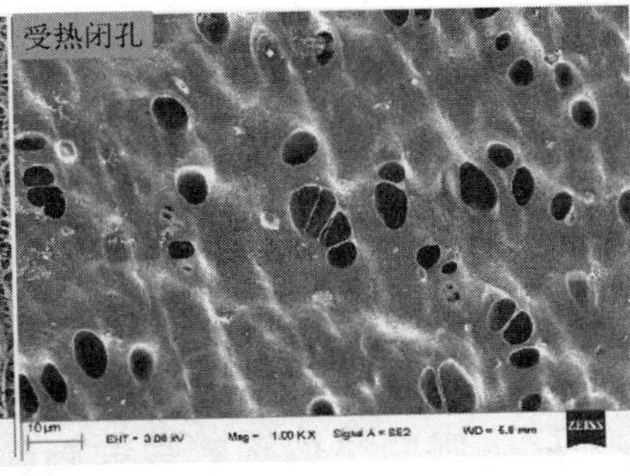

隔膜的性能参数

图 5.5　隔膜闭孔前后微观形貌变化

目前，隔膜闭孔温度和破膜温度的测试方法，采用的是电阻突变法，在外界温度升高情况下，测试隔膜两侧的内阻。当内阻突然增加时，其温度为闭孔温度；当高阻抗保持一段时间至一定温度后消失时，其温度为破膜温度。具体测试方法与设备可参考《UL 2591—2009 Outline Of Investigation For Battery Separators》和《Nasa/TM 2010 216099 Battery Separator Characterization and Evaluation Procedures for NASA's Advanced Lithium Batteries》。

5.3　隔膜的分类及组分

5.3.1　隔膜分类

锂离子电池用的隔膜，基膜通常为聚烯烃材料制成的微孔膜材料，主要原料为高分子量的聚乙烯（PE）和聚丙烯（PP）。部分商业化隔膜在基膜基础上，涂覆有陶瓷或高分子聚合物等。根据隔膜成分与结构组成，可以分为三大类：①聚烯烃基膜，包括干法工艺膜与湿法工艺膜两类；②特种隔膜，包含 PET 无纺布类隔膜与静电纺丝两类；③功能涂层隔膜，包括陶瓷涂层隔膜、聚合物涂层隔膜与复合涂层隔膜三类。具体分类如图 5.6 所示。

5.3.2　聚烯烃基膜

聚烯烃隔膜是目前商业化应用最广泛的隔膜基膜。根据主材类型，可分为高分子量的聚乙烯（PE）和聚丙烯（PP）两类，产品包括 PP 单层膜、PE 单层膜及 PP 和 PE 复合多层膜（PP/PE/PP）。力学性能方面，PP 具有更好的拉伸强度与刚性，而 PE 更为柔软。

根据隔膜加工方式，可分为干法工艺与湿法工艺两种。干法工艺又称为熔融拉伸法，包

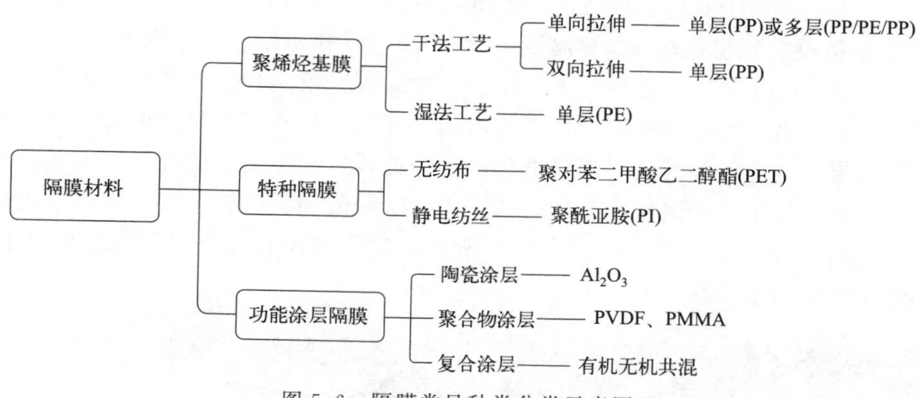

图 5.6 隔膜常见种类分类示意图

括单向拉伸与双向拉伸，产品包括 PP 单层膜及多层膜（PP/PE/PP）等。相比湿法 PE 隔膜，干法拉伸的 PP 隔膜厚度相对更大，孔径相对较小且直通孔较多，熔点高于 PE 膜，但拉伸强度与穿刺强度略低，加工简单且成本更低。

为什么干法 PP 隔膜的拉伸强度与穿刺强度比湿法 PE 隔膜略低

相比 PE，原则上讲，PP 具有更好的拉伸强度，但干法 PP 膜拉伸强度和穿刺强度会比湿法 PE 隔膜略低，主要有两个原因：①湿法 PE 隔膜用的是超高分子量聚乙烯，所以力学强度较高；②湿法 PE 隔膜进行双向大倍率拉伸，取向程度高，故拉伸强度和穿刺强度较高。

干法 PP 隔膜除了用于对成本要求高且能量密度要求低的储能领域，也应用于动力领域，例如比亚迪的大巴车，另外，刀片电池一般都是用干法 PP 单拉膜。常见的干法单拉隔膜微观形貌如图 5.7 所示。

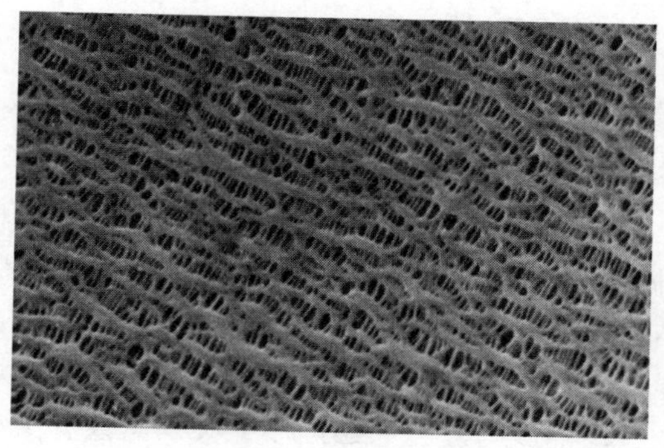

图 5.7 干法单拉隔膜 SEM 形貌

干法工艺可生产 PP/PE/PP 复合多层隔膜，该膜由隔膜巨头美国 Celgard 公司研发并量产。复合多层隔膜，设计利用 PE 与 PP 闭孔温度与破膜熔化温度的差异提升锂离子电池整体热安全性。在 PP/PE/PP 多层膜中，PE 层位于隔膜中间，PP 在两边做支撑结构，当锂离子电池内部温度升高至 132℃左右，PE 发生熔化导致闭孔，自动切断电路。外面两层的 PP 熔点在 165℃以上，具有抵抗热冲击的作用，当 PE 层闭孔后锂离子电池温度略微升高，对外层 PP 膜材物理特性影响不大，对锂离子电池提供了第二层安全保护。

湿法工艺又称为相分离法或热致相分离法，工艺较复杂，且产品单一，只生产 PE 单层膜。相比干法隔膜，湿法 PE 膜厚度更薄，孔径较小且尺寸与分布更均一，力学强度更高，但 PE 膜熔点较低，耐热性较差，所以，目前商用化湿法 PE 膜需要涂覆后使用，生产成本高于干法工艺。湿法工艺所制备的 PE 膜更适合应用于对能量密度要求更高的数码电芯及动力电芯领域，常见的湿法 PE 隔膜微观形貌如图 5.8 所示。

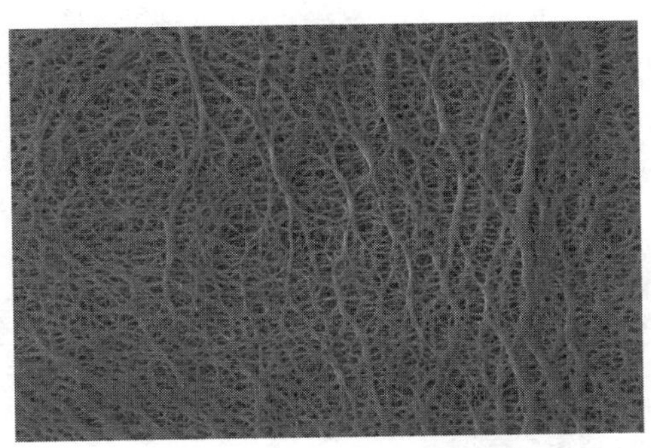

图 5.8　湿法工艺 PE 隔膜 SEM 微观形貌

干法工艺隔膜与湿法工艺隔膜的结构与性能对比如表 5.3 所示。由表中数据可知，干法工艺隔膜厚度较大，孔径低于湿法隔膜。干法隔膜在拉伸强度与穿刺强度上均低于湿法隔膜，但熔点较高，安全性较好，同时成本相比于湿法隔膜具有明显优势。

表 5.3　干法与湿法聚烯烃隔膜结构与性能比较

隔膜类型	干法隔膜	湿法隔膜
材质	PP、PE	PE
常见厚度/μm	12～25	5～20
孔径分布/nm	25～45	30～60
孔隙率	37%～52%	37%～55%
孔隙特征	直通孔	弯曲孔
透气度/(s/100mL)	120～450	120～180
拉伸强度	低，尤其是 TD 方向	高
穿刺强度	低	高
耐高温性能	熔点 168℃左右，较高	熔点 135℃左右，较低
热收缩	小	大
生产成本	低	高

5.3.3　特种隔膜

常见的几类隔膜

无纺布涤纶（全称为聚对苯二甲酸乙二醇酯，PET）隔膜是特种隔膜中的一种，其加工不需要纺纱织布，而是将纺织短纤维或者长丝进行定向或随机排列，构成纤网结构，通过机械、热或化学方法固定而成。相比于 PP 与 PE 材质，PET 膜具有更高的熔点（255 ～ 265℃），因此，热稳定性更好、更耐高温，对于锂离子电池热安全性提升具有明显作用。然而，PET 膜整体孔径较大，整体力学强度较差，常见的 PET 膜微观形貌如图 5.9 所示。PET 膜加工过程对孔径大小与分布的控制难度较大，整体厚度不易做小，且加工成本高，目前仍处于研发阶段并未大规模量产。

聚酰亚胺（PI）材质的静电纺丝隔膜为另一种特种隔膜。静电纺丝技术是一种有效的纳米纤维与薄膜制备技术，特点是在高压静电下，将聚合物溶液进行喷射，雾化分裂出聚合物微小射流，最终固化形成纤维与薄膜。静电纺丝设备如图 5.10 所示，高压电源接通喷头与收集屏，在强电场下，输送到喷头顶端的聚合物被极化，在库仑力、表面张力及电荷斥力作用下形成毛细管末端的泰勒（Taylor）锥，当库仑力与电荷斥力大于表面张力时，聚合物克服本身表面张力与黏结力形成喷射细流，溶剂挥发后聚合物固化并收集在收集屏上。PI 热分解温度在 500℃以上，相比以上隔膜具有更高的熔点与热稳定性，PI 纳米纤维膜孔隙率达到 30%～75%，能吸收 190%～378%的电解液，表现出较好的润湿性。然而，PI 静电纺丝隔膜生产速率较低，成本高，且纳米丝纤维之间粘接导致力学强度低，在关键性能方面仍有待突破。因此，暂未在锂离子电池中大规模量产。

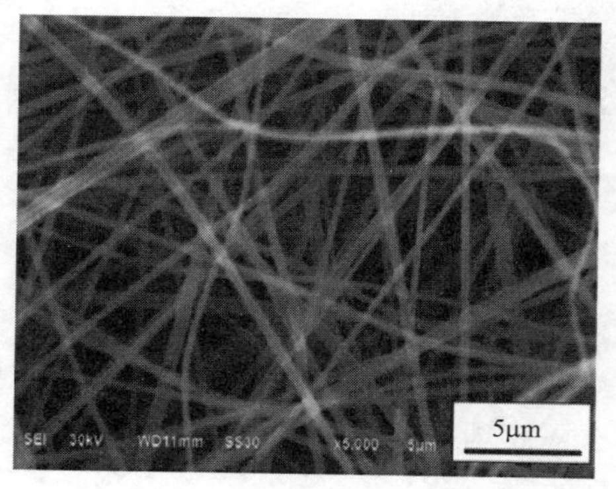

图 5.9 常见 PET 膜的微观形貌

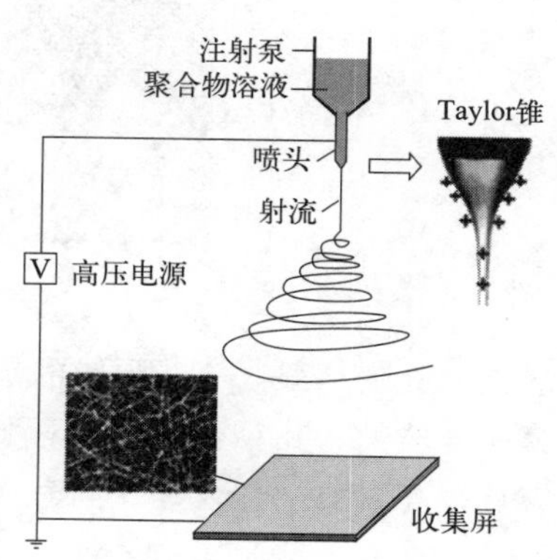

图 5.10 静电纺丝装置示意图

5.3.4 功能涂层隔膜

商业化锂离子电池基膜主要材质为 PP 和 PE 等聚烯烃高分子材料，为了满足锂离子电池各种应用场景的性能需求，对隔膜的热稳定性、热收缩性、力学强度、对电解液浸润性、抗氧化性、极片粘接能力等多个维度性能提出更高的要求；隔膜表面涂层是提升基膜综合性能的重要方法，基于此开发出了功能涂层隔膜。功能涂层隔膜种类较多，一般根据涂层物质的主要成分进行分类，分为陶瓷无机物涂层、聚合物涂层与复合涂层（即有机物与无机物共涂覆）三个大类。

陶瓷无机物涂层根据材料的种类可分为：Al_2O_3、勃姆石（AlOOH）、MgO 及 SiO_2 等，此类无机物均为纳米颗粒，具有较大的比表面积。常见的 Al_2O_3 与勃姆石纳米颗粒微观形貌如图 5.11 所示。

陶瓷涂层对隔膜性能改善主要有如下五个方面：①无机纳米颗粒较高的比表面积能提高隔膜对电解液的浸润性和保液能力；②无机物涂层具有较好的热稳定性与均匀的附着性，可提高隔膜热稳定性，降低隔膜基材的热收缩率，进而提高锂离子电池热安全性；③无机物涂层化学稳定性较高，可提升隔膜耐氧化性，提升锂离子电池高电压寿命，降低锂离子电池过充情况下的安全风险；④无机物涂层可提高隔膜表面硬度，降低极片中异物及金属等毛刺的影响；⑤弥补隔膜中孔径较大的缺陷，降低锂离子电池自放电。然而，无机纳米颗粒本身导电性较差，且涂层具有一定厚度（一般在 5μm 以内），对锂离子电池的功率密度与能量密度均产生一定负面影响。同时，无机纳米颗粒较大的比表面积，对陶瓷无机物涂层隔膜的水分

图 5.11　Al_2O_3 纳米颗粒（a）与勃姆石纳米颗粒（b）微观形貌

控制提出更高的要求。常见的陶瓷无机物涂层采用的是微凹版工艺，微凹版辊部分浸润在液体槽中，通过旋转带起涂布液，经过刮刀定量后，由反向运动的隔膜基材带走涂布液。涂布过程中，浆料从微凹版转移到基材需要三个过程：接触、剪切、取出。微凹版涂布工作设备示意图如图 5.12 所示。

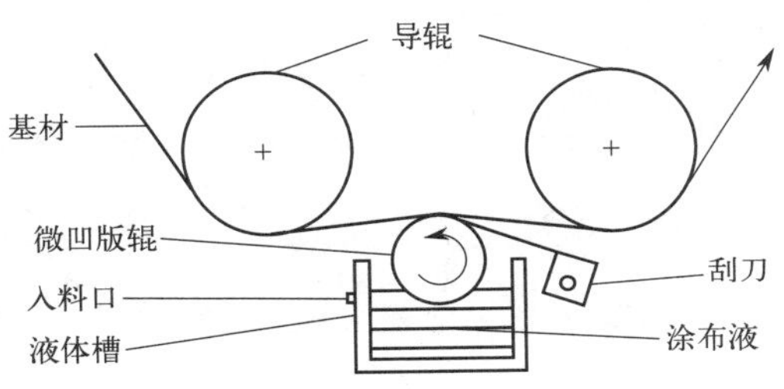

图 5.12　微凹版涂布工作设备示意图

聚合物涂层是另一类重要的隔膜涂层，主要功能是利用聚合物的黏结性，使正极或负极片同隔膜能产生更好的黏结，首先能够防止极片加工时产生错位，降低短路风险；其次，可以提高电芯的硬度，改善极片同隔膜的电化学反应界面；最后，由于聚合物具有一定厚度，为极片循环膨胀留出一定空间，能够抑制反复充放电循环后卷芯产生的形变，改善循环寿命。然而，同陶瓷无机物涂层类似，聚合物涂层附着在隔膜表面，对锂离子传输产生一定负面影响。商业化量产的聚合物涂层的成分，主要有聚偏氟乙烯（PVDF）、聚甲基丙烯酸甲酯（PMMA）等有机物。

其中，PVDF 分散体系有水系与油系两种，水系的溶剂为纯净水，配方中加入一定的塑化剂与分散剂等，而油系的溶剂可为氮甲基吡咯烷酮（NMP）。相比于水系，油系的 NMP 溶剂分散性更好，但需解决挥发与回收等问题，成本更高。PVDF 分子链排列紧密，具有耐高电压、耐高温、耐氧化性等重要特性，形貌为球形纳米颗粒，颗粒尺寸在 100～200nm 范围内，分子结构式与微观形貌如图 5.13 所示。

相比于 PVDF，PMMA 的黏结性更高。PMMA 微观形貌为球形纳米颗粒，形貌规整、粒度分布较一致，尺寸在 200～300nm 范围内，分子结构与微观形貌如图 5.14 所示。聚合物涂层工艺中，除了有与无机物陶瓷涂层类似的微凹版工艺外，还有旋转喷涂的方式。在旋转喷涂工艺中，通过料盘的高速旋转将浆料雾化，进而喷洒在基膜上，聚合物呈现岛状分布。相比于微凹版工艺，旋转喷涂工艺整体覆盖面积小，有利于降低内阻，但涂布均匀性有待提高。通常来讲，聚合物涂层厚度控制在 $5\mu m$ 以内。

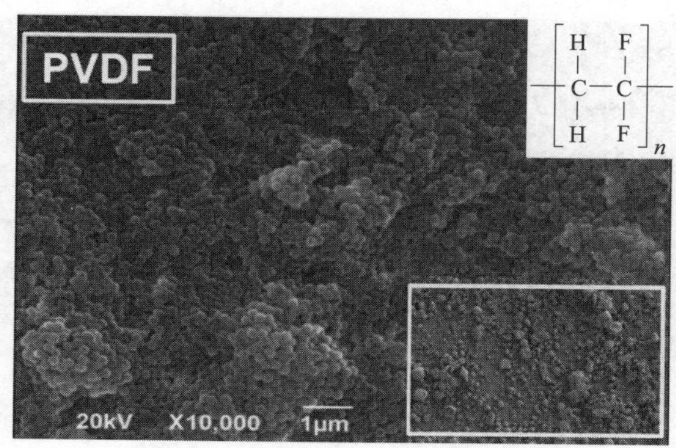

图 5.13 PVDF 分子式与颗粒微观形貌

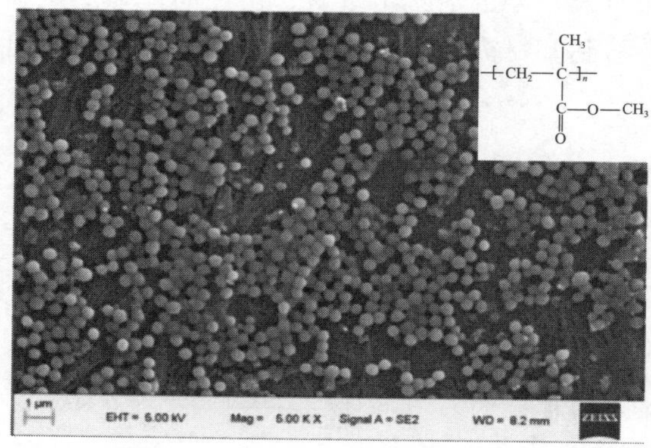

图 5.14 PMMA 分子式与颗粒微观形貌

复合涂层，顾名思义是一种将有机物与陶瓷无机物一起制备成浆料，共涂覆的方式。该工艺结合了陶瓷无机物的稳定性与聚合物黏结性的优点，且将之前的陶瓷无机物涂覆工艺与聚合物涂覆工艺两道工序合并，一体化隔膜涂覆工艺有利于生产成本降低。

综上所述，隔膜涂层作为一种改善基膜性能的重要手段，已在锂离子电池产业界大量推广，对锂离子电池电化学性能的提升有着重要的意义。表 5.4 对比了三种隔膜涂层，陶瓷无机物涂层的重要功能是提升锂离子电池安全性，减少自放电；聚合物涂层主要改善极片与隔膜界面，对锂离子电池循环寿命提升有重要作用；复合涂层整合两者优点，且只需涂覆一次，降低了加工成本。隔膜涂层一定程度上增加了隔膜厚度，对隔膜孔隙中锂离子传输存在一定阻隔，对电池能量密度与功率密度均带来一定负面影响。

表 5.4 三种隔膜涂层比较

隔膜涂层种类	陶瓷无机物涂层	聚合物涂层	复合涂层
涂层物质	Al_2O_3、AlOOH、SiO_2 等纳米颗粒	PVDF、PMMA、PEO 等高分子聚合物	无机物和有机物复合
涂覆方式	微凹版	微凹版/旋转喷涂	微凹版
改善方向	吸液性、热收缩、抗氧化性、热稳定性及自放电等	改善隔膜界面 提高电芯硬度 减少电芯加工错位	整合陶瓷无机物涂层与聚合物涂层优点，且降低加工成本
缺点	影响能量密度与功率密度，增加成本		

5.4 隔膜常见制备工艺

目前商业化量产锂离子电池隔膜主要材料为多孔性聚烯烃制备的微孔膜，主要原料为高分子量的 PE 和 PP。在隔膜生产制备中，核心的工艺是微孔制备，根据微孔成孔的机理，可分为干法工艺与湿法工艺两种。

5.4.1 隔膜干法工艺

干法工艺与湿法工艺的比较

干法工艺是将高分子聚合物和添加剂等原料混合形成均匀熔体，进行挤压、吹膜等处理，先制备出高取向度、低结晶度的硬弹性聚合物膜，然后在高温下拉伸，将结晶界面进行剥离，形成多孔结构，热定型后制备得到微孔膜。干法工艺包括干法单向拉伸和双向拉伸两种工艺。

干法单向拉伸工艺是利用硬弹性纤维的制造原理，先将熔融的流动性较好的 PE 与 PP 等聚合物，在高应力场下结晶，形成具有垂直于挤出方向且平行排列的片晶结构，经过热处理形成硬弹性聚合物。硬弹性体聚合物膜拉伸后片晶之间出现分离，并呈现大量纤维，形成大量的微孔结构，再经过热定型制备微孔膜。图 5.15 为聚烯烃隔膜干法单相拉伸前后微观形貌变化。

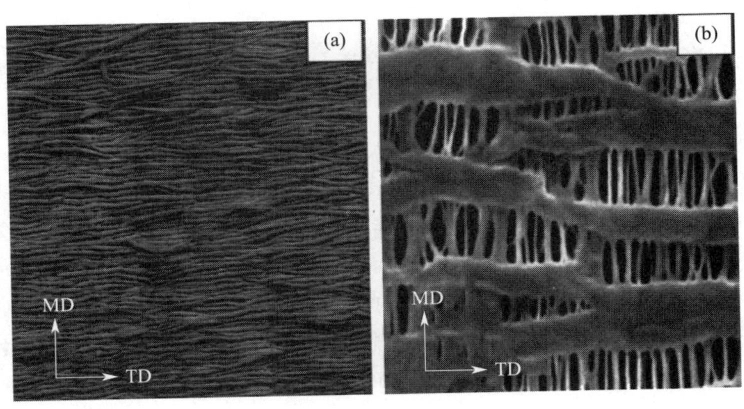

图 5.15　聚烯烃隔膜干法单向拉伸前后微观形貌变化

（a）拉伸前；（b）拉伸后

干法双向拉伸工艺是中国科学院化学研究所在 20 世纪 90 年代研发的具有自主知识产权的干法工艺，该工艺在 PP 配方中加入具有成核作用的 β 晶型成核剂，利用 PP 不同物相形态密度的差异，拉伸过程中发生晶型转变形成微孔。干法双向拉伸工艺形成聚丙烯隔膜的微观形貌如图 5.16 所示。对比单向拉伸隔膜，双向拉伸工艺在 TD 方向拉伸强度有所改善，且成本比湿法双向拉伸低，但其孔径均匀性及一致性相对较差，品质控制难度更大，一定程度限制了该技术的应用与推广。

图 5.17 是干法单向拉伸工艺流程图，投料是整个工艺的开始工序，主要对原料进行称重与混配，投料需对异物的引入进行严格管控。原料混配好后，进入挤出系统，挤出过程是在高温下将原料加热熔融，确保熔体能够定量、定温地稳定向前输送。挤出的熔体经过流延辊后冷却固化形成基膜。通常，需要将单层基膜切边后复合在一起，为后续多层拉伸做准

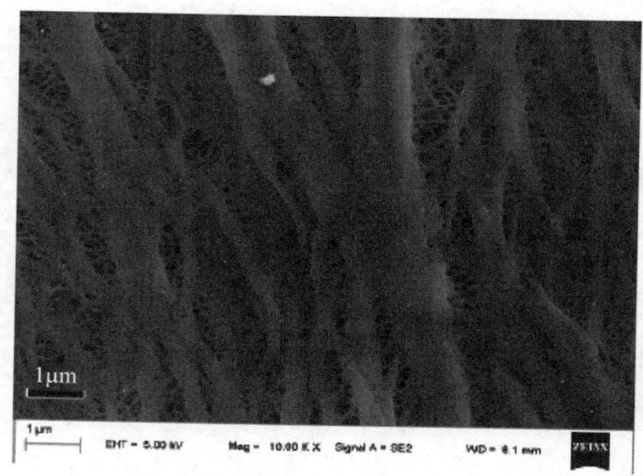

图 5.16　干法双向拉伸工艺的 PP 膜微观形貌

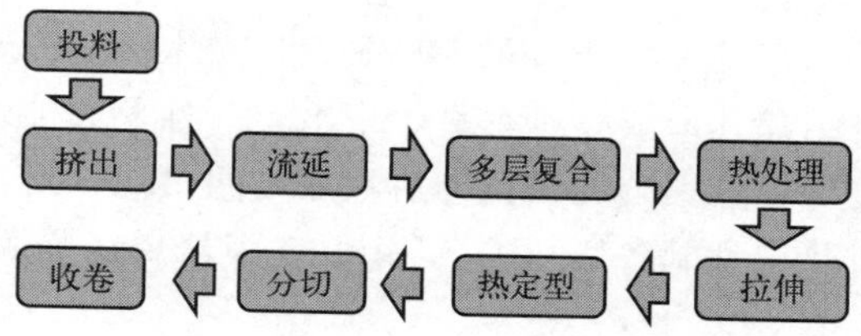

图 5.17　干法单向拉伸工艺流程图

备。复合工序对设备与环境洁净度有较高的要求，该工序需防止纤维物等杂质被吸附至流延层之间。复合后的多层基膜，需进行热处理，热处理本身为隔膜材料二次结晶的过程。拉伸工序为干法隔膜生产的核心工序，包括预热区、冷拉区、热拉区几个重要部分。冷拉区是造孔过程，该过程一般采用的是小辊，主要为了缩小辊间距，增加冷拉程度。热拉区是扩孔过程，一般采用大辊。热定型是最终热处理过程，将之前拉伸形成的孔隙回缩定型，消除拉伸产生的隔膜内部应力。

干法工艺整体上具有工艺简单、成本低的优点，受工艺限制，干法拉伸成孔一般为直通孔，其拉伸隔膜厚度偏厚，TD 方向上力学强度偏低。一般用于磷酸铁锂电池，目前乘用车，如比亚迪、特斯拉等所使用磷酸铁锂电池大部分使用干法单向拉伸隔膜。

5.4.2　隔膜湿法工艺

湿法工艺，又称为相分离法或热致相分离法，是近年发展起来的一种制备微孔膜的工艺。湿法工艺的主要原理是将聚合物与小分子量高沸点的成孔剂进行混合，在高温下形成均相溶液。通过降低温度，发生固-液或液-液物相分离，压制得到膜片后，在熔点附近进行双向拉伸，利用易挥发物质洗去残留的成孔剂，最终制备得到聚合物微孔膜。比较经典的做法是，将 PE 溶解在石蜡油、邻苯二甲酸二辛酯（DOP）等成孔剂中，加热形成均相溶液，降温时由于溶解度变化发生相分离，经过双向拉伸后，用易挥发溶剂洗脱掉石蜡油等，即可得到微孔材料。

图 5.18 为常见的湿法双向拉伸工艺流程图，投料是整个工艺的开始工序，其稳定性直接关系到隔膜的质量。主料同成孔剂的比例是锂离子电池隔膜孔径大小及分布的重要影响因素之一，投料过程需精准控制与保证。挤出混合是湿法双向拉伸工艺核心环节之一，具体有如下三

点要求：①能够产生较强的剪切塑化能力，让主料快速、均匀塑化；②能够均匀混合主料与成孔剂；③保证物料挤出时不打滑、不倒流，能够稳定进料。挤出机种类、结构及挤出温度等参数对物料塑化和混合效果具有决定性影响。铸片冷却时，由于成孔剂溶解度随温度的变化，出现两相分离。拉伸工序是湿法工艺另一个核心环节，目的是使分子链在拉伸的过程中产生取向，改善和提高隔膜的应用性能。经过双向拉伸后的隔膜，分子链得到了纵横两个方向取向，而成孔剂也均匀地分布在发生了取向的分子链之间，形成了特殊的"网-油"混合结构。区别于干法拉伸形成的直通孔，湿法拉伸形成的弯曲孔居多，分子链呈现树枝状分布，这是隔膜生产工艺上带来微观结构的重要差异。拉伸后的隔膜，微孔或微孔形状已经形成，只是成孔剂仍然占据了孔的位置，堵住了隔膜的孔眼，使得微孔状态很难呈现出来。萃取干燥工序的作用就是将成孔剂从油膜的孔中溶解出来，形成微孔。所以，萃取的过程就是溶剂（萃取剂）溶解薄膜中的成孔剂（石蜡油），萃取液代替成孔剂的过程。而干燥过程就是通过加热薄膜的方式使占据微孔的萃取剂挥发出来，由空气代替萃取剂的位置的过程。经过萃取干燥后的薄膜由透明变成了白色，说明锂离子隔膜的微孔已经形成。与干法拉伸工艺类似，热定型是对隔膜热处理的过程，部分拉伸形成的孔隙回缩定型，同时消除拉伸产生的隔膜内部应力。

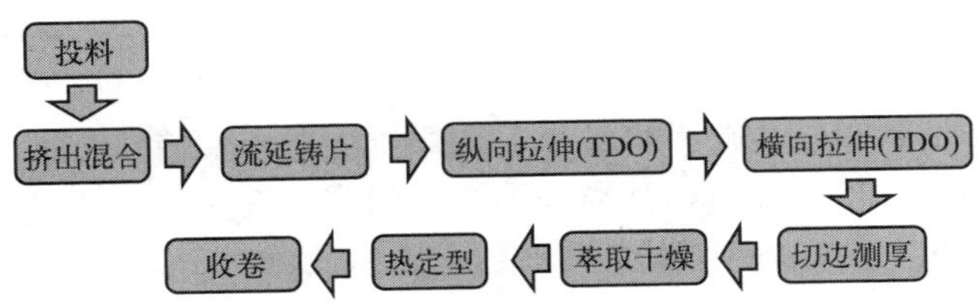

图 5.18　湿法双向拉伸工艺流程图

湿法工艺成孔均匀，且孔隙多为弯曲孔，厚度可以控制得很薄。目前，已有 5μm 的湿法 PE 基膜量产，力学强度高于干法隔膜，整体上对锂离子电池关键特性的设计，如能量密度、安全及自放电等有较大的提升。但相比于干法隔膜，工序相对复杂，加工成本较高，只可制备单层隔膜，目前主要应用于一些对能量密度及性能要求更高的数码以及动力产品中。

5.5　隔膜的典型制备工艺与表征

以深圳某公司一款针对纯电汽车（electric vehicle，EV）动力锂离子电池应用场景的湿法 PE 隔离膜为例，介绍湿法隔膜常见的制备工艺与物化性能指标。产品名称为 W09 的湿法隔膜，原材料为 PE，产品生产工艺采用湿法异步双向拉伸工艺，产品定位为 EV 纯电动力市场的产品。

5.5.1　制备工艺

湿法制备高性能锂离子电池 PE 微孔膜遵循的基本工艺为热致相分离法及物理萃取成孔工艺，其制备隔膜的工艺流程如图 5.19 所示。通过液态石蜡油与高分子量聚乙烯（PE）在高温条件下能够混合成均匀的具有一定流动性的熔体的特性，使用特定的双螺杆挤出机将 PE 与石蜡充分混合熔融。在熔体冷却过程中石蜡油和聚乙烯会分离成液态相和固态相。石蜡油均匀分布于聚乙烯包围的固相中，形成石蜡油在固相聚乙烯中相互贯通的结构。工艺上通过特制的模具和铸片辊将挤出机挤出的熔体制成厚片，再通过纵向拉伸和横向拉伸将内部贯通的结构进行扩大，同时使厚片拉伸形成具有一定厚度的薄膜。而后通过使用萃取剂将薄膜内部相互贯通的液相石蜡油萃取出来，并通过加热薄膜将萃取剂蒸发出来，薄膜就形成了相互贯通的微孔结构，再通过二次拉伸退火工艺对薄膜各项性能指标进行修饰定型，使其达到客户使用需求。

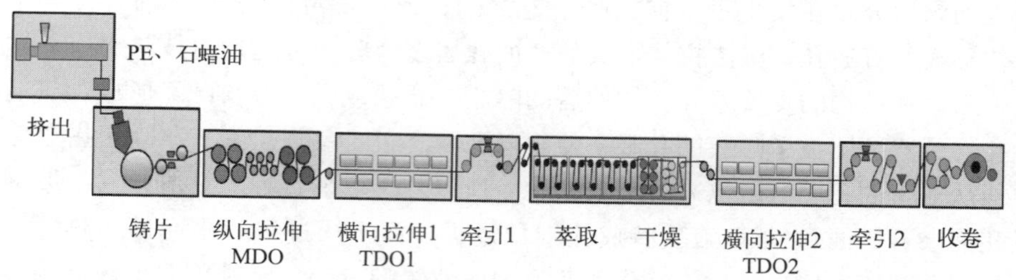

图 5.19　湿法异步双向拉伸工艺制备锂离子电池隔膜主线工艺设备流程图

（1）下料工序

目前主流制备湿法隔膜的原材料为高分子量聚乙烯（PE）和石蜡油，下料工艺分为溶胀法下料和分体式下料方法，这两种方法各有优劣，但目前湿法隔膜领域特别是中国湿法隔膜领域快速进步，考虑到单线生产效率及工艺调整便利性，目前主要使用分体式下料方法。区别于溶胀法的提前将聚乙烯和石蜡油搅拌混合成均匀混合体，分体式下料方法使用精密下料机与注油泵将聚乙烯和石蜡油分别加入挤出机进行混合塑化。这种方式能够通过实时调整下料量以及具有较高的连续性，适合超宽高速的湿法锂离子电池薄膜生产线，且工艺配比等参数调节灵活，大大节省产品型号切换及调整产品配方的时间，因此被广泛应用。但分体式下料方法对设备要求更高，因此，须时刻精确计量各种聚乙烯粉料及石蜡油下料量，分体式下料设备需要配备高精度小型双螺杆粉体下料机、高精度下料秤、相关排气结构以及稳定的注油泵等设备；另外，相对于溶胀法的提前将原材料混合注入双螺杆挤出机，分体式下料方法因分别加入原材料，因此对双螺杆挤出机有更高的要求，例如挤出长径比需要更长，要求螺杆具有更强剪切、混合能力，对挤出机温控、排气要求也更高。

W09 湿法隔膜的下料工序采用分体式下料方法，具体如图 5.20 所示，粉料下料点只有一个，石蜡油注油点有三个，不同产品三个注油点比例可能不一样。

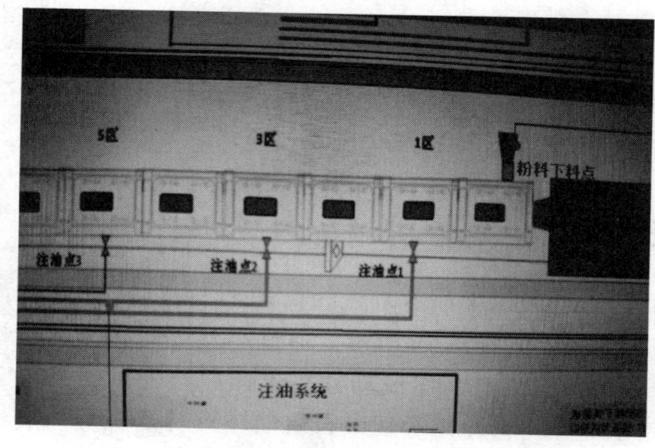

图 5.20　下料设备示意图

(2) 挤出工序

制备 W09 湿法隔膜的挤出工序主要设备包括双螺杆挤出机（图 5.21）、熔体泵（图 5.22）、熔体杂质过滤器以及相关管道及温控系统、排气系统。其中，双螺杆挤出机为饥饿式喂料，主要功能是混合塑化、熔融；熔体泵起到熔体输送和稳定机头前后压力的作用，保证熔体稳定、均匀地往前输送；熔体杂质过滤器的作用是将熔体中的杂质过滤干净，避免后续薄膜缺陷产生；温控系统保证整个系统温度稳定，保持熔体稳定以及减少熔体炭化，包括加热系统（电加热）、冷却系统（水冷）、外部保温系统等；排气系统可将挤出机内部气体排出，避免气泡影响熔体质量。

图 5.21　双螺杆挤出机

图 5.22　熔体泵

根据工艺设备要求，需要在挤出工序设置一系列传感器，主要监测下料质量、流量、各区段设备和物料的温度压力、机械速度、熔体黏度。只有保持上述各项参数的稳定，才能确保后段工序的运行平稳及质量。

(3) 铸片工序

铸片工序为通过特定模具和铸片辊将挤出的熔体制成一定厚度的厚片并冷却使其相分离。制备 W09 湿法隔膜的铸片工序主要设备有熔体分配器、模头、铸片辊、剥离辊、除油装置、测厚仪等。其中，分配器（图 5.23）为熔体进入模头前的分流设备，使熔体稳定均匀地进入模头各个腔室内。模头（图 5.24）为特制的扁平的具有一定收敛流道的设备，一般为 T 型或鱼尾型，内腔光滑，分为三层复合型流道和单层流道，内腔出口由具有一定开度的模唇组成，模唇开度由模唇上方螺栓控制。螺栓控制方式有两种，一种为手动旋转固定螺母控制螺栓高度来控制模唇开度，这个调节方法适合调节幅度较大的情况；另一种为温控调节方法，通过调节螺栓温度使其膨胀压迫上方模唇，进而改变上下模唇之间开度大小，这种调节方法适合微小幅度的调节，最终达到合适的厚片厚度。均匀的熔体厚片通过铸片辊成一定夹角而接触冷却。由于铸片辊内部通有冷冻水，熔体厚片在较短时间内温度降低，此时熔体中的聚乙烯和石蜡油发生相态分离，石蜡油仍保持液相而聚乙烯因温度降低成为固相，这个过程是薄膜造孔的关键。经铸片辊后需要剥离辊进行辅助剥离厚片并进一步冷却厚片。除油装置在去除相分离过程中渗出黏附在铸片辊上的石蜡油，使后续厚片接触传热更均匀，减少缺陷。测厚仪（图 5.25）准确测定相分离后的厚片各方向厚度情况，为模唇开度调节提供参考。

图 5.23　分配器

图 5.24　模头

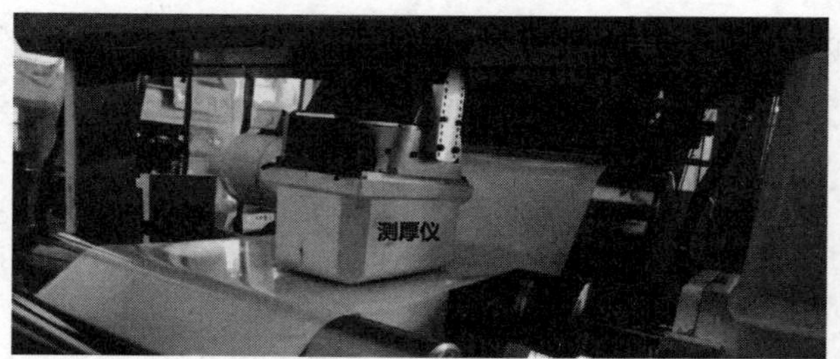

图 5.25　测厚仪

（4）纵向拉伸（MDO）和横向拉伸 1（TDO1）工序

拉伸共分为三个工段，即预热工段、拉伸工段、定型工段。经过纵向拉伸（MDO）和横向拉伸 1（TDO1），厚片中的聚乙烯分子链在纵向和横向取向，而成孔剂除部分因拉伸渗出外，其余均匀分布在发生取向的分子链段之间，形成特殊的“网-油”结构。

纵向拉伸（MDO）通过拉伸辊（图5.26）拉伸，其中，拉伸辊比预热辊、定型辊要小得多。拉伸辊之间的间隙需要控制在极小的范围内，可分为几组拉伸，拉伸辊通过设置特定速度进行高速旋转，辊与辊的速度差产生拉伸倍率。每根辊通过内部流动的热媒进行加热，保持温度恒定。为防止拉伸打滑，通常会在拉伸辊上方加装压辊。

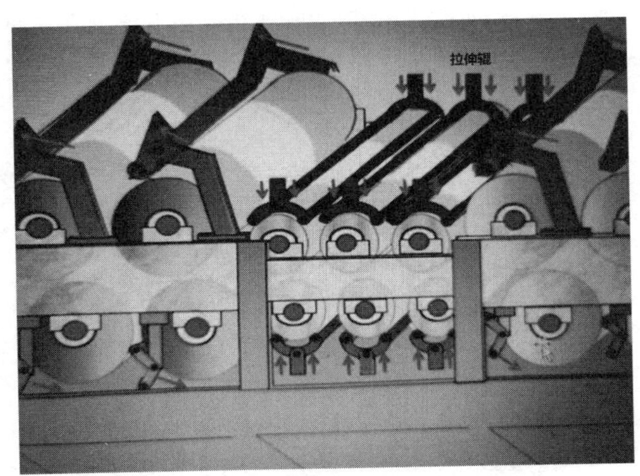

图5.26 MDO拉伸辊示意图

横向拉伸1（TDO1）使用烘箱两侧带链夹的两个独立的轨道进行拉伸（图5.27）。逐步在轨道纵向运行方向上设置不同的横向宽度，薄片通过入口两侧导轨送入链夹固定后，轨道同步向前运行，薄片在均匀稳定的温度场中完成横向取向、扩宽、变薄的过程，这个过程对薄膜最终的性能及外观一致性十分重要。需要设置各区间合适的工艺温度，保持极小的温度极差以及导轨链夹极高的运行稳定性。

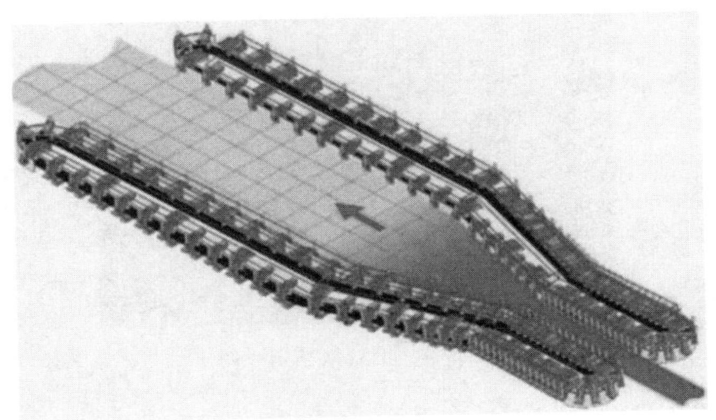

图5.27 TDO1示意图

（5）牵引1工序

牵引1工序设置有冷却辊筒、切边器、测厚仪、压辊等，主要作用是使薄膜进入萃取槽进行萃取前的运行状态、温度、表面平整度等调整到一个绝佳的状态，同步测量此时的薄膜厚度以供铸片工序调整模唇开度大小，以提高薄膜在萃取槽中高速运动的平稳性。

(6) 萃取干燥工序

萃取干燥工序是湿法生产锂离子电池隔膜特有的工序，如图 5.28 所示，设备上通过设置多个槽体，萃取液溢流方向与隔膜运行方向相反，使不同槽体产生较大的石蜡油浓度差，最后槽体中石蜡油浓度在千分之一左右，可满足锂离子电池隔膜低成孔剂残留的要求。萃取效果往往由萃取剂的种类、浓度、萃取时间、生产速率等决定。萃取过程薄膜运动通过辊筒实现，辊筒由电机驱动运行。辊筒之间速度比可调节，要求薄膜在萃取干燥过程不能产生折皱、划伤，表面不能存在杂质等，因此，萃取工序各段的膜面张力在满足不跑偏和不打滑倒卷等情况下尽可能低，这需要设备具有极高的精度和稳定性外，也需通过调节辊筒速比来实现。

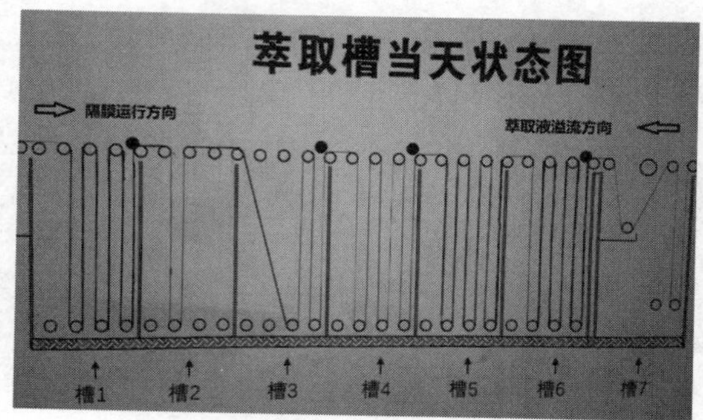

图 5.28　萃取槽示意图

萃取干燥工序使用大量萃取剂，产生大量混合液和干燥萃取剂蒸气，需要进行回收，因此，需要配置混合液精馏系统（图 5.29）、尾气回收处理系统（图 5.30）、废水处理系统（图 5.31），这个过程需要耗用大量的能源，是湿法生产锂离子电池隔膜最耗能的环节。

图 5.29　混合液精馏系统

(7) 横向拉伸 2（TDO2）工序

薄膜经过萃取干燥后，虽然形成了可供锂离子通过的微孔，但各项性能与客户需求可能存在差异，因此，需要进一步进行性能改善，通过结构与 TDO1 工序设备相似的烘箱及链轨设备，该工序称之为横向拉伸 2（TDO2）工序。薄膜在带链夹轨道的烘箱中进一步拉伸退火，使薄膜的孔径、厚度、孔隙率、透气度、热收缩、强度等得到进一步改善，最终达到使用的性能要求。

图 5.30　尾气回收处理系统

图 5.31　废水处理系统

(8) 牵引 2 工序

牵引 2 工序与牵引 1 类似，配置有辊筒、张力控制装置、测厚仪、切边装置、膜面缺陷检出装置等。在正式进行收卷前，需稳定薄膜张力，切除一定比例的边部废料，同时测量薄膜各个方向厚度是否合格，外观检测装置检出和记录膜面是否有缺陷存在。

以上数据均会自动建档，成为后续品质检验评价的基础数据，然后，薄膜可进入收卷工序。

(9) 收卷工序

收卷工序是将薄膜平整地卷绕一定的长度，供给分切环节。收卷方式分为接触收卷和间隙收卷，关键设备为收卷机（图 5.32）。工艺难点为随着收卷卷径的增加，薄膜的收卷表面线速会增加，此时的角速度需要调整。因此，需要根据不同型号薄膜设置一定的收卷张力衰减梯度，使得收卷过程薄膜每层之间的松紧一致。避免因后期变化或收卷不良产生波浪、横皱、斜皱、弧形等缺陷，另外，改善薄膜的刚度、厚度一致性、定型工段退火彻底等有助于提高收卷质量。

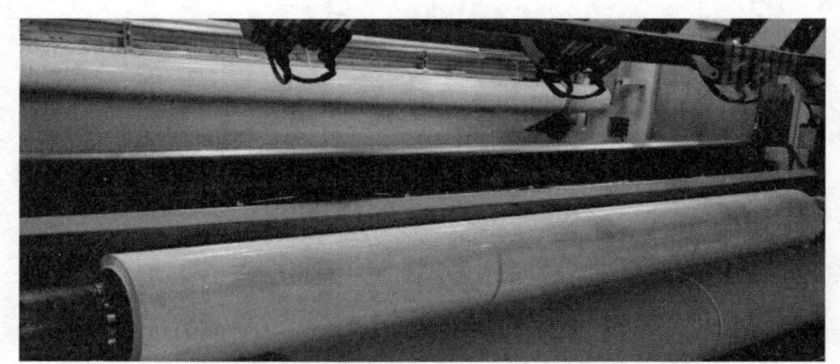

图 5.32 收卷机

5.5.2 外观检测

采用上述工序制得的隔膜，采用外观检测装置观察，隔膜呈现白色、平滑、无机械划痕、无凝胶点、无黑色斑点、无针孔、无折痕。此外，弧形、错位和塌陷或翘边的检测规格如表 5.5 所示。

表 5.5 隔膜外观检测规格

序号	项目	单位	测试设备	规格
1	弧形	mm	弧形检测平台	≤10
2	错位	mm	卡尺/精密软尺	整体≤10
3	塌陷或翘边	mm	塌陷和翘边检测仪	≤18

5.5.3 常规物理性能

所制得隔膜的厚度、透气度、针刺强度、拉伸强度、延伸率、熔点和热收缩等常规物理性能规格如表 5.6 所示。

表 5.6 常规物理性能规格

序号	项目		单位	检测装置	规格
1	厚度		μm	马尔测厚仪	9.0±1
2	透气度		s/100mL	透气度测试仪	160±40
3	针刺强度		gf①	电子万能试验机	≥400
4	拉伸强度	MD	$kgf/cm^2$②		≥2000
		TD	$kgf/cm^2$②		≥1600
5	延伸率	MD	%		≥50
		TD	%		≥50
6	熔点		℃	差示扫描热分析仪	≥130
7	热收缩率（90℃/2h）	MD	%	烘箱	≤2
		TD	%		≤0.5

①1gf=0.009807N

②$1kgf/cm^2$=98.07kPa

5.5.4 微观形貌

湿法双向拉伸工艺制得隔膜的微观形貌如图 5.21 所示，结果表明隔膜的微孔形状类似圆形的三维纤维状，孔径较小且分布均匀，微孔内部形成相互连通的弯曲通道，这样可以得到更高的孔隙率和更好的透气性。

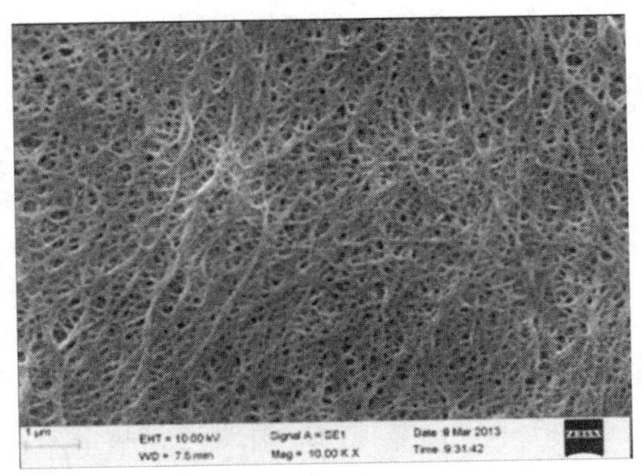

图 5.33　湿法双向拉伸隔膜微观形貌图

5.5.5　电化学等其他性能

所制得隔膜的击穿电压、面电阻、接触角和闭孔温度等电化学性能结果如表 5.7 所示。

表 5.7　电化学性能结果

序号	项目	单位	数值
1	击穿电压	kV	1.3
2	面电阻	Ω/cm^2	0.9
3	电解液浸润性接触角	(°)	110
4	闭孔温度	℃	135

课后作业

一、单选题

1. 下列中的（　　）不属于比较常见的锂离子电池的隔膜。

A. 石墨烯隔膜　　B. 多孔聚合物膜　　C. 无纺布隔膜　　D. 无机复合膜

2. 锂离子电池的隔膜可以分为不同的类型，其中，由定向或者随机的纤维构成的隔膜称为（　　）。

A. 石墨烯隔膜　　B. 多孔聚合物膜　　C. 无纺布隔膜　　D. 无机复合膜

3. 下列中的（　　）不属于未来隔膜的发展方向。

A. 高孔隙率　　B. 高导电性　　C. 高熔点　　D. 高强度

4. 隔膜孔隙率对下列中的（　　）没有影响。

A. 锂离子电池外观　B. 电解液保液量　　C. 锂离子电池内阻　D. 锂离子电池自放电

5. 用来评估隔膜对抗垂直挤压导致短路的安全性能的指标是（　　）

A. 透气值　　B. 闭孔温度　　C. 热收缩率　　D. 穿刺强度

6. 与湿法双向拉伸工艺相比，干法双向拉伸工艺的优点是（　　）

A. 成本低　　B. 孔径均匀性好　　C. 孔径一致性　　D. 品质控制更容易

7. 干法双向拉伸工艺流程包括①投料，②流延，③纵向拉伸，④横向拉伸，⑤定型收卷，顺序正确的是（　　）。

A. ①②③④⑤　B. ①②④③⑤　C. ①③④②⑤　D. ①④③②⑤

8. 湿法工艺适合生产较薄的（　　），是一种隔膜产品厚度均匀性更好、理化性能及力学性能更好的制备工艺。

A. 单层PE隔膜　B. 单层PP隔膜　C. 多层PE隔膜　D. 多层PP隔膜

9. 湿法工艺流程包括，①投料，②流延，③纵向拉伸，④横向拉伸，⑤萃取，⑥定型，⑦分切，顺序正确的是（　　）。

A. ①②③④⑤⑥⑦　B. ①②④③⑤⑥⑦　C. ①②③④⑥⑤⑦　D. ①②④③⑥⑤⑦

二、多选题

1. 隔膜的主要作用包括（　　）

A. 使电池的正、负极分隔开来　B. 防止两极接触而短路

C. 使锂离子通过　D. 提供较高的比容量

2. 锂离子电池对隔膜的要求，说法正确的是（　　）。

A. 对锂离子有很好的透过性　B. 对电解液的浸润性好

C. 较好的化学、电化学和热稳定性　D. 足够的力学强度

3. 对于一款隔膜热性能的评估主要包括（　　）。

A. 热收缩率　B. 闭孔温度　C. 破膜温度　D. 熔化温度

4. 干法工艺，还可以称为（　　）。

A. 拉伸制孔法　B. 熔融拉伸法　C. 热致相分离法　D. 双向拉伸法

三、判断题

1. 如果在组装锂离子电池时，缺少隔膜，只会引起能量密度降低。（　　）

2. 在保证基本功能的前提下，锂离子电池的隔膜越厚越好。（　　）

3. 对锂离子电池隔膜而言，如果太厚，没有任何优点。（　　）

4. 隔膜厚度大，意味着锂离子电池的安全性能相对更高。（　　）

5. 孔隙率越大越好，因为孔隙率越大，锂离子传输阻隔越小。（　　）

6. 对一款锂离子电池而言，所采用隔膜的透气值和用此隔膜装配的电池的内阻成反比，即透气值越大，则内阻越小。（　　）

7. 电解液在隔膜上的接触角越小，浸润性越好。（　　）

8. 对于锂离子电池而言，采用的隔膜的穿刺强度越高，意味着安全性越高，因此，在设计一款电池时，采用的隔膜的穿刺强度越高越好。（　　）

9. 干法工艺包括干法单向拉伸和干法双向拉伸两种工艺。（　　）

10. 对比单向拉伸隔膜，双向拉伸工艺在TD方向拉伸强度有所改善。（　　）

11. 聚乙烯与聚丙烯复合多层膜（PP/PE/PP）一般由湿法工艺生产。（　　）

12. 湿法工艺聚乙烯（PE）单层膜更适合应用于对能量密度要求更高的数码电芯及动力电芯领域。（　　）

四、填空题

1. 隔膜位于锂离子电池结构中________片与负极片之间。

2. ________是指孔隙的体积占整个体积的比例，是隔膜微结构重要的性能。

3. 通常来讲，孔隙率越大，对电解液保液量越大，锂离子电池内阻越________。

4. 隔膜浸润性测试一般采用目测法和________法两种方法。

5. 隔膜传输锂离子的能力用________电导率表征。

6. 隔膜的闭孔温度越________，且破膜温度越______，对锂离子电池安全性越有利。

7. 目前商业化量产锂离子电池隔膜主要材料为多孔性聚烯烃制备的微孔膜，主要原料为高分子量的聚乙烯和________。

8. 隔膜的生产制备的核心工艺是微孔制备，根据微孔成孔的机理，可分为________工艺与________工艺。

五、简答题

1. 工业上，如何表征隔膜的穿刺强度？

2. 简述干法单向拉伸的工艺流程。

3. 简述聚乙烯与聚丙烯复合多层膜（PP/PE/PP）提升锂离子电池整体热安全性的原理。

第6章 扣式锂离子电池制备

知识目标

掌握手套箱的构成、结构和工作原理；
认识制作极片的材料，并理解每种材料的作用；
掌握极片制备的工艺流程；
理解扣式电池各部分材料的特点和作用；
掌握组装扣式电池的工艺流程。

能力目标

能够理解手套箱上每个按钮的作用，能够简单地维护手套箱；
能够正确并熟练操作手套箱，尤其是物品放入手套箱和从手套箱中取出物品；
能够熟练完成极片的制备；
能够在手套箱中规范并熟练制作扣式电池。

扣式电池，可简称扣电，亦可称为半电池。通常以金属锂为负极，正负极材料极片作为正极，其尺寸小巧，制备极片耗材较少，灵活性较高，是针对锂离子电池活性材料开发与评测的重要器件。在商业化正负极材料研发生产企业与锂离子电池生产制造企业中，广泛应用于研发材料性能测试评估与量产品质及批次一致性评价。因此，扣式电池的组装是锂电研发人员在实验室从事锂电研究的必备技能。

6.1 极片的制备

6.1.1 材料准备

在极片制备阶段，需要用到的材料和试剂主要包括正负极材料、导电剂、黏结剂和集流体。

（1）正负极材料

正负极材料是构成锂离子电池的关键材料，如 $LiFePO_4$ 或 $LiCoO_2$ 等正极，以及石墨或硅/碳等负极。实验室用正负极材料可以自制或者采购。正负极材料一般为粉末状，颗粒尺寸不宜过大，便于均匀涂布，同时可避免由于颗粒较大导致测试结果受到材料动力学性质的限制以及造成极片不均匀等问题。通常来讲，正负极材料粉体粒径尺寸为微米级别，D_{50}一般在30μm以内。对于较大的颗粒、团聚体或者纳米级别的颗粒，需做颗粒筛选和研磨处理。

（2）导电剂

导电剂是扣式电池正负极片重要的组成部分，主要功能是在极片中构建电子网络，将正负极活性材料与集流体通过导电材料连接在一起，以实现电池充放电过程中正负极材料发生氧化还原反应时，电子向外界流动与传输的功能。实验室常用的导电剂一般为碳基导电剂，包括点状导电碳材料：乙炔黑（AB）或导电炭黑Super P（SP）；线状导电碳材料：碳纳米管（CNTs）或碳纳米纤维（VGCF）；面状导电碳材料：石墨烯（graphene）或导电石墨（KS-6）等。考虑到成本、导电性及分散加工性等因素，导电炭黑Super P(SP）是目前使用最为广泛的导电剂。导电炭黑Super P(SP）和导电石墨（KS-6）微观形貌与结构示意如图6.1所示。

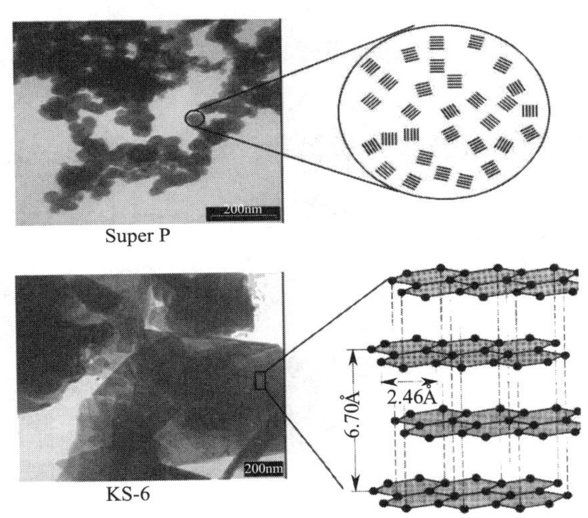

图6.1　导电炭黑Super P和导电石墨KS-6的微观形貌与结构示意图

（3）黏结剂

黏结剂是锂离子电池中重要的辅助功能材料之一，主要功能是将活性材料、导电材料与集流体黏结在一起。虽然本身没有容量，在锂离子电池中所占比重也很少，但对正负极片的力学性能与结构稳定性等产生重要的影响。黏结剂对极片加工性、生产效率及锂离子电池的电化学性能等均产生重要的影响。

理想的黏结剂需要具备以下几个特征：一是在溶剂中具有较好的溶解性且溶解速度快；二是需具备较强的黏结性，在极片加工与锂离子电池使用过程中不易发生脱膜与掉粉；三是需具有一定柔韧性，在极片弯曲与膨胀时能起到稳定与支撑极片材料的作用；四是需要耐受电解液的溶胀和腐蚀，在电极的工作电压范围内保持稳定；五是来源广泛，使用成本低廉，使用的溶剂尽量安全、环保且无毒。

根据溶剂的成分，目前广泛应用的锂离子电池黏结剂主要分为油系（NMP：*N*-甲基吡咯烷酮）与水系（去离子水）两大类。油系黏结剂以聚偏氟乙烯（PVDF）为主，耐腐蚀能力强，高电压下结构稳定，主要用于正极材料配方中。NMP作为一种有机溶剂，易挥发，且溶解性极强，较适用于部分对水分敏感的正极材料。工业化大规模生产中，通常将正极片烘干，NMP蒸发后回收再利用。为了降低溶剂使用与回收设备等成本，负极浆料的溶剂一般为去离子水，水系黏结剂材料主要有两种：丁苯橡胶（SBR）乳液以及聚丙烯酸（PAA）、聚丙烯腈（PAN）与聚丙烯酸酯等聚丙烯类聚合物。在负极水系浆料体系中，为了调节浆料黏度，提高浆料稳定性而改善沉降，一般会使用羧甲基纤维素钠（CMC）作为增稠剂，搭配丁苯橡胶（SBR）或聚丙烯腈（PAN）黏结剂一起使用。

（4）集流体

制备极片的材料

集流体指汇集电流的结构或零件，功能主要是将电池活性物质产生的电流汇集起来以便形成较大的电流对外输出。锂离子电池极片的正负极集流体分别为铝箔和铜箔。如果选用单面光滑的箔材，应该在粗糙的一面上涂布，以增加集流体与材料之间的结合力。为了提高能量密度，箔材逐渐向轻薄的方向发展，同时需兼顾其机械加工性能与导电性。由于铜的延展性较好，铜箔厚度通常低于铝箔，商业化铜箔目前最薄能做到6μm，铝箔能做到9μm。如果活性材料是纳米磷酸铁锂或硅基负极材料，可以选用涂碳铝箔与铜箔以提高黏附性，降低接触电阻，提高循环寿命。

思考：为什么选择铜箔作为负极集流体，铝箔作为正极集流体？

（1）两者的导电性都相对较好，质地比较柔软，价格也相对较低。

（2）金属铝，在低电位下，结构中出现嵌锂，生成锂铝合金，严重影响锂离子电池的寿命和性能，不宜作为负极的集流体。金属铝虽然在高电位下易氧化，但形成的氧化铝膜十分致密，能阻止体相进一步发生氧化。

（3）金属铜，在高电位下容易氧化，不宜作为正极的集流体。铜表面的氧化层属于半导体，电子导通，氧化层太厚时，阻抗会增加。

6.1.2 混料

混料是将正负极活性材料、导电剂和黏结剂按照一定的比例均匀混合的操作。在实际操作过程中，需要注意以下三点：

① 实验室进行混料时，依据供料的多少来确定采用手工研磨法或机械匀浆法，如正负极活性材料的质量在5.0g以内，建议采用手工研磨法在玛瑙研钵中进行；活性材料的质量超过5.0g时，可采用实验室用小型混料机进行混料。混料工艺的关键在于物料混合均匀性及浆料黏度的控制，混合均匀的浆料没有明显的大颗粒等外观缺陷。

② 如果活性材料的导电性不好，可以适当减少活性物质并增加导电剂的含量；反之，如果活性材料的导电性很好，可以适当增加活性物质并减少导电剂的含量。导电剂本身并未提供容量，尽量降低导电剂含量对于提升极片与电池能量密度具有积极的意义。实验室制作扣式电池时，电极材料与导电剂和黏结剂的质量分数一般是一个范围。对于钴酸锂、磷酸铁锂等正极材料，可采用(90～95)：(1～5)：(3～5)的配比。对于负极材料，如果是石墨类材料，基本类似，也可采用(90～95)：(1～5)：(3～5)的配比；如果是硅基材料，由于导电性相对较差，导电剂的含量可以稍高，可以考虑(70～90)：(5～20)：(5～20)；如果使用硅基

材料与石墨混合负极，根据硅基材料混合石墨比例的变化，可适当调整导电剂和黏结剂的比例。

③ 混料过程时间过短或过长、浆料不匀或过细都会影响到极片整体质量，并直接影响材料电化学性能发挥及性能评价。正极浆料中，由于溶剂 NMP 极易吸收空气中的水分，在混料过程中需控制环境湿度并对混料罐进行密封。

6.1.3 涂布

涂布是指均匀地把上述混料后的浆料涂抹到相应的集流体上的过程。

实验室涂布时，依据浆料的量确定涂布方法。如果浆料多，可以采用小型涂覆机，如图 6.2 所示；如果浆料少，可采用成膜器进行手工涂覆，如图 6.3 所示。由于实验室供料数量不大，大都采用手工涂覆。

图 6.2　小型涂覆机

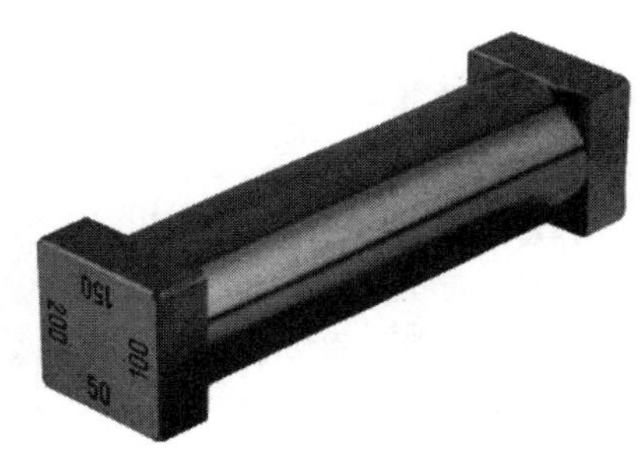

图 6.3　成膜器

如果采用手工涂覆，一般使用一定缝隙厚度的成膜器将浆料均匀地涂覆在适当大小的铝箔或者铜箔上。如图 6.3 所示，成膜器的四边分别为 50μm、100μm、150μm 和 200μm 四个厚度，可根据要求制成所需的涂覆厚度，涂覆后的膜面外观尽量平整且纹理尽量一致。

6.1.4 干燥

极片的干燥主要关注干燥温度、干燥时间和干燥环境气氛三个参数。通常正负极极片的干燥温度需要在 80～120℃范围内，在能够烘干的前提下，可适当降低干燥温度，避免高温下部分有机物质（如黏结剂与增稠剂 CMC 等）分解失效。为了提高干燥速度，通常在烘箱内鼓风或抽气，降低极片表面含量较高的水分与 NMP 的蒸气压。一般干燥后的极片通过失重法测量剩余溶剂含量来判断极片是否完全干燥。在大规模生产中，需要用水分分析仪测量极片是否有残留水分，再进行下一步工序。

6.1.5 辊压

极片进行辊压操作的目的是将极片压实，并达到所要求的压实密度（g/cm^3）。压实密度决定了极片中各组分颗粒的接触紧密程度，对极片中电子网络与离子通道的构建都具有十分重要的意义，压实密度的大小影响了电池活性材料的容量发挥与首效。过高或过低的压实密度，对电池的性能均有一定负面影响，扣电设计的极片压实密度尽量接近工业中极片的压实密度。

6.1.6 切片

切片是把极片准确裁剪为圆形极片的过程。一般是将经辊压处理之后的极片用称量纸上下夹好，放到冲压机上快速冲出小极片，小极片直径可通过冲压机的冲口模具尺寸进行调整。实验室大都组装 CR2032 扣式电池，因此，小极片直径一般可对应 12mm。对冲好的小极片进行优劣选择，尽量挑选形貌规则、表面及边缘平整的极片。若极片边缘有毛刺或起料，可采用小毛刷进行轻微处理。若缺陷过于严重，建议废弃极片。

极片制备的工艺

经过上述一系列工艺，得到极片。一个合格的极片，至少具有三个条件：①浆料涂布均匀，观察不到明显的厚度不均匀；②极片保持完整圆形未受损坏，边缘没有毛刺；③极片涂布区域没有颗粒物并且没有明显的掉粉现象。

负极极片制备实例

以某人造石墨为负极活性材料，参考国家标准《锂离子电池石墨类负极材料》（GB/T 24533—2019）设计并开展负极极片的制备。

首先，准备制备石墨负极极片所需要的试剂与材料，包括导电剂、黏结剂和集流体。其中，导电剂为导电炭黑；黏结剂选用丁苯橡胶（SBR）粉末和羧甲基纤维素钠（CMC）粉末；集流体则是铜箔。需要注意的是，负极材料（某人造石墨粉）和导电剂（导电炭黑）在使用前，要求在真空干燥箱中烘烤4h后，转入干燥器皿中冷却待用。然后，准备需要用到的设备和装置，包括真空干燥箱、分析天平、成膜器、辊压机（图6.4）和冲压机（图6.5）。

图6.4 辊压机

图6.5 冲压机

石墨负极极片的制备可以主要分为以下六步。

第一步：混料。首先配制2%羧甲基纤维素钠（CMC）黏结剂与2%丁苯橡胶（SBR）黏结剂。然后，按92：3的质量比称取0.276g 石墨粉和0.009g 导电炭黑，放入玛瑙研钵中，研磨20～30min，确保混合均匀。随后，称取0.37g 的2%羧甲基纤维素钠（CMC）黏结剂和0.37g 的2%丁苯橡胶（SBR）黏结剂，依次加入到石墨粉和导电炭黑的混合物中，再继续研磨30min。需要说明的是，虽然加入的黏结剂溶液总质量为0.74g，但由于质量分数为2%，实际黏结剂质量为0.015g。即石墨粉、导电炭黑和黏结剂的质量比为92：3：5。

在研磨过程中，根据黏度情况，考虑是否烘烤或者滴加去离子水。如果黏度太低，可以用红外灯稍微烘烤；如果黏度太高，可以滴加去离子水。

第二步：涂布。裁剪长度约10cm 的铜箔。铜箔有光面和毛面之分，为了提高浆料与铜箔的黏附力，将制得的浆料转移到铜箔毛面的一端，采用成膜器一次性刮涂于铜箔表面。成膜器有4个厚度，选用200 μ m 的一侧进行刮涂，意味着这样涂布的浆料厚度为200 μ m。要求将浆料均匀地涂覆在铜箔上，膜面外观尽量平整。

第三步：干燥。将经过涂布的铜箔转移到真空干燥箱中。选择的干燥温度为80℃，保温12h，直到极片完全干燥。干燥后的极片如图6.6所示。

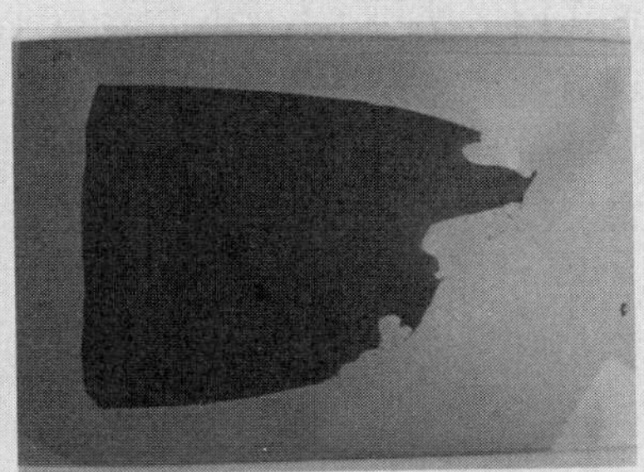

图6.6　干燥后的极片

第四步：辊压。如果在实验室研发阶段，一般只关注比容量，很少关注能量密度，因此，经常省去辊压工艺。这里以制备压实密度为1.2g/cm^{3}的极片为例进行示范。将单面涂覆好的极片通过电池冲压机制成直径为12mm 的圆片，称量3个极片的质量，然后计算平均值为 $\overline{m}$。减掉（空白）铜箔的质量 m_0后，便可得到12mm 圆片上活性物质涂层的质量 Δm。将涂层质量 Δm 除以压实密度1.2g/cm^3，可得到辊压后的涂层体积 V,再用体积 V 除以12mm 圆片面积 S，即可得到辊压后的涂层厚度 d。调整辊压设备的缝隙距离，使其等于涂层厚度与铜箔厚度之和，然后将经涂覆的极片通过辊压机，便得到所要求压实密度的极片。

第五步：切片。实验室一般组装 CR2032扣式电池，调整冲压机的冲口模具尺寸，使得极片直径对应12mm。将经辊压处理之后的极片用称量纸上下夹好（图6.7），放到冲压机上快速冲出圆形小极片。对冲好的小极片进行优劣选择，尽量挑选形貌规则、表面及边缘平整的极片。然后，经过称重测量，筛选出重量差别不大的小极片，收好待用，如图6.8所示。

图6.7　用称量纸保护极片

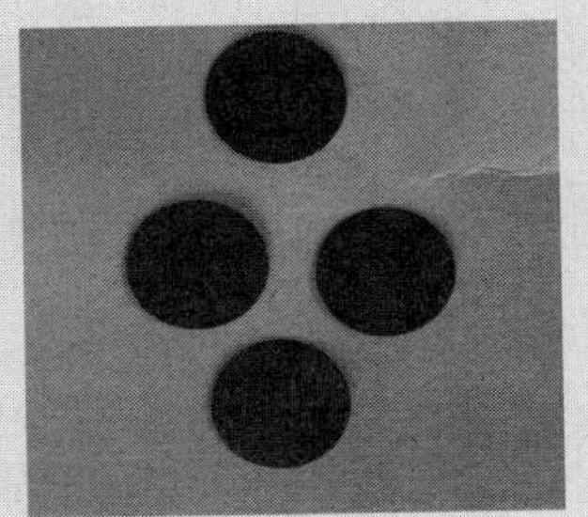

图6.8　制备好的极片

第六步：称量。称量5个经过干燥后的极片，取算术平均值，再减去铜箔的重量，就可得到极片涂布重量。称量完成后，尽快将极片转移到手套箱中待用。为了计算石墨的克容量，需要知道每个极片中活性物质的质量，可以将涂布重量乘以92%便可计算出负极材料活性物质质量。

以上就是负极极片的制备。极片包括正极极片和负极极片，但是无论是正极极片，还是负极极片，都有着相类似的工艺。不同之处在于四个方面：活性物质应该选用正极材料，黏结剂一般采用油系黏结剂，设计对应的活性物质、导电剂和黏结剂的配比，集流体应该选用铝箔。

6.2 手套箱的结构与操作

扣式电池的组装是在手套箱中完成的，手套箱对于扣式电池的组装非常重要。手套箱的用途是提供一个适合进行实验操作的惰性环境，避免因暴露于大气气体或大气湿度中而受到损害。手套箱的工作原理是箱体与气体净化系统形成密封的工作环境，通过气体净化系统不断对箱体内的气体进行净化（主要除去水、氧），使系统始终保持高洁净和高纯度的惰性气体环境。手套箱可根据工艺需要使用氮气、氩气或氦气，但是在组装扣式电池时，一般使用高纯氩气。

6.2.1 手套箱的结构

手套箱的部件主要由手套、净化柜、水氧分析仪、控制屏、过渡舱、真空泵等组成，具体部件如图 6.9 所示。

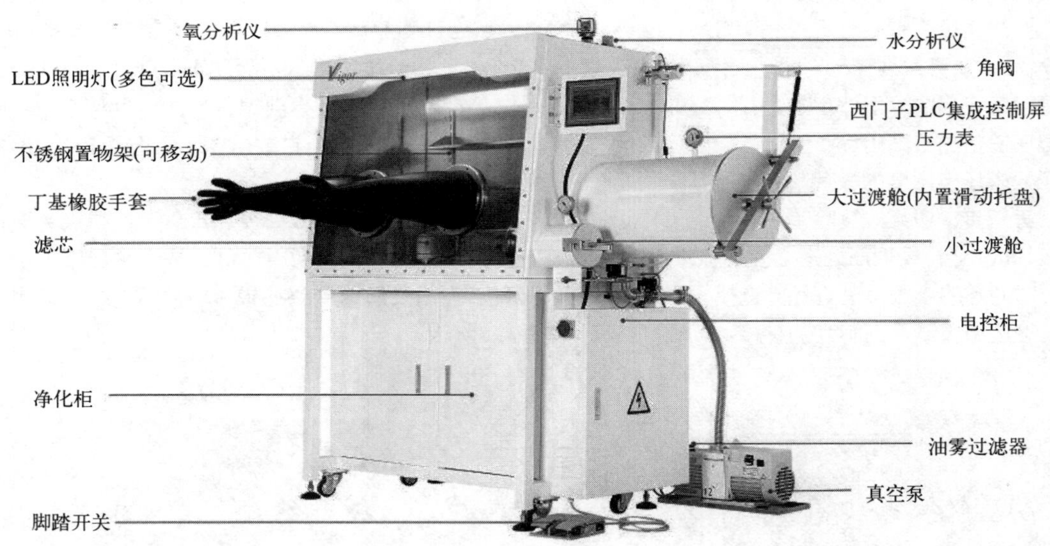

图 6.9　手套箱的部件

其中，净化柜包括净化柱和循环风机，通过净化柱来吸附气体中的水和氧；过渡舱分为大过渡舱和小过渡舱，可理解为箱体与外部的通道；控制屏（对应图 6.9 中的 PLC 集成控制屏）上可以显示实时的箱压和水氧值，同时，还可以通过真空泵、分析仪等 9 个触摸按钮进行相应的操作，如图 6.10 所示。

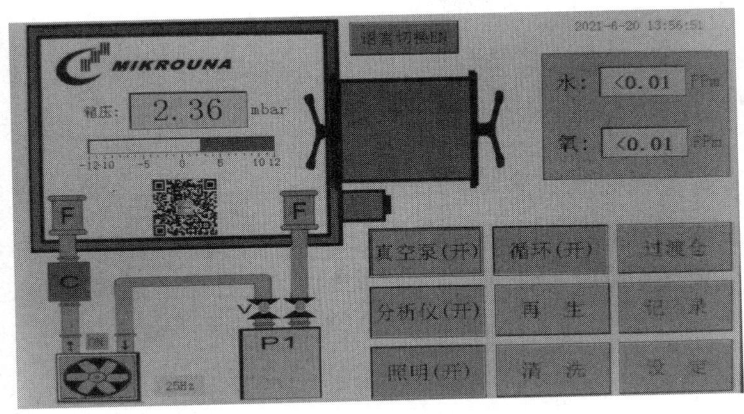

图 6.10　控制屏的外观

认识手套箱

6.2.2　手套箱的操作

在利用手套箱组装扣式电池过程中，常用的操作包括开关机、清洗、再生、物品放入和拿出等。其中，开关机、清洗、再生是针对手套箱的操作，并非每次组装扣式电池时都需要。

（1）开机

开机操作包括打开主电源、打开减压阀、启动分析仪、启动循环和启动冷水机五个步骤，如图 6.11 所示。在开机前应关注气瓶主阀的示数，当气瓶主阀的示数小于 1 时，要求更换氩气瓶，以避免在组装过程中，因保护气不够而无法使用手套箱。

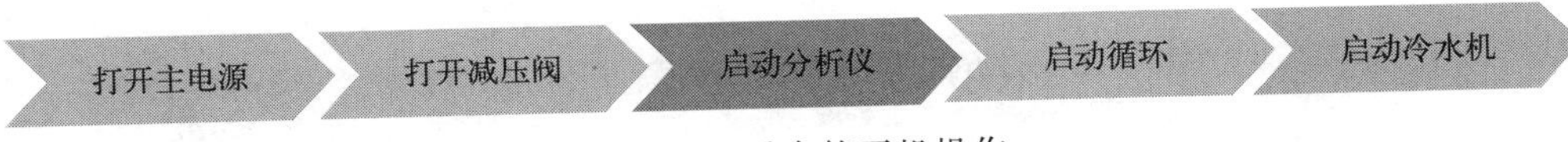

图 6.11　手套箱开机操作

（2）关机

关机操作依次包括关闭水氧分析仪、关闭循环、关闭真空泵、关闭冷水机、箱压补气、关闭工作气减压阀和主阀以及关闭电源开关七步，如图 6.12 所示。

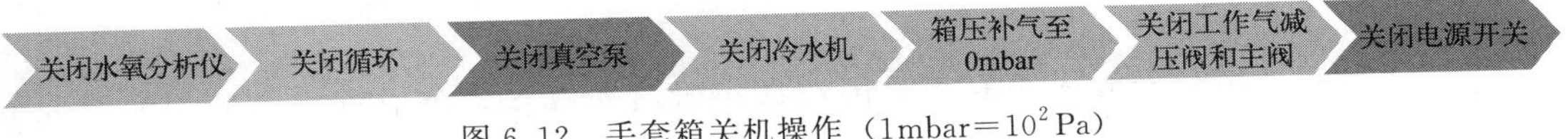

图 6.12　手套箱关机操作（1mbar＝10^2 Pa）

（3）清洗

清洗是指用工作气体（氩气）置换箱内的气体，箱内气体从手套箱顶上的清洗阀排出的操作。当出现以下情况时，需要进行清洗操作：①首次调试；②长时间未启用；③误操作，导致空气进入；④清除箱内挥发的电解液等有机溶剂。

清洗主要包括如下四个步骤，如图 6.13 所示。

第一步：确保工作气充足。工作气体为高纯氩气，至少保证 2 瓶高纯氩气。

第二步：关闭控制系统上的“循环”按钮。

第三步：开启清洗。

第四步：调整减压阀，设置压力为0.1～0.2MPa。

图6.13　手套箱清洗操作

“清洗”默认时间为30分钟，正常情况下，清洗30分钟会用完一瓶气体。本着节约的原则，当出现误操作后，可以设置5分钟或者10分钟的清洗时间，并关注水氧值的变化，当下降到“100ppm”以后，就主动关闭“清洗”，并开启“循环”，随后通过“循环”降低水氧值。

（4）再生

正常情况下，一般使用半年左右就要进行“再生”操作；或者说当手套箱中有空气漏入，导致水氧值一直偏高时，也要进行“再生”操作。“再生”的原理是在高温下，利用再生气中的H_2与净化柱铜触媒表面的氧化物发生氧化还原反应。再生气，即氢气和氩气的混合气（其中，氢气占比5%～10%）。一次再生操作至少需要1瓶再生气。

再生主要包括如下五个步骤，如图6.14所示。

第一步：连接再生气。

第二步：将减压阀副表压力设置为0.1MPa。

第三步：关闭循环和分析仪。

第四步：打开真空泵，并启动再生。

第五步：运行再生程序，再生所用的时间约20小时，分段进行，一般分段如下：加热3h—加热和通气3h—抽真空3h—抽补气1h—冷却10h。

图6.14　手套箱再生操作

再生操作中，需要注意三点：①再生过程中，尤其是前6小时，不能断电断气；②有些减压阀不准，需适当调节压力保证3小时持续通气；③保证再生气流量计显示20L/min，否则调整减压阀压力。

（5）物品放入手套箱

以镊子为例，将镊子放入手套箱，可选择小过渡舱操作，分成五个步骤，如图6.15所示。

第一步：给过渡舱补气，使得内外气压一致，补气结束后，仪表显示“0MPa”，然后调至“关闭”。

第二步：打开外舱门，将物品放入舱内，关闭外舱门。

第三步：抽气、补气各三次。抽气，实际就是对小过渡舱抽真空，抽真空后，仪表显示“−0.10MPa”；补气，实际就是清洗过程，刚刚已经介绍过，补气后，仪表显示“0MPa”。重复三次。这一步操作很重要，目的是确保过渡舱中的水和氧彻底排出。

第四步：打开内舱门，取出物品，关闭内舱门。

第五步：抽至负压状态后，调至“关闭”，放置待用。

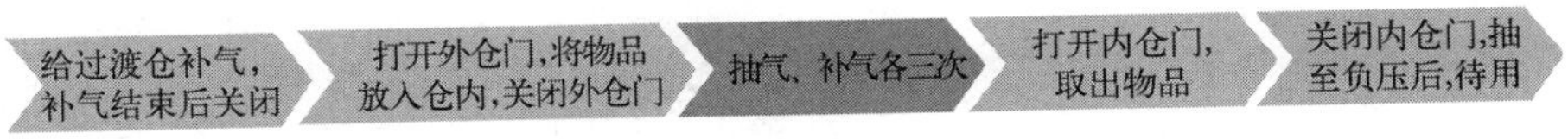

给过渡仓补气，补气结束后关闭 → 打开外仓门，将物品放入仓内，关闭外仓门 → 抽气、补气各三次 → 打开内仓门，取出物品 → 关闭内仓门，抽至负压后，待用

图 6.15　物品放入手套箱操作

需要说明的是，将物品放入手套箱的操作中，有两点注意事项：①禁止将抹布或纸巾等吸水性物质直接放入，放入前必须先在真空干燥箱中烘干，主要是因为只通过过渡舱的三次换气无法完全去除吸水性物质吸附的水和氧，这样会破坏手套箱的气体环境，导致水氧值超标，影响手套箱气氛；②禁止在负压下，试图强行打开内外舱门，以防对手套箱造成损坏；③送入的物品，如果是瓶装固体（非粉末），注意瓶子不能盖盖子。如果是瓶装液体或粉末，瓶盖要盖紧，而且要求瓶子至少能耐压－0.10MPa，防止抽真空时损坏瓶子，物品散落在过渡舱中。

（6）物品拿出手套箱

仍然以镊子为例，将镊子拿出手套箱，分成五步操作，如图 6.16 所示。

第一步：给过渡舱补气，补气结束后，关闭。

第二步：打开内舱门。

第三步：把镊子放入舱内，关闭内舱门。切记一定要确保关好内舱门。

第四步：打开外舱门，取出镊子，关闭外舱门。

第五步：抽气、补气各三次，抽至负压状态后，调至“关闭”，放置待用。

需要强调的是，如果接下来还要继续从手套箱取出物品，一定要“抽气、补气各三次”，然后才能打开内舱门。总之，一旦打开了外舱门接触空气后，如欲再打开内舱门，务必“抽气、补气各三次”，保证彻底排出过渡舱中的水和氧，否则，会影响到手套箱箱体的气体环境。

手套箱的日常操作

给过渡仓补气，补气后关闭 → 打开内仓门 → 把物品放入仓内，关闭内仓门 → 打开外仓门，取出物品 → 关闭外仓门，抽补气三次，至负压后，待用

图 6.16　物品拿出手套箱操作

6.3　扣式电池的制作

6.3.1　材料准备

在电池组装阶段，需要用的材料和试剂包括：负极壳、弹片、垫片、金属锂片、电解液、隔膜、正极壳和制备好的极片。这些材料和试剂需要在电池组装前，送入手套箱中待用。

① 正负极壳：正极壳较大，负极壳表面有网状结构且较小。如图 6.17 所示，是 CR2032 正负极壳。

图 6.17　CR2032 型号扣式电池正负极壳

扣式电池的命名

常用的扣式电池为CR2032、CR2025、CR2016等，C代表扣电体系，R代表电池外形为圆形。前两位数字为直径（单位为mm），后两位数字为厚度（单位为0.1mm），取两者的接近数字。例如CR2032意味着直径为20mm，厚度为3.2mm。

② 隔膜：隔膜的作用是防止正负极直接接触，否则将引发短路。这也就是为什么锂电池中要抑制锂枝晶的产生，目的就是为了防止其刺破隔膜，引起局部短路，而造成安全事故。隔膜一般采用聚乙烯等高分子材料，不导电，其结构中有许多微孔，允许锂离子通过。实验室所用隔膜一般为Celgard2400多层复合隔膜或者湿法PE隔膜，冲压成小圆片后使用，直径略大于正负极极片。

③ 锂片：锂片是扣式电池中的负极。要求使用的锂片纯度不低于99.9%，用于制备扣式半电池时通常采用直径为15～15.8mm、厚度为0.5～0.8mm的锂片。同时，要求锂片表面平直、银白色光亮、无油斑、无穿孔和无撕裂。负极片直径应该略小于负极壳直径，以CR2032为例，对应的锂片直径为15.8mm。金属锂在空气中极易氧化变质，遇水容易爆炸，因此，购买回来的金属锂片需要在手套箱中打开和存储。

④ 垫片：垫片是圆形的铝片，直径与锂片尺寸一样，其作用是防止内部材料变形，实验中，可以根据需求购买不同规格和厚度等的垫片。

⑤ 弹片：弹片的主要作用是支撑扣式电池，有利于电池内部接触紧密，防止松动。如果没有弹片，在压电池的步骤中会把电池压得很扁，内部组件可能被压坏。弹片一般只加在负极侧，如果正负极都加了弹片，在压电池步骤中，可能导致扣式电池不能封闭而失败。

⑥ 电解液：电解液一般由高纯度的有机溶剂、电解质锂盐、必要的添加剂等原料，在一定条件下、按一定比例配制而成。在组装实验室用扣式锂离子电池时，通常选择$LiPF_6$体系电解液［一般为浓度1mol/L的$LiPF_6$溶液，以EC/DEC为1∶1（体积比）的混合液作为溶剂］。

组装扣式电池的材料

6.3.2 扣式电池的制作工艺

在实验室组装的扣式电池，一般称为"半电池"，即只有正极片或者负极片。如果只有正极片或负极片，其组装顺序是：负极壳—弹片—垫片—锂片—隔膜—正或负极片—正极壳，其结构示意图如图6.18所示。

扣式电池组装次序主要有两种，可以从负极壳开始，也可以从正极壳开始，完全取决于个人习惯。以组装正极极片且从负极壳开始组装为例，介绍组装过程。

① 负极壳。用镊子取出负极壳，让其凹面朝上。

② 弹片。用镊子取出弹片，让其凹面朝上，以便撑起垫片。

③ 垫片。用镊子取出垫片，置于弹片上面。需要注意的是垫片有两面，一面光滑，另一面粗糙。应该让光滑面朝上，以防粗糙面刺穿接下来的极片，进而影响扣式电池性能。

④ 锂片。夹取锂片放置于电池壳正中。锂片半径稍小，应当恰好放于电池壳中间，这是最难的一步，必须一次成功。因为锂片和电解液、隔膜会产生黏附，如果放不准，调整非常困难。同样需要注意的是，锂片也有光滑和粗糙两面，光滑面朝下或者朝着隔膜的方向。目的是防止粗糙面刺穿隔膜，引起短路。

⑤ 电解液。用移液枪取一定量电解液滴在锂片上面，该过程以完整均匀地润湿电极片表面为目标。扣式电池组装时电解液的使用量通常为过量，根据经验，在扣式电池 CR2032 中电解液的使用量一般为 20～50μL。如需进行长循环测试，电解液的量进行适当增加。需要注意的是在润湿的过程中，枪头和电极片一定不能碰触。

⑥ 隔膜。夹取隔膜，覆盖锂片。这一步尤其要小心，不要使隔膜提前接触到电解液，应该将隔膜先对准电池壳边缘，缓缓退出镊子，均匀覆盖。值得注意的是裁剪的隔膜尺寸非常重要，一般来说，隔膜尺寸需大于金属锂片和待测极片以便隔离正负极片，通常与扣式电池壳的内径接近，如 CR2032 使用的隔膜直径为 15.5～16.5mm。

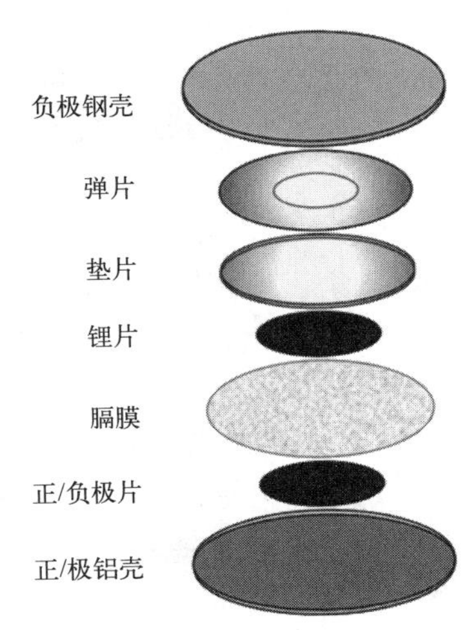

图 6.18　扣式电池组装结构示意图

⑦ 电解液。再次使用移液枪吸取约 20～50μL 的电解液，润湿隔膜表面。

⑧ 正极片。将制备好的极片置于隔膜上面，需要注意的是，活性物质朝下。

⑨ 正极壳。镊子夹取正极壳覆盖全部材料。

按上述顺序叠放完成后，用绝缘镊子将扣式电池负极侧朝上置于扣式电池封口机模具上，可用纸巾垫于电池上方以吸收溢出的电解液，调整压力（一般为 800Pa）压制 5s 完成组装制备扣式电池，用绝缘镊子取出，观察制备的外观是否完整并用纸巾擦拭干净。制备完成的扣式电池，需使用万用表进行检测，扣电的开路电压随着材料的不同而存在差异，如果电压过低则意味着内部出现短路，只有在正常电压范围内的扣式电池才可进行下一步电化学性能测试。

扣式电池的组装

课后作业

一、单选题

1. 当手套箱中有空气漏入，导致水氧值一直偏高时，则需要进行（　　）操作。

A. 循环　　B. 照明　　C. 清洗　　D. 再生

2. 手套箱触摸屏上的“循环”操作是指用（　　）提供动力，达到除水除氧的目的。

A. 风机　　B. 真空泵　　C. 过渡舱　　D. 探头

3. 下列中的（　　）可以直接放入手套箱中。

A. 未经真空干燥箱烘干的抹布　　B. 经真空干燥箱烘干的纸巾

C. 盖好的瓶装固体（非粉末）　　D. 未盖好的瓶装液体

4. 下列中的（　　）不属于碳基导电剂。

A. 乙炔黑　　B. 铜导线　　C. 导电炭黑　　D. 碳纳米管

5.（　　）是锂离子电池中重要的辅助材料之一，主要功能是将正负极活性材料、导电材料与集流体黏结在一起。

A. 黏结剂　　B. 导电剂　　C. 正负极材料　　D. 集流体

6.（　　）是把极片准确裁剪为圆形极片的过程。

A. 切片　　B. 辊压　　C. 涂布　　D. 混料

7. 负极集流体选择下列中的（　　）。

A. 金　　B. 银　　C. 铜　　D. 铝

8.（　　）的主要作用是支撑电池，有利于电池内部接触紧密，防止松动。

A. 垫片　　B. 弹片　　C. 隔膜　　D. 集流体

9. 关于隔膜、锂片和极片三者之间的直径关系，下列说法正确的是（　　）。

A. 隔膜＞极片＞锂片　　B. 隔膜＞锂片＞极片

C. 极片＞隔膜＞锂片　　D. 极片＞锂片＞隔膜

10. 组装扣式电池涉及以下操作，①负极壳，②弹片，③垫片，④锂片，⑤隔膜，⑥极片，⑦正极壳，按照叠放先后顺序，正确的是（　　）。

A. ①②③④⑤⑥⑦　B. ①③②④⑤⑥⑦　C. ①②③⑥⑤④⑦　D. ⑦②③④⑤⑥①

二、多选题

1. 锂离子电池的应用领域包括（　　）。

A. 电子消费品　　B. 交通工具　　C. 储能领域　　D. 电动玩具

2. 使用手套箱前必须做好的两个检查是（　　）。

A. 高纯氩气瓶的气量是否充足　　B. 水氧值是否正常

C. 空调是否打开　　D. 湿度是否正常

3. 制备极片需要用到的材料主要包括（　　）。

A. 正负极材料　　B. 导电剂　　C. 黏结剂　　D. 正负极集流体

4. 下列中的（　　）属于水系黏结剂材料。

A. 丁苯橡胶　　B. 聚丙烯酸　　C. 聚丙烯腈　　D. 聚丙烯酸酯

5. 混料是将（　　）按照一定的比例均匀混合的操作。

A. 活性材料　　B. 导电剂　　C. 黏结剂　　D. 集流体

三、判断题

1. 扣式电池可以不在真空手套箱中完成组装。（　　）

2. 手套箱的主要作用是提供高洁净和高纯度的惰性气体环境。（　　）

3. 过渡舱抽真空后，仪表显示“−0.10MPa”，此时可以打开舱门。（　　）

4. 为了方便，抽气和补气过程可以只重复一次就打开内舱门。（　　）

5. 一旦打开了外舱门，如欲再打开内舱门，务必“抽气、补气各三次”，保证彻底排出过渡舱中的水和氧。（　　）

6. 正负极材料一般为粉末状，但是对粉末颗粒尺寸没有要求。（　　）

7. 黏结剂在锂离子电池中所占比重越多越好。（　　）

8. 聚偏氟乙烯可以在水中溶解。（　　）

9. 锂离子电池的质量与极片品质关系不大。（　　）

10. 制作极片时，导电剂的量越多，导电性越好，对锂离子电池能量密度具有积极的意义。（　　）

11. 极片干燥时，温度越高，干燥时间越短，效果越好。（　　）

12. 压实密度的大小对锂离子电池的容量与首效影响不大。（　　）

13. 锂离子电池极片的直径要求小于锂片的直径。（　　）
14. 聚偏氟乙烯一般作导电剂使用。（　　）
15. 铜箔可作正极集流体。（　　）
16. 无论是正极极片，还是负极极片，如果组装扣式半电池，工艺基本类似。（　　）
17. 极片的直径应该小于隔膜的直径。（　　）
18. 无论是与正极极片组装半电池，还是与负极极片组装半电池，锂片都相当于电池的负极。（　　）
19. 隔膜的尺寸可以小于金属锂片或极片。（　　）
20. 扣式电池的组装必须在手套箱中进行操作。（　　）
21. 组装扣式电池也可以使用金属材质的镊子。（　　）
22. 扣式电池的组装，必须从负极开始。（　　）

四、填空题

1. ______是组装电池的工作环境。
2. 气体净化系统主要由______和循环风机组成。
3. 组装扣式电池的手套箱中，使用的惰性气体是______气。
4. 给过渡舱补气，当补气结束后，仪表显示______ MPa。
5. 如果出现粉体团聚等现象，可将正负极材料经过______并过筛后再使用。
6. ______是电池正负极片重要的组成部分，主要作用是在极片中构建电子连通网络，将正负极活性材料与集流体导通。
7. 考虑到成本、导电性及分散加工性等因素，______是目前使用最为广泛的导电剂。
8. 根据溶剂的类型，黏结剂主要分为______系与水系两大类。
9. N-甲基吡咯烷酮，可以缩写为______。
10. ______的作用是承载活性物质，同时，将电池活性物质产生的电流汇集起来以形成较大的电流对外输出。
11. 锂离子电池极片的正负极集流体分别为______箔和______箔。
12. 极片的制备主要可以分成混料、______、干燥、辊压和切片五个工艺步骤。
13. 配制活性物质与导电剂和黏结剂比例的关键在于活性物质的______。
14. ______是指均匀地把上述混料后的浆料涂抹到相应的集流体上的过程。
15. 辊压的目的是使极片达到一定期望的______。
16. 极片是制作扣式电池最重要的一个环节，包括正极极片和______极片。
17. ______的作用是防止内部材料变形。
18. 刚购买回来的金属锂片需要在______中打开和存储。

五、主观题

1. 简述一下手套箱的工作原理。
2. 简述把镊子放入手套箱的操作步骤。
3. 对极片进行辊压处理的作用是什么？
4. 一个合格的极片应该具备的条件是什么？
5. 极片制备的主要工艺是什么？

第7章

圆柱形锂离子电池制备

知识目标

掌握圆柱形锂离子电池的结构；
掌握制备圆柱形锂离子电池的工艺流程。

能力目标

能够理解每一步工序的概念和作用；
能够掌握每一步工序操作所需设备以及工艺流程。

圆柱形锂离子电池（简称圆柱电池）是最早商业化的锂离子电池，20世纪90年代由日本索尼公司率先推向了消费类电子市场。索尼公司当时为了节省成本，制定了一种标准型号的圆柱电池，即18650型圆柱电池，其中，18指的是电池直径为18mm，65表示电池高度为65mm，0代表圆柱电池。

随着新能源汽车产业的发展，圆柱电池的应用领域从消费类电子产品逐渐拓展至电动汽车领域。美国著名的新能源汽车公司特斯拉（Tesla），有一款Model S型电动汽车共使用了7104颗18650型圆柱电池，其模组拆解图片见图7.1。相比于软包与方形锂离子电池，圆柱电池尺寸较为固定，生产设备与工艺成熟，电池一致性较好，生产效率高，成本低，并且圆柱电池由于单体电池较小，尺寸统一，在组成模组时相对灵活，主要应用于家用直流电动工具、小型电动二轮车与移动电源等领域。也正是受限于圆柱电池钢壳的尺寸，其集成度无法像软包锂离子电池那样高，同时单体圆柱电池容量也存在一定限制，钢壳结构件重量较大，一定程度上影响了能量密度。

为了提高单体圆柱电池的容量和能量密度，Tesla与日本松下公司合作开发了21700型圆柱电池，体积为18650型圆柱电池的1.47倍，在相同的电池材料与设计条件下，21700型相比于18650型单体容量提高了35%～40%；相同电量下，即每Wh能量所需要的21700型圆柱电池数量比18650型圆柱电池少33%，因此，所需要的结构件与壳体更少，同时提高了生产效率，降低了综合成本。2020年9月，Tesla在电池日活动上又发布了最新的46800型圆柱电池，并在2022年正式投产。46800型电池相比21700型电池的容量提升了5倍，输出功率提升了6倍，每kWh的成本降低14%。

图 7.1　Tesla Model S 电动汽车电池包拆解图

7.1 圆柱电池结构

圆柱电池是一种以一定尺寸的圆柱形钢壳或铝壳进行封装的锂离子电池，整体结构大体可分为外壳（钢壳或铝壳）、卷芯与帽盖等三大组成部分，结构示意图如图 7.2 所示。其中，卷芯由正极片、负极片与隔离膜所卷制而成，极片铝箔与铜箔上焊接有极耳，通过焊接连接帽盖与钢壳壳体，构成了电池的正负极。

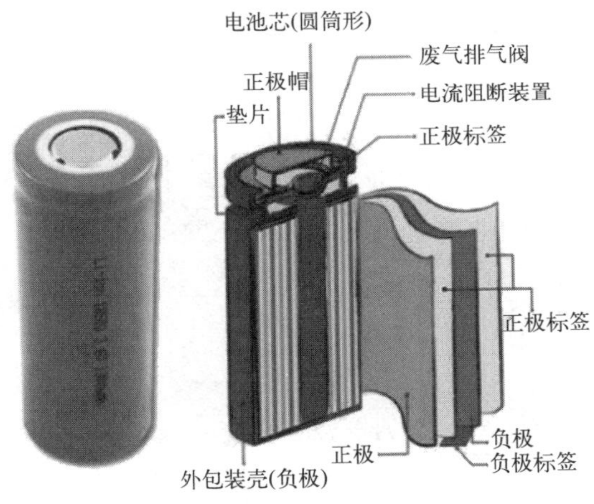

图 7.2　圆柱电池结构示意图

7.2 圆柱电池制备工艺

圆柱电池的生产工艺流程可大体分为前工序、中工序、后工序三个部分，具体的生产工序如图 7.3 所示。

前工序的主要作用是将正负极材料与集流体（铜箔、铝箔）加工成具有一定涂布重量与尺寸（长度、宽度与厚度）的正负极极片，包含正负极搅拌制浆、涂布、辊压与分条等重要工序。前工序制成的活性材料与电极片质量对锂离子电池的性能、品质与一致性等方面具有至关重要的影响。通常来讲，品质优良的电极片具有较好的均匀性与外观，这就意味着正负极浆料配方中各类材料在极片中分布均匀，没有明显的团聚，在微观状态下具有良好的电子传输通道和离子传输通道。辊压后极片厚度与极片长度、宽度方向一致性较高，极片外观没有明显的亮点、凹坑等缺陷。分切后的极片没有掉粉，极片边缘没有出现毛刺等隐患。

名词解释：电池极片

锂离子电池中参与电化学反应的正负极活性材料与辅助材料（包括导电剂、黏结剂、添加剂等）在溶剂中混合分散均匀后，以薄膜的形式附着在薄集流体（铜箔、铝箔）上，并干燥后得到的薄膜电极，称为电池极片。

中工序的主要作用是将前工序制好的极片与隔膜卷绕成卷芯后装入壳体，注入电解液，密封形成完整的电池结构。中工序包含卷绕、入壳、点底焊、滚槽、烘烤与注液、正极耳焊接与封口等工序。中工序中卷绕、焊接与装配的品质，异物与水分的控制对电池性能有重要的影响。

后工序是圆柱电池进行首次充放电与活化的重要电池工序，包含电池化成、静置与分容等主要工序，是电池具有电化学活性、容量、首效等性能指标的关键工序。

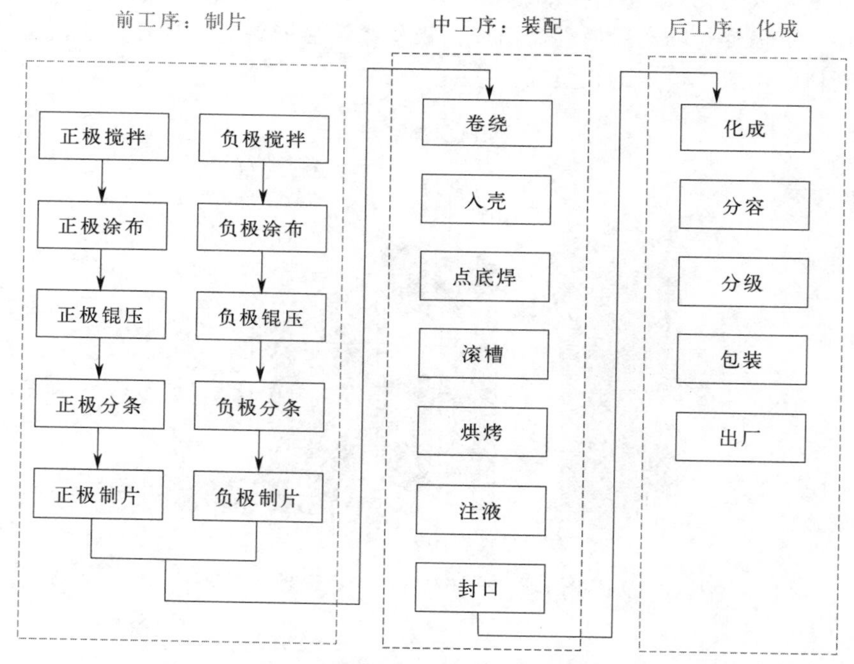

图 7.3　圆柱电池生产工艺流程图

7.2.1　搅拌制浆

圆柱电池生产工艺流程中，极片的制作是最前端的环节，同时也是最重要的环节。电极浆料的搅拌对极片乃至电池的性能影响较明显。搅拌是电池制备的第一道工序，目的是制备出均匀分散且稳定性高的活性材料浆料，以满足涂布工序的加工要求。搅拌过程的本质就是使物料趋于均质化的过程。在圆柱电池制造中，浆料搅拌是将活性粉体材料、导电剂、黏结剂以及添加剂等按照一定比例和顺序，同溶剂一起加入到搅拌设备中，在机械力的作用下，形成均匀稳定且适合涂布的固液悬浮体系。通常活性物质占总固体重量的绝大部分，一般在 90%～98%之间；导电剂和黏结剂的占比较少，根据不同主材分体特性（如导电性、颗粒度等），适当进行调整，一般在 0.5%～5%之间。

从宏观上看，搅拌制浆是通过搅拌设备产生的翻动、揉捏、剪切等机械混合力的作用，将极片配方中的各种材料在溶剂中逐渐润湿后分散，最终形成稳定的、适合涂布的悬浮溶液。物料在搅拌过程中，通常伴随复杂的物理与化学变化，是一种传质与传热的物理过程，在混合过程中也有部分化学反应发生，原则上要避免一些不可逆副反应发生。此外，浆料除了宏观上达到均质，微观上也要达到相对均匀。从微观上看，搅拌制浆过程通常包括润湿、分散和稳定化三个主要阶段，如图 7.4 所示。其中，润湿阶段是使溶剂与粒子表面充分接触的过程，将粒子团聚体中的空气排出，并由溶剂来取代的过程，这个过程的快慢和效果一方面取决于粒子表面与溶剂的亲和性，另一方面与制浆设备及工艺密切相关。分散阶段则是将粒子团聚体打开的过程，这个过程的快慢和效果一方面与粒子的粒径、粒子之间的相互作用力等材料特性有关，另一方面与分散强度及分散工艺密切相关。稳定化阶段是将高分子链吸附到粒子表面上，防止粒子之间再次发生团聚的过程，这个过程的快慢和效果一方面取决于材料特性和配方，另一方面也与制浆设备及工艺密切相关。需要特别指出的是，在整个制浆过程中，并非所有浆料都是按上述三个阶段同步进行的，而是会有浆料的不同部分处于不同阶段的情况，比如一部分浆料已经进入稳定化阶段，另一部分浆料还处于润湿阶段，这种情况实际上是普遍存在的，这也是造成搅拌制浆过程复杂性高、均匀性和稳定性不易控制的重要原因之一。

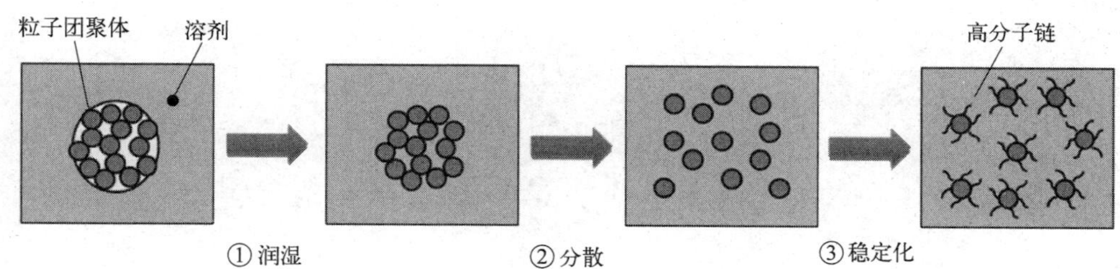

图 7.4　微观状态下搅拌制浆的三个主要阶段

行星搅拌机是国内外在锂离子电池搅拌制浆上普遍采用的传统搅拌设备，其搅拌桨与搅拌运动如图 7.5 所示。行星搅拌机利用行星齿轮产生的公转和自转，利用动力源带动搅拌轴沿着料桶釜圆周方向公转而搅拌框自转；另外，行星轴空心结构，通过机械传动使高速分散盘也沿圆周方向公转和自转，使物料上下及四周流动，从而可以在很短时间内达到混合效果，适合高黏度、高密度的物料溶解、混合、混炼、聚合等。目前行星搅拌机的主要厂商有：美国的罗斯，日本的浅田、井上，国内的红运机械等。行星搅拌机的技术已经非常成熟，国内外厂家的技术水平没有明显差异。

在行星搅拌机中，物料被搅拌桨作用的时间存在概率分布（概率式搅拌分散），要保证所有物料充分混合和分散需要很长的搅拌时间（通常需要 3～4 小时，甚至更长时间）。由于原理上的限制，行星搅拌机的制浆时间难以进一步缩短，其制浆效率比较低，单位能耗比较高。针对这一问题，一些厂家推出了新型的制浆工艺和设备，其中德国布勒推出的以双螺杆

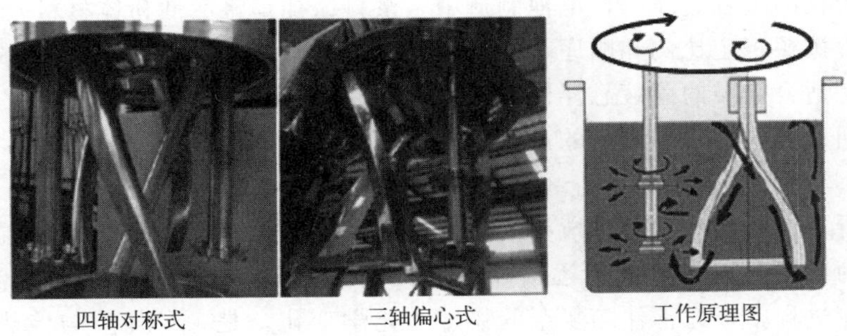

图 7.5 行星搅拌机搅拌桨结构与工作原理图

挤出机为核心设备的连续式制浆系统引起了广泛关注。双螺杆制浆机在螺杆的不同部位投入粉体和液体，通常将活性材料和导电剂的粉体投入螺杆的最前端，在螺杆的输送作用下向后端移动并在混合元件的作用下进行粉体的混合，然后在螺杆的后续部位分多次投入溶剂或者胶液，并在各种不同的螺杆元件的作用下实现捏合、稀释和分散等工艺过程，到螺杆末端输出的就是成品浆料，整个过程如图 7.6 所示。

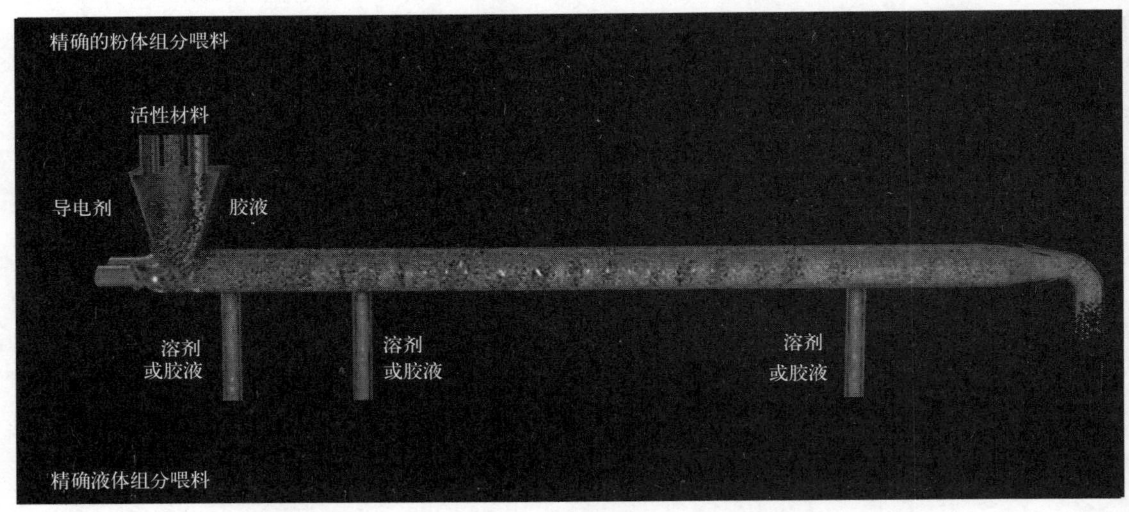

图 7.6 双螺杆制浆机的制浆过程示意图

在锂离子电池固液体系中，对搅拌结果产生影响的有如下几个因素：

① 溶剂的物理特性。包括溶剂的密度、黏度及同固体粉料的浸润性等。

② 固体的物理特性。包括粉体密度、粒径、几何形状如球形度、比表面积与团聚性等。

③ 固液配比。包括不同固体的配比以及固液占比。

④ 设备几何参数。槽径、槽底几何形状、搅拌器的形状与尺寸、搅拌叶片个数、有效剪切区域大小等。

⑤ 搅拌工艺条件。搅拌器的转速、搅拌时间、搅拌温度与液体流型等。

圆柱电池的正负极浆料配方主要包含活性粉体材料、导电剂、黏结剂、添加剂与溶剂。活性粉体材料即常见的正极材料与负极材料，例如磷酸铁锂、三元材料、石墨、硅基材料等；导电剂一般为导电炭黑（SP）及碳纳米管（CNT）等；黏结剂则包括正极浆料中使用的聚偏氟乙烯（PVDF）与负极浆料中使用的丁苯橡胶（SBR）等。正极材料通常为过渡金属氧化物，颗粒密度较大，具有一定碱性，部分遇水会失效，一般不用水作为溶剂；由于正极材料对 *N*-甲基吡咯烷酮（NMP）化学稳定性较高，能够较好地浸润导电剂与正极材料，且黏结剂 PVDF 在其中有较高的溶解性。因此，正极浆料一般使用 *N*-甲基吡咯烷酮（NMP）作为溶剂。负极材料为石墨或硅基材料等，对水稳定性较高，且密度较小，其浆料一般用水作为溶剂，在制浆过程中通常加入羧甲基纤维素钠（CMC）作为增稠剂和悬浮剂，提高负极浆料的黏度与稳定性。

正负极浆料搅拌工艺一般可分为常规搅拌工艺与干法捏合两种工艺，主要的区别在于常规搅拌工艺中，将黏结剂（正极浆料中的 PVDF 或负极中的 SBR）预先溶解在溶剂（正极浆料溶剂为 NMP、负极浆料为水）中，而干法捏合工艺则是将配方中各种粉体材料进行干混后溶解。干法捏合工艺整体工序更为简单，生产效率高且成本更有优势，但混料难度更大，对设备的要求较高。正极浆料常规搅拌工艺流程图如图 7.7 所示。

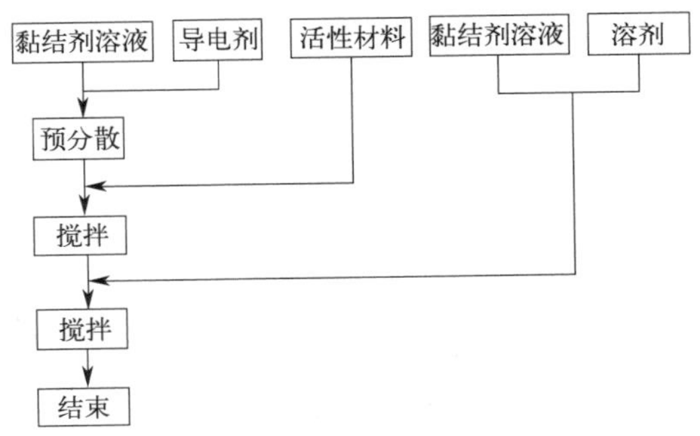

图 7.7　正极浆料常规搅拌工艺流程图

首先将黏结剂溶解在溶剂中，配制成黏结剂溶液。将导电剂粉末加入稀释好的黏结剂溶液中，进行导电剂分散。导电剂通常颗粒较小，比表面积较大，需要强力的剪切作用。分散完成后，一般通过测试浆料中的颗粒大小分布来判断导电剂分散情况。导电剂分散完成后，加入活性物质，根据活性物质的特性，可以一次性全部加入，也可以分多次间隔加入。

负极浆料的常规搅拌工艺如图 7.8 所示，负极浆料同正极浆料工艺的差异在于，在分散导电剂时，使用 CMC 的水溶液作为增稠剂进行分散。最后，加入黏结剂溶液与溶剂，调整浆料的黏度。在常规搅拌工艺基础上，通过取消黏结剂预溶解而直接混合固体粉末的方式，提高了生产效率而降低了成本。

正极浆料和负极浆料的干法捏合工艺流程分别如图 7.9 和图 7.10 所示。负极浆料干法捏合工艺同正极浆料的不同之处，在于干混工序中多使用了 CMC 作为增稠剂，整体工艺路线同正极浆料类似。

正负极浆料搅拌工艺，关键过程控制点包括搅拌机转速、搅拌时间、搅拌温度及配方等。搅拌机转速是搅拌机工作的基本参数，通常满足固体悬浮的最低搅拌速度，称之为固体悬浮临界搅拌转速。临界搅拌转速与固液密度差、液体黏度、固体浓度、固体粒径与比表面积相关，与搅拌罐几何形状也有关。搅拌过程中，搅拌桨摩擦会产生热量，对搅拌罐中的温度需进行控制，如果搅拌罐中的温度过低，不利于分子扩散，影响分散效果；如果温度过高，部分黏结剂等高分子有可能发生交联反应或分解，导致黏结效果变差。另外要监控浆料的 pH 值，酸性较高的正极浆料有可能与铝箔界面发生反应增加电池内阻，对于碱性较高的正极（如高镍三元正极材料）浆料，高温搅拌更易发生凝胶的现象。搅拌时间决定着搅拌工

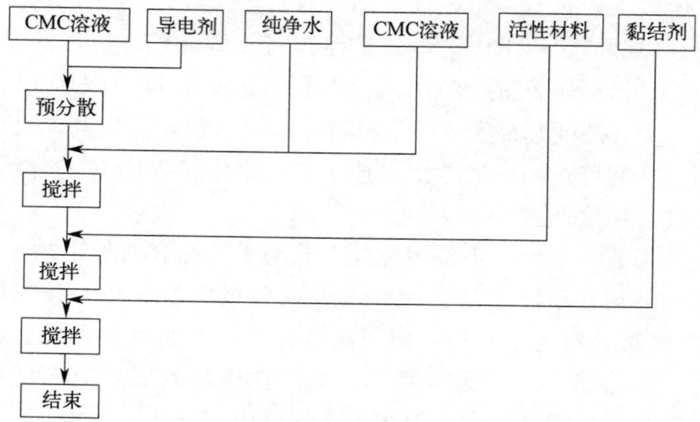

图 7.8　负极浆料常规搅拌工艺流程图

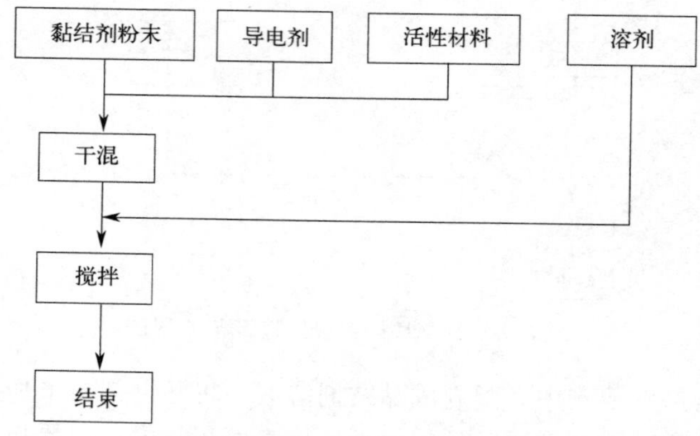

图 7.9　正极浆料干法捏合工艺流程图

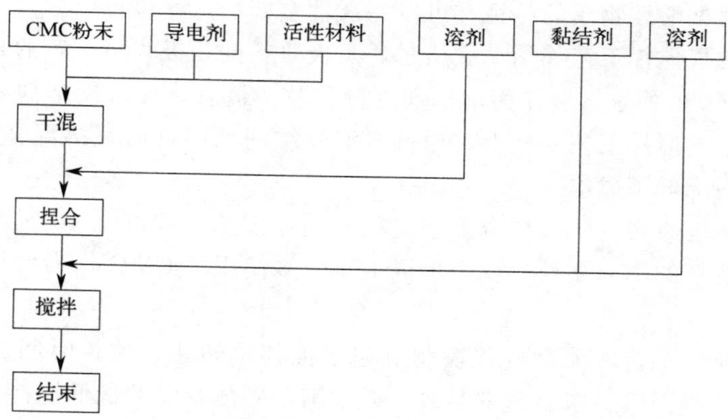

图 7.10　负极浆料干法捏合工艺流程图

序的产能，为了获得均匀的分散效果，针对不同设备型号及材料种类和特征所需要最低限度的搅拌时间有所差异。通常来讲，搅拌时间越长，浆料均匀性越高，但达到均匀分散的效果后，继续搅拌会增加能耗且降低产能。在相同的搅拌工艺条件下，浆料中各种物质的比例以及特性对浆料的稳定性与分散具有较明显的影响。例如：若黏结剂比例过低，会导致分散好的浆料稳定性低，易发生沉降；若黏结剂比例过高，浆料黏度较大，涂布难度更高。再例如：当正负极主材粉体颗粒小，比表面积过大时，搅拌更易发生团聚，分散难度更大。

对于搅拌后形成的正负极浆料，通常会通过如下几方面对浆料性能以及涂布加工性进行评估。

① 浆料黏度：浆料黏度过高或过低都会对涂布速度与均匀性产生一定影响，不同特性的正极与负极材料黏度会有一定差异，一般来讲，粒度较小、比表面积较大的粉体材料，浆料黏度通常会高一些。正极浆料一般控制在 3000～30000mPa・s 之间，而负极浆料通常控制在 1000～15000mPa・s 之间。

② 固含量：浆料在一定条件下烘干，剩余物质质量占总质量的百分比。固含量与浆料黏度具有一定相关性，通常固含量高的浆料，黏度偏高。过高的固含量导致浆料黏度过高，对涂布加工负面影响较为明显。固含量过低，一定程度上影响涂布效率与产能。通常来讲正极浆料固含量在 50%～80%之间，负极浆料固含量在 40%～60%之间。

③ 颗粒度：浆料的颗粒度取决于配方中不可溶固体粉末的粒度，一般来讲，浆料的颗粒度要接近活性材料的颗粒度。搅拌后均匀的浆料通常要进行过筛，防止浆料中团聚大颗粒及加工时引入的异物等，在涂布后留在极片表面，导致极片外观异常。一般来说，正极浆料需顺利通过 150～300 目的筛网，负极浆料需通过 100～200 目的筛网。

④ 稳定性：主要表征浆料在静置过程中黏度的稳定性，防止浆料在等待涂布过程中发生沉降与团聚等现象。对于正极与负极浆料，在中转罐内保持慢搅，保存时间一般超过 48 小时。稳定性主要通过黏度与外观的变化进行半定量判断。

⑤ 浆料的表面张力：特别是与基材形成的接触角的大小直接影响涂布边缘的厚度。

名词解释：缓存罐（中转罐）

缓存罐的作用是当浆料搅拌完成后，转移至涂布工序时，起到缓存浆料的作用。为了防止浆料在缓存时发生沉降，通常缓存罐中存在低速搅拌设备。缓存罐特别适用于黏稠物料的慢速搅拌。

搅拌后分散均匀且稳定的正负极浆料，储存在缓存罐（中转罐）中进行慢速搅拌，防止其沉降，等待进行下一步涂布工序，这个过程一定要防止电机工作中产生的热量通过搅拌桨传递给浆料。

7.2.2 涂布

涂布工艺是将具有活性材料的浆料涂覆在集流体箔材上的一道工序，如图 7.11 所示。

涂布工序包含活性浆料（图 7.12）的准备、输送浆料并涂布、干燥得到成品的过程。在锂离子电池制备过程中，需要根据设计参数，对涂覆在集流体上的浆料质量进行控制。极片涂布对锂离子电池的容量、一致性、安全性等具有重要的影响。

涂布均匀性是用来评价一个区域的整体涂布状况。但在实际生产中，往往更关心在铜铝箔横向和纵向两个方向上的均匀性。所谓横向均匀性，是指在涂布宽度方向（或机器横向）上的均匀性。所谓纵向均匀性，是指在涂布长度方向（铜铝箔行进方向）上的均匀性。横向和纵向涂覆误差的大小、影响因素及控制方式都有很大的不同。一般情况下，涂布宽度越大，横向均匀性就越难控制。根据涂布实际经验，当铜铝箔宽度在 800mm 以下时，横向均匀性通常都很容易保障；当铜铝箔宽度在1300～1800mm时，横向均匀性常常能控制好但有一定的难度，需要相当专业的水准；而当铜铝箔宽度在2000mm以上时，横向均匀性的控制有非常大的难度，只有极少厂家能处理好。而当生产批量（即涂布长度）增加时，纵向均匀性就可能成为比横向均匀性更大的难点或挑战。

图7.11 涂布工艺

图7.12 活性浆料

从涂布设备的角度分类，可计量式的涂布工艺分为后计量式涂布与预计量式涂布。后计量式涂布的特点是机械系统较为简单，涂膜厚度由浆料流变性与机械系统本身所决定，无法用精确的函数关系来决定涂层量与厚度。浸沾式涂布、刮刀式涂布、滚筒式涂布、凹版印刷、丝网印刷均属于后计量式涂布。预计量式涂布，则以喷射涂布、淋幕式涂布与挤压涂布为代表，技术特点在于其涂膜厚度由输液系统决定，可以通过涂布速度与流体流量等参数，计算出涂膜量，方便做精密的控制。

涂布工序的重要功能是将搅拌均匀的浆料涂覆在集流体（铜铝箔材）上，涂布的质量对锂离子电池容量、内阻、循环寿命甚至安全性能等均有重要的影响。锂离子电池正负极浆料的涂布有如下特点：①双面单层涂布；②浆料湿涂层较厚（80～300μm）；③浆料为非牛顿型高黏度流体；④极片涂布精度要求高，和胶片涂布精度相近；⑤涂布载体为厚度5～20μm的铝箔和铜箔；⑥极片涂布速度不高，需不断提高涂布速度以提高产能降低成本。

针对上述特点，正负极浆料涂布工序使用的设备中，最主要的有转移涂布与挤压涂布两种。

转移涂布和挤压涂布的比较

转移涂布的工作原理：当涂布辊转动带动浆料时，通过调整刮刀间隙来调节浆料转移量，并利用背辊或涂布辊的转动将浆料转移到基材上，按工艺要求，控制涂布层的厚度以达到重量要求，其涂布设备示意图如图7.13所示。涂覆完成后的极片，通过干燥加热除去平铺于基材上的浆料中的溶剂，使固体物质很好地粘接于基材上。

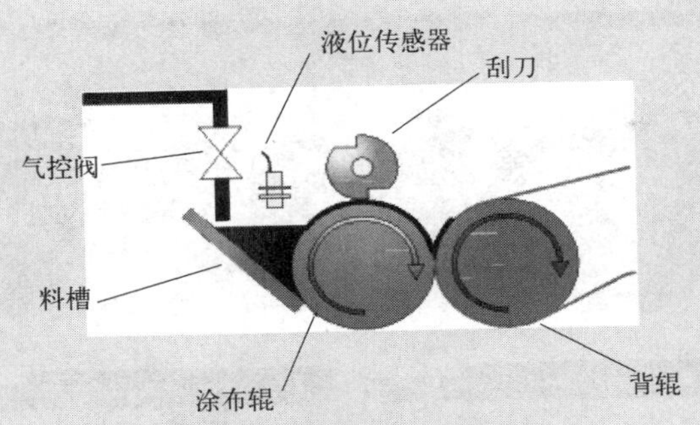

图7.13　转移涂布机结构图

转移涂布相对灵活，参数易于调节，更适用于实验或小规模试产设备。然而，转移涂布设备对涂布重量控制精度较差，一致性略低且涂布速度要远低于挤压涂布。另外，浆料在涂布时暴露在辊间的空气中，对加工环境的水分以及粉尘控制要求更高。

挤压涂布是指上料系统将浆料输送给螺杆泵，再将浆料动力输送至挤出头中，通过挤出形式将浆料制成液膜后涂布至移动的集流体上，经过干燥后形成质地均匀的涂层，其设备结构如图7.14所示。挤压涂布的核心是挤压涂布刀头腔体结构与浆料流变性的配合，挤压涂布头唇口间隙较小，浆料会受到较大流动阻力，浆料将会在腔体中进行填充，填充满之后再流经唇口涂覆在基材上。实际加工过程中，要求刀模变形尽可能小，目的是保证涂覆的一致性。

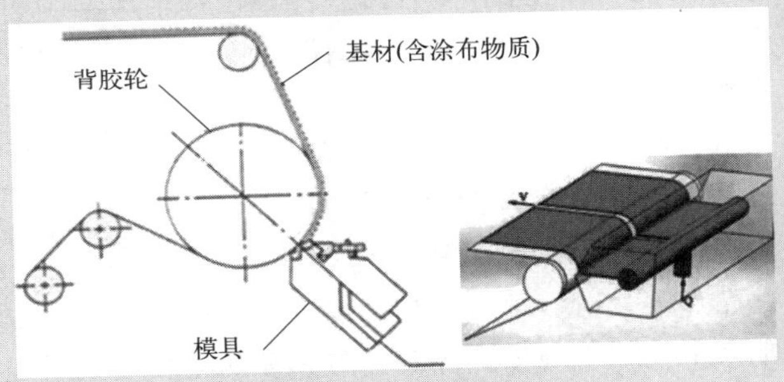

图7.14　挤压涂布机结构图

转移涂布利用刮刀间隙调节浆料涂覆量，而挤压涂布则在一定压力与流量下沿着涂布模具的缝隙挤压喷出在基材上。挤压涂布相比于转移涂布设备对涂布重量控制精度高且厚度均匀，涂布速度远远高于转移涂布。涂布浆料系统封闭，能避免环境中水分与异物的引入，且适用于高黏度与固含量范围大的浆料。整体上讲，挤压涂布相比于转移涂布具有更高的生产效率与更好的适应性，在锂离子电池工业化大规模生产中广泛应用。转移涂布的优点在于设备尺寸与生产规模较小、灵活度高，适用于实验或中试设备。

从涂布方式的角度分类，涂布可分为间歇涂布与连续涂布。采用间歇涂布方式集流体上会露出空箔材，连续涂布与间隙涂布如图 7.15 所示。通常在数码电池中，使用间隙涂布居多，而动力和储能电池多为连续涂布。

圆柱电池制备过程中，在集流体的正反面均涂覆一层浆料，工艺流程如图 7.16 所示。针对涂布工序，使用不同设备的控制参数有所差异，从涂布结果看，核心参数主要包括涂布重量、涂膜长度、涂膜宽度、间歇涂布头尾局部长度的厚度控制及涂布外观等。从品质监控的角度，在生产开始时的首件与生产过程中相关参数均需要进行检测。手工检测涂布重量，

图 7.15　连续涂布与间隙涂布示意图

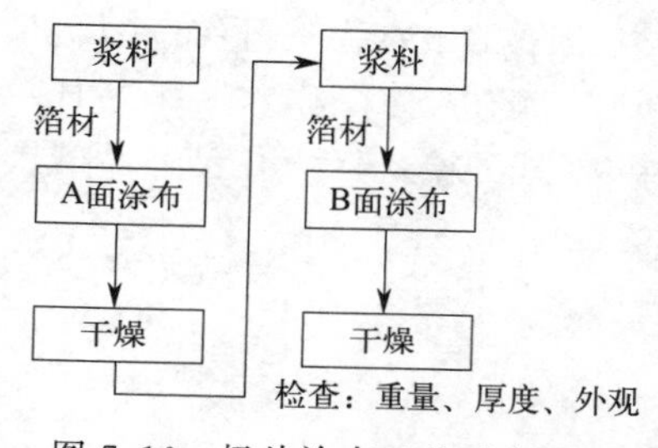

图 7.16　极片涂布工艺示意图

通常将涂布干燥后的极片，按照一定尺寸的模具在不同位置冲成小圆片，测量计算除去箔材的涂布膜片质量。涂布长度与宽度一般通过尺子进行测量。只有当首件的涂布重要参数符合设计参数的公差范围，才可进行后续连续化生产。在连续生产自动化设备中，为了监控涂布重量的变化，一般有在线监控系统，如 β 射线在线测重仪以及激光在线测厚仪等。极片的外观是衡量涂布重量重要的指标之一，通常品质优良的极片外观没有明显的凹坑、气泡、掉粉及裂痕等异常。如果外观存在明显的凹凸点、裂痕、黑斑、亮点等，对后续极片加工以及电池电化学性能以及一致性等均会产生较大的负面影响。通常来讲，如出现极片外观异常，需从正负极浆料配方、搅拌工艺、涂布后烘烤条件以及加工环境与设备洁净度等诸多方面排查原因。

涂布后烘烤是涂布工序关键过程之一，主要目的是将溶剂蒸发掉以获得干燥的电极片，其重要的过程控制参数有烘烤温度、烘烤时间以及风速等。原则上应优化烘烤条件，在尽量短的时间内将极片烘干，匹配满足涂布工序产能需求，同时降低能耗与成本。如果烘烤温度过低，无法获得较干燥的极片且影响产能；但是，如果烘烤温度过高或时间过长，配方中部分成分会存在分解失效的风险，也会影响配方中各组分在厚度方向的均匀性，还可能导致极片外观异常（开裂、掉粉等）。通常来讲，正负极浆料的烘烤温度一般会在 100℃以上，这个温度参数的设定综合考虑使用的黏结剂的交联温度、溶剂汽化温度以及尽可能防止溶剂和金属基材发生氧化反应等。与负极浆料（通常以水作为溶剂）烘烤工艺不同的是，正极浆料中溶剂为 *N*-甲基吡咯烷酮（NMP），一般会有（NMP）蒸气回收系统，一方面减少对环境的污染，另一方面能够循环利用降低成本。

7.2.3　辊压

辊压工艺是圆柱电池极片成型前十分重要的一道工序，利用两根粗辊与涂布后极片咬合后产生的摩擦力与正压力，使极片做垂直方向压缩与横向运动，辊压工艺示意图如图 7.17 所示。

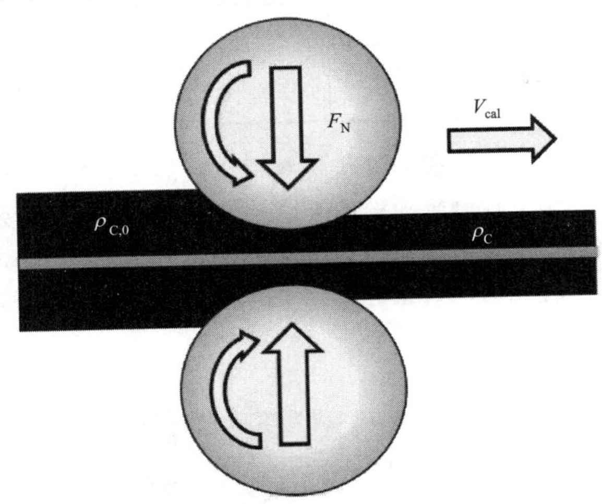

图 7.17　极片辊压工艺示意图

极片辊压工艺对圆柱电池制备以及性能有四个方面的作用。

① 低极片厚度，提升极片压实密度，进而为电池提供更多设计空间，从而提高电池能量密度；

② 提高活性材料与导电剂之间、电极片粉料与集流体之间的电子接触，有效提高电导率；

③ 提高电极片粉料与集流体间的黏结性，提高极片加工性能与电池寿命；

④ 提升极片压实密度，减小电池极片的膜片电阻，提高电池极片膜片电阻的一致性，进而提高电池极片电流密度分布一致性，增大电池的放电容量和放电倍率。

根据辊压工艺的加工方式差异，有如下三种分类方式：

① 从辊压次数上，分为一次轧制、二次轧制与多次轧制；

② 从加工环境温度上，可分为冷轧与热轧两种；

③ 从设备控制方式上，大体可分为恒压力轧制与恒间隙轧制。

上述几种辊压工艺的概述与优缺点如表 7.1 所示。

表 7.1　不同辊压工艺概述与比较

辊压工艺	概述	优点	缺点
一次轧制	只经过一次轧制	制造成本低	部分正极配方厚度反弹大，达不到设计的压实密度
二次轧制	部分负极片经过两次轧制	可减缓负极辊压后反弹大问题	制造成本增加
多次轧制	部分负极片经过大于两次的轧制	可减缓负极辊压后反弹大问题	制造成本增加，极少应用
冷轧	电极极片轧制时极片与轧辊均为常温状态	加工效率高，成本低	应力不易释放，薄极片品质低
热轧	电极极片预先被加热，轧辊为加热状态	应力释放容易，加工品质更高	设备投资、维护成本高
恒间隙轧制	通过辊隙尺寸来控制电极极片轧制时的厚度。通过施加在轧辊两侧的压力微调上、下轧辊辊隙		楔子会消耗轧制压力，增加轧制压力会加快轧辊与轴承座的磨损

续表

辊压工艺	概述	优点	缺点
恒压力轧制	没有楔子装置,通过压力控制电极极片轧制时的厚度		单一方式控制电极极片压实密度能力差

极片辊压工序一般使用双辊压机来操作，双辊压机的主要结构如图 7.18 所示，其主要结构由上下两个铸钢压实辊、控制辊隙的楔子以及液压缸三大部件所组成。将涂布干燥后的极片，固定在放卷机构后，将极片正确穿过双辊间隙，并连接收辊系统。当双辊压机工作时，电动机带动上下辊同时转动，收卷机构拉动极片稳步穿过上下辊间隙，达到设计所需的极片厚度和压实密度。

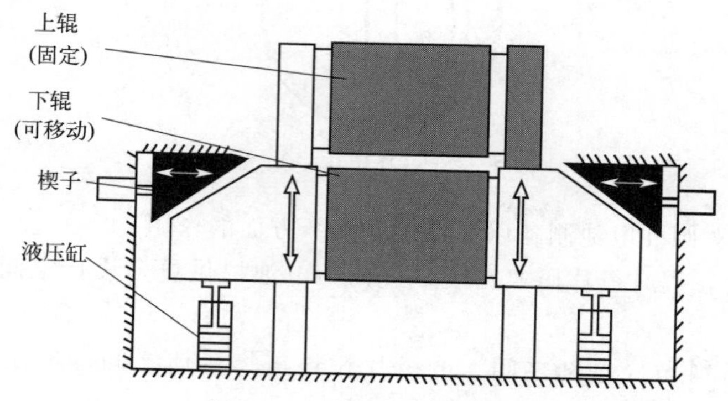

图 7.18　双辊压机结构图

双辊压机加工过程中，重点控制双辊间隙、压力、轧辊速度三个重要参数。双辊压机的辊隙主要由楔子装置进行控制，其结构原理示意图如图 7.19 所示。当楔子向左上方实线方向移动时，下方的模块将受到向下虚线方向的压力，该压力即为极片辊压力的来源。因此，若需减少辊隙，则向左移动楔子，即可减少辊隙。双辊压机的压力通常由液压或气压装置进行调节与控制，根据极片涂布方式的差异，通常有小间隙恒定压力与恒定间隙不同的辊压方式。针对动力电池产品极片连续涂布的方式，一般采用恒定间隙的辊压方式；针对数码产品电池等间隙涂布的极片，存在单双面错位涂膜区域，极片涂布重量存在周期性变化，采用小间隙恒定压力的方式更为合适。

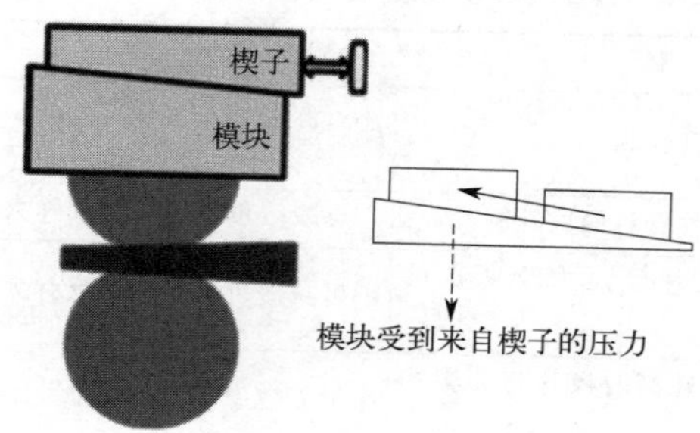

图 7.19　调节辊隙的楔子装置

经过辊压工艺处理的极片主要通过极片厚度、压实密度及外观来评估其品质。

极片压实密度指的是扣除箔材后涂膜区辊压后的密度，通常将极片冲成一定尺寸的极片，然后测量质量与厚度，计算出压实密度。不同种类的正负极主材的压实密度差异很大，同时，与配方也存在一定关系。在辊压工艺中，一般通过监控辊压后极片的厚度，对压实密度进行控制。部分辊压设备装有在线测厚装置，可对加工过程厚度的波动进行监控。

辊压工艺过程中，极片运动方向与辊压轧制受力方向垂直，在加工方向与垂直于加工方向，均存在使极片发生延展的张力。在涂膜区边缘，由于极片厚度的突然变化，空箔区域在辊压时没有受到轧辊作用力而未发生延展。当压实密度过大或涂膜厚度较大时，在涂膜边缘发生褶皱变形，严重时甚至出现断裂现象，如图 7.20 所示。

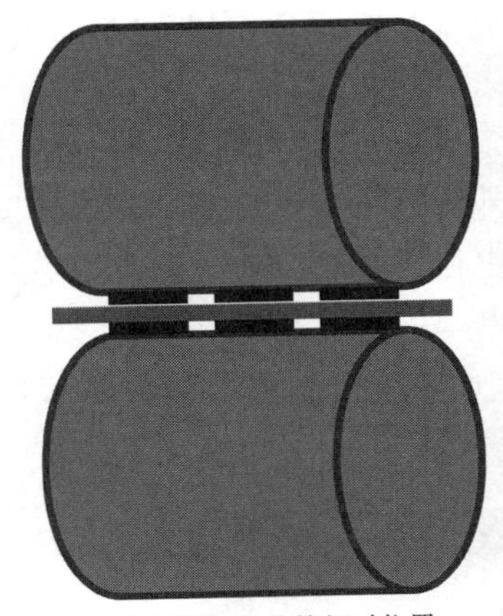

(a) 上下辊同极片的相对位置　　(b) 边缘发生褶皱变形

图 7.20　极片辊压涂膜

为了减少极片涂膜边缘辊压时因为延展力差异所发生的褶皱，一方面可通过设备上增加展平辊，利用展平辊工作时对箔材施加的拉力，减少或平衡涂膜边缘延展力的差异，改善边缘褶皱现象。另一方面，可通过涂布工艺，在涂膜边缘逐渐降低涂膜厚度，形成一段受力的削薄缓冲区，如图 7.21 所示。

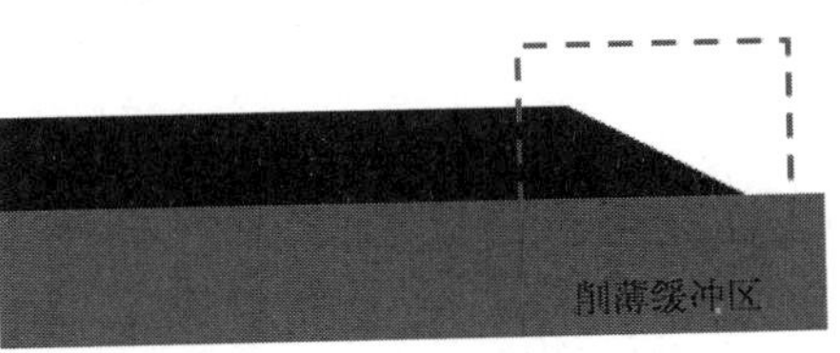

图 7.21　极片涂膜边缘削薄缓冲区示意图

为什么辊压后，负极片有反弹现象?

辊压后负极片反弹现象指的是在经过辊压后的负极片静置一段时间后，极片厚度有所增加的现象。

研究表明，负极配方中的黏结剂 SBR 含量越高，极片厚度反弹率越大，说明 SBR 的弹塑性变形是负极片辊压后反弹的重要原因。提高轧制时间，采用二次或多次轧制以及提高轧制温度等，均有利于减少负极片辊压后的反弹。

在消费类电子产品锂电池应用领域，随着体积能量密度的要求越来越高，提高负极片压实密度、降低辊压后反弹成为工艺发展的必然趋势，二次轧制工艺也逐渐得到推广与普及。

7.2.4 分条

分条工序是根据电池产品对电极极片设计需求，将辊压后的正负极极片裁切成设计的宽度。根据分条设备的差异，可分为机械剪切与激光切割两种，机械剪切是利用滚刀的剪切力对极片进行分切，其成本低，但分切时易产生金属颗粒与毛刺。激光切割是利用激光的能量将极片熔化，利用激光束与极片相对运动将极片切割，其毛刺小，且切割形状更灵活，但极片熔化产生的金属颗粒较难除去，设备成本与维护成本较高，且切割涂膜区和箔材区的激光参数差异较大。

分条工序主要通过刀模中切刀的间距来决定分条后极片的宽度，需对分条后的极片宽度进行监控与测试，判断是否符合设计要求。除此之外，分条工序需要对分条后极片的毛刺与金属颗粒进行严格控制。在锂离子电池中，当极片中存在膜片掉粉、颗粒与毛刺时，充放电过程中易形成微短路，导致锂离子电池较大的自放电，严重时会导致安全隐患。对锂离子电池极片毛刺与颗粒检测，通常使用光学显微 CCD 设备进行微观影像的观察与检测，常见的极片毛刺如图 7.22 所示。

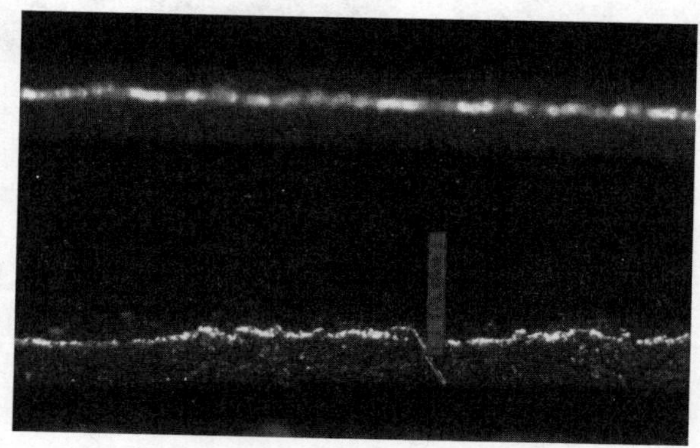

图 7.22　极片分条形成的毛刺（见彩插）

分条工序中造成极片中膜片掉粉与毛刺的原因很多，一般来讲，与分切刀模的刀头磨损情况、刀片的咬合精度以及极片分切时的张力，甚至加工环境等均有一定关系。在极片分条工序后，通常需进行极片除尘，一般使用吸尘刷等机械设备或静电除尘设备等对分切后的极片进行清洁。

7.2.5 制片

在圆柱电池制片工艺中，将分条后的极片进行裁片和烘烤，在极片集流体上焊接极耳后，制备出符合设计尺寸且满足卷绕加工要求的正负极极片。

烘烤是为了除去前面工序极片吸收的水分，当电池中的极片存在痕量的水分时，水分接触到部分活性材料，如正极材料或电解液中的锂盐等，会导致材料的失效与分解，进而影响电池的容量、内阻（以及寿命）等关键性能。

极片烘烤过程中，一般采用一定的真空度，同时控制烘箱内的温度。烘箱内的温度太低，将导致极片水分蒸发时间过长且不充分；但如果温度太高，极片中部分高分子有机物（如 PVDF、SBR 等）会发生分解。通常来讲，正负极极片烘烤温度在 90～120℃左右，在该温度范围内NMP与水分等溶剂能够快速挥发，同时保证极片配方中的材料不发生高温分解失活。

极耳焊接是将一定长度的极耳焊接在极片未涂布的空箔材区。极耳的主要功能是将正负极极片同电池正负极柱通过导电极耳相连接，打通正负极极片同外电路的电子通道。在圆柱电池中，同极片焊接的正极极耳一般为铝极耳，而负极极耳一般为镍极耳或铜镀镍极耳，主要有以下三点原因：①金属铝、铜或镍导电性较好，对电池阻抗影响较小；②同种材质由于晶体结构类似，焊接强度相对更高；③正极工作时电位较高，铜与镍易被氧化，虽然铝在高电位下会被氧化但会形成致密的氧化层阻止其进一步氧化；负极工作时电位较低，锂在铝极耳处易发生合金化反应。

极耳常见的焊接方式包括超声焊与电阻焊。其中，超声焊利用高频机械振动产生的能量，使焊接金属相互摩擦渗透达到焊接的目的，常见的超声焊结构如图7.23所示。超声焊工作效率高，且焊接牢固性较高，但由于其高频振动，对焊接物体的硬度要求较高。电阻焊则是利用电流产生的热效应使焊点与接头附近金属表面熔化达到焊接的目的。

极耳焊接的质量对电池阻抗会产生一定影响，当大倍率充放电时，焊接质量导致阻抗的差异会被放大。另外，焊点为电池整体结构强度相对薄弱的地方，当运输或使用环境有一定频率振动时，极耳会发生脱焊导致电池断路。

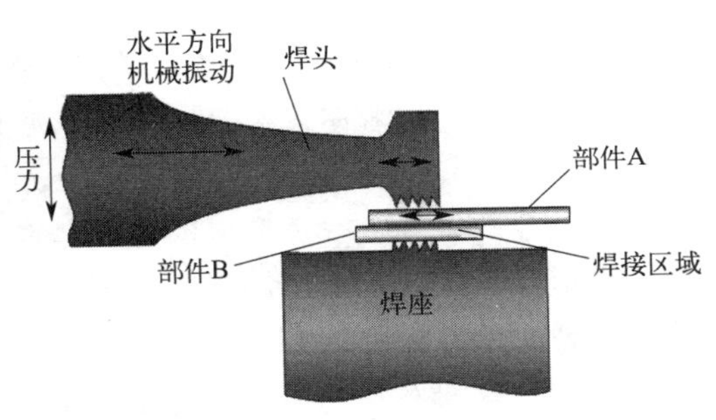

图7.23　常见超声焊结构示意图

7.2.6　卷绕

卷绕工艺是将正极、负极和隔膜按照螺旋形式卷合在一起，形成“负极-隔膜-正极”周期性交替排列的卷芯结构，以获取实现圆柱电池充放电电化学功能的极片结构。圆柱电池常见的卷芯结构俯视图如图7.24所示，在圆柱电池中，正极极片是锂离子的来源，为了避免充电时在电池内形成锂枝晶引发安全风险，在长度与宽度方向的负极涂膜区通常要大于正极涂膜区。此外，隔膜长度与宽度尺寸最大，层数基本为正负极极片层数的两倍，设计上要能够包裹住整个极片，避免正负极极片接触而发生短路。

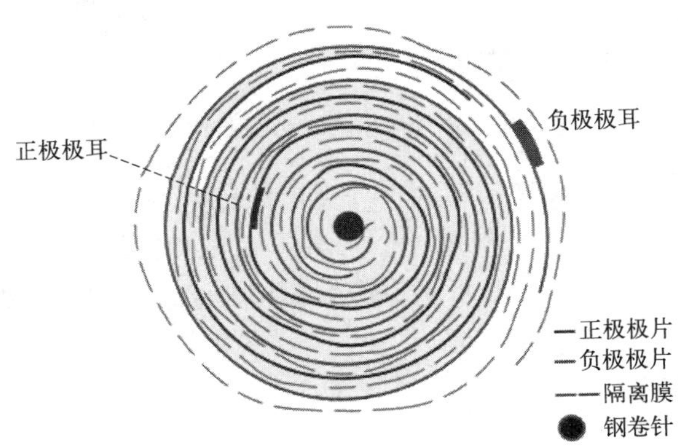

图7.24　圆柱电池卷芯结构俯视图（见彩插）

在自动化圆柱电池卷绕设备中，通常是极耳焊接与卷绕工序一体，当分切后的极片与隔膜大卷装载在卷绕机的放卷轴上时，极片与隔膜通过多个辊子，延伸至卷针附近，按照隔膜-负极-隔膜-正极的叠加顺序，包裹在圆柱形卷针表面，通过卷针的转动，形成达到设计圈数的裸电芯结构。最后，贴上胶纸对卷芯进行固定，完成单个卷芯的制作。常见的卷绕工艺流程图如图 7.25 所示。

卷绕工艺中，核心的控制要点包括卷绕张力、极片对齐度纠偏及收尾极片切断。卷绕张力过大或过小，导致卷芯卷绕后内部张力过大，极片界面出现不平或打皱，将影响电池寿命。正负极片只有按照设计的结构对齐，才能保证电流的均匀且不发生析锂等现象。极片切断的工序应避免出现金属颗粒与毛刺等现象，以降低电池出现短路等风险。

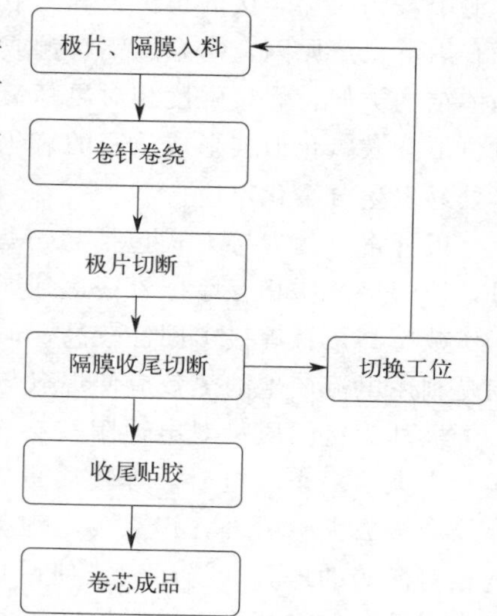

图 7.25 圆柱电池卷绕工艺流程图

通常对外观进行检测时，除了卷芯的形状及极片、隔膜的对齐度等，对于圆柱电池卷芯而言，还需要观察正负极耳相对位置与角度是否符合设计要求。除此之外，量产需通过 X 射线透射成像对卷芯或成品电池卷绕对齐度进行抽检，以判断卷绕是否出现品质异常。

卷绕是锂离子电池卷芯制成的一种方式，除此之外，还有叠片的方式。叠片形成的卷芯是厚度不大的长方体，受形状的限制，无法用于圆柱电池中，多用于软包或方形锂离子电池。

叠片与卷绕的差异在于，叠片是将极片按照设计尺寸裁切后，按照一层隔离膜、一层正极片、一层隔离膜与一层负极片周期性堆叠起来，达到一定层数后形成裸电芯，其结构示意图如图 7.26 所示。

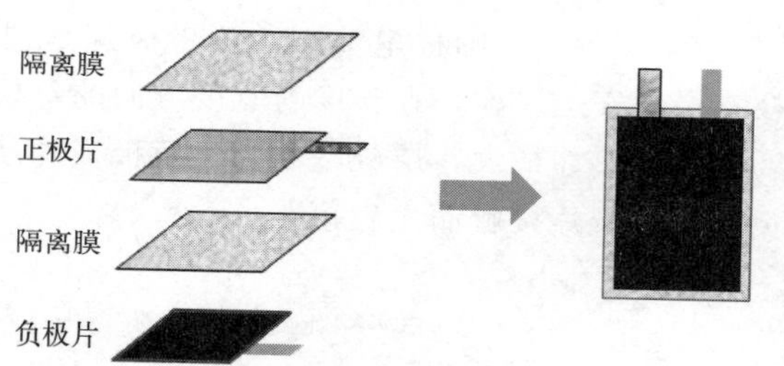

图 7.26 叠片裸电芯成型与结构示意图

相比卷绕，叠片工艺极片尺寸和形状更加灵活，极片张力更均匀，涂布重量可以更高，可提高单体电池能量密度。但其生产效率比卷绕小，且对堆叠精度控制要求更高，一致性难度较高；同时，过多的极片裁切，不可避免产生颗粒与毛刺，品质管理要求更高。

7.2.7 入壳与点底焊

入壳工序的主要目的是将卷绕好的卷芯装配至钢壳中，为了防止钢壳底部接触到正极片铝箔发生短路，通常将钢壳和卷芯之间垫上下垫片，下垫片留孔方便负极极耳同钢壳底部进行焊接，入壳工序示意图见图 7.27。

当卷芯装配进入钢壳壳体中后，由于负极极耳在壳体底部，无法通过超声焊接设备将极耳焊接在壳体底部，而电阻焊则可通过焊针穿过卷芯中间，将负极极耳同壳体底部连接，通过电流经过接触点产生的焦耳热，将接触点熔融并焊接成型，其电阻焊结构示意图如图7.28所示。

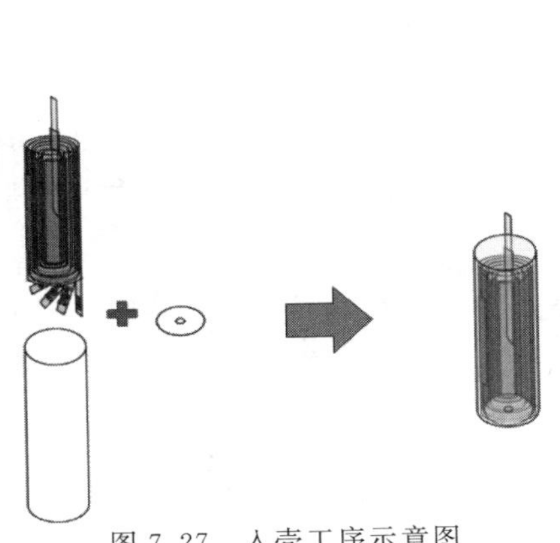

图7.27　入壳工序示意图

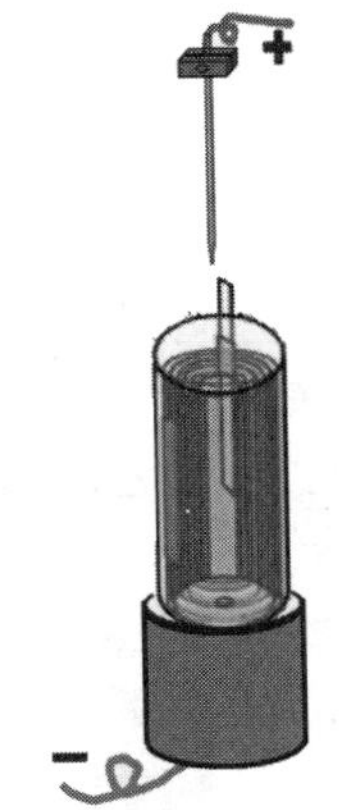

图7.28　负极极耳电阻焊结构示意图

圆柱电池点底焊设备主要包含焊接电源与加压点焊头及配套的焊接工装组件等几个重要组成部分，其实物图如图7.29所示。焊接电源是能量输出的关键组件，通常通过输出固定电流或电压进行焊接，焊接时输出的能量通过计数器等部件进行控制。焊接输出能量对焊接质量具有重要的影响，当焊接输出能量过低，其焊接强度无法满足要求，容易出现脱焊、虚焊等现象；若焊接输出能量较高，则易出现壳体温度过高而发生氧化，影响导电性，同时产生焊渣等颗粒，影响安全性。通常点底焊设备具有报警功能，当设备过电压、过电流及计数满等异常情况发生时能及时反馈。焊接时一般使用加压点焊头对焊点进行加压，一般压力范围在30～50kgf/cm^2（1kgf/cm^2≈98.067kPa）内，焊针运动距离则通过气缸行程进行控制。合适的压力对点底焊质量具有重要的意义，焊点压力大，其接触面积大，焊接更为牢固，但过大的压力易导致高温熔融状态下极耳发生变形；焊点压力过小则易导致焊接强度低等现象，影响焊接品质及稳定性。

入壳工艺在加工时，要注意负极极耳弯折时，能够压住绝缘垫片且盖住卷芯中心孔，但不要超出绝缘垫片。同时，保证下垫片装配在卷芯与钢壳底部之间。入壳后的裸电芯，主要通过外观进行检验，保证入壳后钢壳壳体没有划痕、撞伤等现象，同时卷芯中的隔膜没有划破等损伤。卷芯入壳后，要经过Hi-pot耐压绝缘测试，通常施加电压在200～500V的高压范围，当电阻大于一定阻值（圆柱卷芯通常为10～20MΩ），且未发生击穿时则认为卷芯入壳后绝缘性满足要求。

图7.29　负极极耳点底焊实物图

入壳后的裸电芯，通过电阻焊将负极极耳焊接至钢壳的底部。焊接过程中，注意焊针不要将卷芯隔膜刺破，同时要保证负极极耳与钢壳清洁、焊接能量充足以保证焊接牢固。通常来讲，主要的工艺控制点包括焊针压力、电流大小、焊接时间等。点底焊后的卷芯与钢壳的焊接效果，要通过拉力测试来判断焊接牢固性。

7.2.8 滚槽

滚槽是在圆柱钢壳靠近上部的位置，制造一个凹槽，一方面可以在垂直方向固定住卷芯，另一方面能够拖住盖帽，为盖帽封装留出一定距离。与圆柱电池下垫片类似，为了使卷芯同上部壳体绝缘，滚槽前要将上垫片安装至卷芯上部，常见的滚槽工序如图 7.30 所示。

滚槽工序是一种金属塑性变形的加工方法，滚刀与金属壳体的挤压与摩擦不可避免地产生金属碎屑与颗粒，因此，滚槽完成后需利用吸尘装置进行除尘。滚槽后需对外观进行检测，通常槽口需光滑无滚裂、无波浪边与变形等。尺寸上，槽口内径、宽度、肩高与总高等，要满足设计要求。若滚槽后外观没有明显的金属颗粒或碎屑，则满足后续加工要求。

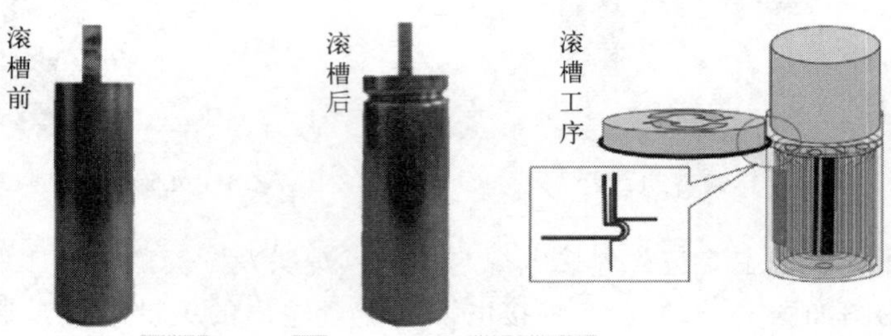

图 7.30 滚槽工序示意图

7.2.9 烘烤

裸电芯滚槽后，下一步工序是注入电解液，电解液如同锂离子电池中的“血液”，是连接正负极极片、实现电池充放电功能的重要材料。电解液中的锂盐（通常为 $LiPF_6$）对水分非常敏感，痕量的水会导致 $LiPF_6$ 发生分解，进而影响电池的内阻与寿命等关键性能。在注液前，需要对裸电芯进行真空烘烤，将裸电芯水含量降低至满足设计要求的范围内。

真空烘烤一般在真空烘箱中完成，真空烘箱是注液前对卷芯进行除水的重要设备，工作原理是利用负压下水的沸点降低进而加快电池卷芯中水分汽化速度，实现快速干燥的效果；另外，在密闭的负压环境下，一定程度能减少粉尘与颗粒的引入，不会影响电芯的内在品质。常见的真空烘箱一般有三层，以提高烘烤效率达到提升产能的目的，内部壳体表面可采用喷塑处理，减少长时间使用后金属颗粒杂质的引入，在箱体上方有控制面板对真空度、温度及时间等关键烘烤参数进行设定，实物图如图 7.31 所示。

图 7.31 锂离子电池真空烘箱实物图

烘烤工序，需要关注的控制点包括烘箱真空度、烘箱温度、烘烤时间等关键参数。烘箱内真空度提高，水分的沸点降低，一般烘箱温度控制在 100℃以内，过高的温度对在烘烤过程中隔膜及胶纸的稳定性将造成一定负面影响。在卷芯烘烤时，需保证箱体的洁净度，尽量避免颗粒或杂质的引入。烘烤后需对壳体内的卷芯进行水分含量测试，通常水分含量须低于一定值（如 200mg/kg，即质量分数 0.02%），才可满足烘烤工序要求进行下一步注液。

7.2.10　注液

注液工序是将固定质量的电解液注入钢壳壳体中，基于对注液质量的精准控制，注液前需对裸电芯进行称重与标记。注液工艺通常是在密闭低湿的环境（通常环境中水分含量＜20mg/kg）中进行，为了保证电解液溶剂以及部分添加剂的稳定，有时需控制注液的环境温度。电解液注液量是注液工序关键的控制点，锂离子电池中注液量的多少对电池的电化学性能有重要影响。通常来讲，锂离子电池反复充放电循环的过程要消耗电解液，在正负极表面分解成膜，当电解液消耗殆尽时，锂离子电池循环寿命衰减加速。另外，电解液注入量过多或过少都会对电化学性能产生不利影响。当电解液注液量不足时，难以保证其在隔离膜与极片中充分均匀地分布，进而影响充放电时电流密度的分布，导致电池内阻增大、容量偏低，严重时充电过程中甚至出现析锂等现象，影响电池安全；当电解液注液量过多时，其盖帽封装难度更大，易渗漏，圆柱电池中剩余空间较小，当工作产气时其内压更大，更易将安全阀冲开。锂离子电池中，电解液合适的需求量同主材与极片的特征存在密切关系，通常来讲，当正负极主材比表面积大、极片孔隙率较高、隔离膜孔隙率较大时，需要的电解液量更大。

注液工序在自动注液机中实现，圆柱电池自动注液机是一种对精度及密闭性、可靠性要求较高的自动化设备，主要结构包括精密注液系统、自动抽真空系统、充气系统、左右移载系统、操控面板等几个重要部件。注液机一般置于密闭的水分含量极低的环境中，控制露点在－35℃甚至更低。

名词解释：露点

露点，又称为露点温度，是用来表征环境中水分含量的一种方式，单位为摄氏度℃。

气象学中，气温愈低，水的饱和蒸气压就愈小。当空气中水汽已达到饱和时（水蒸气与水达到平衡状态，即相对湿度达到100%），气温与露点相同；当水汽未达到饱和时，气温一定高于露点温度。

露点越低，表明环境中水分含量越低。例如：若露点为20℃时，相对湿度为100%；当露点降至0℃时，相对湿度为26.13%；露点降至－11℃，相对湿度为10.17%；露点降至－35℃，相对湿度为0.956%。

注液过程一般将电池抽真空、加压注液、常压静置，经过几次循环完成，保证电解液在卷芯中能够充分浸润。自动注液机的真空度一般可达到－0.1MPa 左右，通常较高的真空度能减少注液时间，保证浸润效果，但也提高了工作能耗，对设备密封性及寿命要求较高。为了提高注液机工作效率，通常选择注液部件多个并行通道，部分采用转轮式的注液管部件进行注液，常见自动注液机与注液部件如图 7.32 所示。

电解液注入时，通常需要将壳体抽真空，当达到一定真空度后，注液机设备的注液嘴与电池注液嘴接触，打开注液阀，由于壳体内负压的存在电解液注入电池中。动力锂离子铝壳电池，单体容量大，卷芯与壳体的尺寸较大，为了提高注液效率与注液充分程度，在注液时采用一定程度的正压，在一次注液静置后再进行第二次抽真空与正压注液的重复的工序。

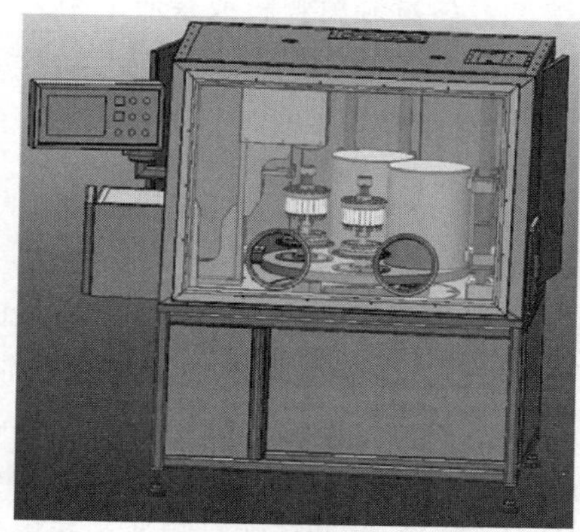

图 7.32　自动注液机与注液部件实物图

电池完成注液后再进行一次称量，与注液前称量重量的差值即是电解液的注液量。注液后的称量过程，尤其要注意环境中水分的控制，避免电解液吸收空气中水分发生分解。

7.2.11　正极耳焊接与封口

注液后的钢壳裸电芯，经过静置后可进行下一步盖帽的封装工序。

名词解释：盖帽

盖帽是圆柱电池顶部包含正极极柱重要的且结构最为复杂的五金结构件，其断面结构如图7.33所示，常见的盖帽结构中主要组成部分包括：顶盖（正极帽）、防爆片（CID）、内胶圈或内密封圈、孔板（铝底板）、外密封圈。

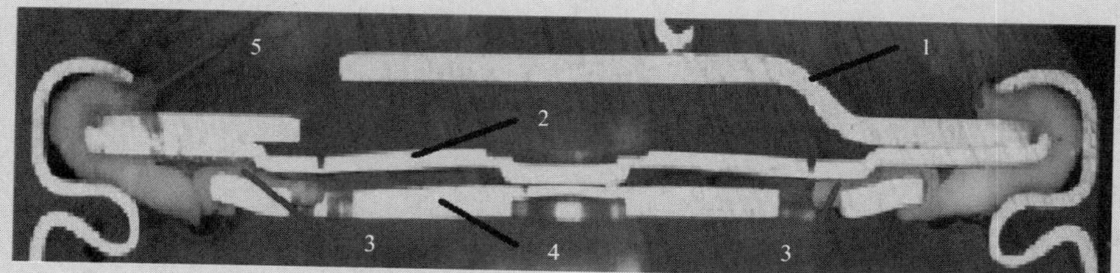

图7.33　盖帽剖面结构示意图

1—顶盖(正极帽)；2—防爆片；3—内胶圈或内密封圈；4—孔板；5—外密封圈

顶盖（正极帽）主要材质为SPCC钢材，为电池的正极极柱。防爆片（CID）阀是一种针对圆柱电池产气的保护装置，当圆柱电池发生过热，内部产气导致内压过大，CID发生翻转，其下部孔板的焊接触点脱离接触孔板而发生断路。另外，CID上有一定深度的凹痕，当内部气压过高时，气体会从凹痕处冲破而排出，降低爆炸的风险。孔板又称为铝底板，其主要功能是通过焊接连接正极极耳与锂电池正极极柱，同时，其结构上的孔洞可以将电池内部的气压传递到CID处，使其发生安全动作。内胶圈或内密封圈材质为高分子塑胶材料，一般常见的材料有：PP、PFA、PBT。其位于CID和孔板间，当CID翻转后能够有效起到绝缘作用。外密封圈同内密封圈材质类似，其在封口时压合在壳体和顶盖（正极帽）中间，起到隔离外界空气及正极柱与钢壳壳体（带负电）间绝缘的作用。

封口前首先要将电极极耳焊接在电池盖帽上，以接通正极极片与盖帽上的正极柱，其焊点如图 7.34 所示。正极极耳焊接通常使用激光焊，利用光学系统将激光束聚集在很小的区域，在极短的时间内，材料吸收激光的能量形成一个局部热源区，使焊接物熔融并形成焊点与焊缝。焊接后将极耳弯折成“Z”或者“V”字形，合住盖帽以方便下一步封装。

图 7.34　正极极耳与盖帽铝片焊点示意图（见彩插）

激光焊要保证极耳与盖帽焊点处的洁净，若有电解液在正极极耳处则将影响焊点牢固性。激光焊工序的关键控制点包括电池定位、焊接能量、焊接时间等。由于电解液已注入壳体中，焊接工序应控制环境中的湿度与粉尘等。激光焊工序后通常外观上要求无虚焊、焊焦、焊渣，无极耳断裂与弯折。焊接后需要进行拉力测试，对激光焊工序后的样品进行抽检。

封口是将焊接好的盖帽，通过增压缸带动模具下降至行程终点，经过下模合模完成电池一封、二封与三封的成型过程，最终将电池内部卷芯等同外界环境隔离的加工过程，如图 7.35 所示。

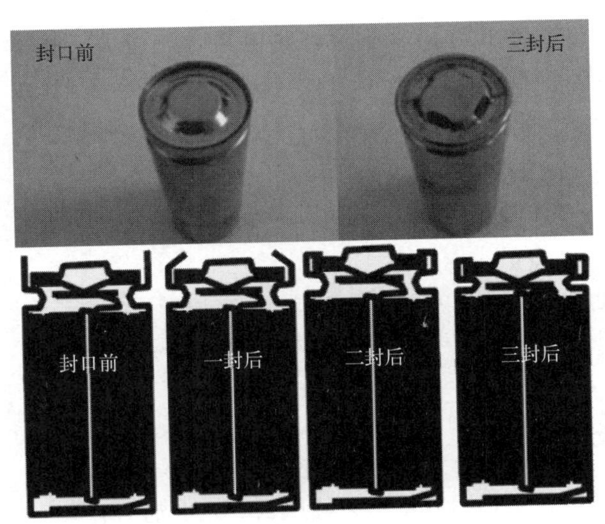

图 7.35　盖帽封装后结构与示意图

封口工序控制点包括封口尺寸、端高、封口压力等参数。加工过程需控制环境粉尘与湿度，避免环境中颗粒与水分进入电池内部，影响安全与性能。封口后的样品需检测端口平整度，外观是否存在刮痕、毛刺，电池壳体底部是否有破碎、划痕等。另外，需对封口后电池密封性进行抽检。

7.2.12　化成

封口后的电池经过清洗和干燥，在壳体表面套上热缩套管，随后即可进行化成工序。化成工序是组装后的电池依靠外电源采用小倍率电流进行首次充电，将电池中正负极极片活性物质激活的过程。化成对锂离子电池的作用有如下四点：①锂离子首次从正极晶格进入电解液与负极，激活活性材料；②部分锂离子在负极表面形成 SEI 膜，稳定负极与电解液界面，对提升循环寿命有重要意义；③通过首次充电，排除部分装配异常的电池，如水分含量超标或短路等电池；④首次充电过程中，产生气体，软包或铝壳锂离子电池在化成后将气体抽去，避免鼓胀。

针对圆柱电池，化成工艺的关键控制点有电流大小和化成温度。当提高化成时电流大小时，缩短了化成时间，提高产能与效率，由于 SEI 膜的形成伴随着化学反应以及离子扩散与沉积，电流过大、化成时间过短，则会影响 SEI 膜形成的致密度、一致性及稳定性，对电池寿命带来一定负面影响。化成温度升高时，会加快化学与电化学反应速率，形成 SEI 膜较快，提高化成工序的效率，但其形成的 SEI 膜疏松且不稳定。如果针对软包或铝壳电池，通常会使用一定程度的负压进行化成，负压环境能迅速将化成时产生的气体排出，改善极片与隔膜的接触界面，提高 SEI 成膜均匀性。

圆柱电池化成工序中，一般包括预化成、高温静置与化成三个步骤。通常预化成电流较小，恒流充电达到低 SOC(10%～30%）时，在高温（45℃或 60℃）下静置 12h 或 24h。高温静置过程的主要目的是在预化成后，让 SEI 膜初步形成后，在高温下结构能够逐渐趋于稳定。同时，高温下长时间静置利于电解液扩散与浸润，改善极片与隔离膜界面接触情况。静置后进入化成阶段，相比于预化成阶段，充电电流有所增加，恒流充电至 SOC 达到 70%～80%时，完成化成工序。

名词解释： SOC

SOC 是 state of charge 的缩写，又称为荷电状态。通常锂离子电池满充时，定义 SOC 为100%。当电池处于满放状态时，其 SOC 为0%。

SOC 是衡量锂电池中电量多少的重要指标，如手机显示的电量百分比，即反映的是电池的 SOC。通常来讲，电池的荷电状态同其开路电压也存在一定关系。

7.2.13 静置与分容

锂离子电池在制造过程中，因制备工艺等原因导致电池的容量不可能完全一致，通过一定放电制度检测，将容量分类的过程称为分容。

从设备功能的角度来看，圆柱电池分容与化成设备基本一致，具有一定精度的充放电柜即可实现。充放电柜所拥有的功能包括将交流电源转换成直流电源，对充放电电流与电压全程监控，具有较高的充放电电流、电压以及充电时间等关键参数控制精度，如部分化成分容设备对电流与电压的控制精度能达到 2mA 与 2mV。化成分容设备具有相对较高的安全性，能够预判并保护电池，及早防止过充等危险。设备具有较多的充放电通道，对不同尺寸的电池兼容性较高。充放电柜具有较好的人机交互界面，操作系统简单方便，数据容易保存和导出。部分设备能量转换率较高，具有一定充放电能量回收功能，常见的化成分容设备如图 7.36 所示。

图 7.36　化成分容充放电柜实物图

分容前通常将化成后的圆柱电池在常温下静置，静置时间为 7～21 天，在静置前后记录圆柱电池的 OCV（开路电压），通过静置前后的电压降计算得到 K 值（mV/h）。通过 K 值的结果，将自放电较大的电池不良品除去。需要注意的是，温度对锂离子电池电化学反应活性及锂离子迁移速率等具有明显的影响，在锂离子电池化成与分容过程中，需对工作环境温度进行控制，保证在充放电柜不同区域具有相对一致的温度。

名词解释：　OCV

OCV 是 open current voltage 的缩写，又称为开路电压，指锂离子电池不存在电流以及任何极化状态时的静态电压。

K 值在锂电行业中，定义为单位时间内电池电压降，通常单位为 mV/h。K 值通常用来评估锂离子电池自放电速率，当电池内部存在微短路时，会出现 K 值超规格的不良品。

锂离子电池的充放电电流大小通常用倍率表示。1C 表示满充态的电池在此电流下放电至满放态，需要1h 的时间。如额定容量为2Ah 的圆柱电池，1C 实际电流为2A，0.5C 则为1A。

分容工序首先将电池充电至满充状态，满充后电池按照一定倍率（0.5C 或 1C）进行放电，一般放电至电池放电下限电压（通常为 2.5V 或 2.8V）并记录放电容量，剔除容量异常品后将放电容量分布按照一定规则进行分组。分容后的电池通常充电至一定出货电压，分拣后进行喷码，包装入库。

课后作业

一、单选题

1. 关于圆柱电池的说法，下列说法不正确的是（　　）。

A. 21700 型的圆柱电池相比于 18650 型单体容量提高了 35～40%

B. 21700 型的圆柱电池，体积为 18650 型电池的 1.47 倍

C. 每 Wh 能量所需要的 21700 型圆柱电池数量比 18650 型圆柱电池少 10%

D. 21700 型的圆柱电池所需要的结构件与壳体更少

2. 下列关于圆柱电池的制备工艺中，说法不正确的是（　　）。

A. 圆柱电池的制备工艺流程可大体分为前工序、中工序两个工序

B. 前工序主要为极片制作，即加工出合适尺寸与厚度的电极片

C. 中工序为装配，将前工序制好的极片卷绕成卷芯装入壳体中，注入电解液后焊接正负极极耳，将盖帽密封在圆柱电池上

D. 后工序包括电池化成、分容与老化等

3. 下列关于圆柱电池的搅拌工艺，说法不正确的是（　　）。

A. 搅拌的目的是制备出均匀分散且稳定性高的活性材料浆料

B. 搅拌的本质是使物料趋于均质化的过程

C. 搅拌的过程是一种传质与传热的物理过程，在混合过程中也有部分化学反应发生

D. 正负极浆料搅拌工艺仅常规搅拌一种工艺

4. 下列关于圆柱电池的涂布工艺，说法不正确的是（　　）。

A. 涂布工序包含活性浆料的准备、输送浆料并涂布、干燥到成品的过程

B. 涂布重量对锂离子电池容量、内阻、循环寿命等存在重要影响

C. 一般情况下，涂覆宽度越大，横向均匀性就越容易控制

D. 浸沾式涂布、刮刀式涂布、滚筒式涂布、丝网印刷均属于后计量式涂布

5. 下列关于极片辊压工艺的说法，不正确的是（　　）。

A. 辊压工艺的原理是利用两根粗辊与涂布后极片咬合后产生的摩擦力与正压力，使极片做垂直方向压缩与横向运动

B. 辊压工艺处理的极片主要通过压实密度及外观来评估品质

C. 极片压实密度指的是不扣除箔材涂膜区辊压后的密度

D. 辊压工艺中，极片运动方向与辊压轧制受力方向垂直

6. 下列关于分条工序的说法，不正确的是（　　）。

A. 分条工序是根据电池对电极极片设计需求，将辊压后的极片裁切成设计的宽度

B. 机械剪切是利用滚刀的剪切力对极片进行分切，易产生金属颗粒与毛刺

C. 激光切割是利用激光的能量将极片熔化，毛刺小

D. 对锂离子电池极片毛刺与颗粒检测，通常使用电子显微镜进行观察

7. 下列关于圆柱电池制片工艺的说法，不正确的是（　　）。

A. 制片工艺的烘烤过程，正负极极片烘烤温度在 90～120℃左右

B. 极片烘烤过程中，一般采用真空烘烤的方式

C. 制片工艺中常见的极耳焊接方式包括超声焊与电阻焊

D. 极片烘烤过程中，温度越高越好

8. 下列关于圆柱电池卷绕和叠片工艺的说法，不正确的是（　　）。

A. 卷绕工艺是将正极片、负极片和隔膜按照螺旋形式卷合在一起

B. 卷绕工艺的核心控制点包括卷绕张力、极片对齐度纠偏及收尾极片切断

C. 卷绕是锂离子电池卷芯制成的方式之一

D. 相比卷绕，叠片工艺极片尺寸和形状不够灵活

9. 下列关于圆柱电池入壳工序和点底焊工艺的说法，正确的是（ ）。

A. 入壳工序的目的是将卷绕好的卷芯装配至钢壳中

B. 为防止钢壳底部接触到正极片发生短路，可在钢壳和卷芯中垫上钢制垫片

C. 负极极耳可通过超声焊接设备焊接

D. 负极极耳弯折时，要求压住绝缘垫片且盖住卷芯中心孔，可超出绝缘垫片

10. 下列关于圆柱电池滚槽工序的说法，正确的是（ ）。

A. 滚槽后的槽口要求光滑无滚裂、无波浪边与变形

B. 滚槽工序是一种金属刚性变形的加工方法

C. 滚槽是在圆柱钢壳靠近下部的位置，制造一个凹槽

D. 滚槽前要将上垫片安装至卷芯下部

11. 下列关于圆柱电池裸电芯的烘烤工序的说法，正确的是（ ）。

A. 在注液前需对裸电芯进行烘烤，使水含量降低至满足设计要求的范围内

B. 烘烤只需要关注烘烤时间

C. 烘烤后不需对壳体内的卷芯进行水分含量测试

D. 烘烤一般在普通烘箱中完成即可

12. 下列关于圆柱电池注液工序的说法，不正确的是（ ）。

A. 注液前需对裸电芯进行称重与标记

B. 注液工艺通常在密闭低湿环境中进行

C. 自动注液机主要结构包括精密注液系统、自动抽真空系统、充气系统、左右移载系统、操控面板等部件

D. 注液的环境温度不需要控制

13. 下列关于圆柱电池正极极耳焊接与封口工序的说法，不正确的是（ ）。

A. 封口前首先要将电极极耳焊接在电池盖帽上

B. 正极极耳焊接通常使用激光焊

C. 激光焊不需要保证极耳与盖帽焊点处的洁净

D. 封口工序控制点包括封口尺寸、端高、封口压力等

14. 下列关于圆柱电池化成工序的说法，不正确的是（ ）。

A. 化成是组装后的电池依靠外电源首次充电，将电池中极片活性物质激活的过程

B. 化成的关键控制点有电流大小和化成温度

C. 圆柱电池化成工序一般包括预化成、高温静置与化成三个步骤

D. 若化成电流增大，将对电池寿命带来正面影响

15. 下列关于SOC的理解，不正确的是（ ）。

A. 称为荷电状态

B. 锂离子电池满充时，定义SOC为0%

C. 锂离子电池满充时，定义SOC为100%

D. 电池的SOC同开路电压存在一定关系

16. 下列分容的说法，不正确的是（ ）。

A. 分容前通常将化成后的圆柱电池在常温下静置，静置时间为2～3天即可

B. 在锂离子电池化成与分容过程中，需对工作环境温度进行控制

C. 因制备工艺等原因导致电池的容量不可能完全一致，通过一定放电制度检测，将容

量分类的过程称为分容

D. 分容前需将自放电较大的电池不良品除去

17. 下列关于 OCV 的理解，正确的是（　　）。

A. 称为短路电压

B. 不存在电流以及任何极化状态时的静态电压

C. 存在电流或可能存在极化状态时的静态电压

D. 可能存在极化状态下的静态电压

18. 下列关于圆柱电池的中工序的说法，不正确的是（　　）。

A. 中工序的作用是将卷芯装配至壳体内，注入电解液，密封形成完整的电池结构

B. 中工序包含入壳、点底焊、滚槽、烘烤与注液、正极焊与封口等

C. 中工序中焊接与装配的质量、异物与水分的控制对电池性能有重要的影响

D. 中工序包含静置与分容等

19. 下列关于圆柱电池的前工序的说法，不正确的是（　　）。

A. 前工序的作用是将正负极材料与集流体加工成具有一定涂布重量与尺寸的极片

B. 前工序包含正负极搅拌、正负极片涂布、极片辊压与分条等

C. 前工序制备的极片对电池的电化学性能影响不大

D. 前工序制成的极片质量对锂离子电池的性能、品质与一致性等有重要影响

20. 下列关于圆柱电池的后工序的说法，正确的是（　　）。

A. 后工序是电池化成、静置与分容等工序

B. 后工序包含入壳、点底焊、滚槽、烘烤与注液、正极焊与封口等工序

C. 后工序包含正负极搅拌、正负极片涂布、极片辊压与分条等工序

D. 后工序制成的活性材料极片质量对锂离子电池的性能和品质具有重要作用

二、多选题

1. 下列关于 18650 型号锂离子电池中数字代表含义，解释正确的是（　　）。

A. 18 指的是电池直径 18mm　　　　B. 65 表示的是高度 65mm

C. 0 表示为纽扣电池　　　　D. 0 表示为软包电池

2. 下列关于滚槽工艺的说法，解释不正确的是（　　）。

A. 滚槽是在圆柱钢壳靠近下部的位置，制造一个凹槽

B. 滚槽工序是一种金属塑性变形的加工方法，滚刀与金属壳体的挤压与摩擦不会产生金属碎屑与颗粒

C. 滚槽完成后不需要吸尘装置进行除尘

D. 为了使卷芯同上部壳体绝缘，滚槽前要将上垫片安装至卷芯下部

三、判断题

1. 圆柱电池整体结构大体可分为外壳（钢壳或铝壳）、卷芯与盖帽等三大组成部分。（　　）

2. 封口前首先要将电极极耳焊接在电池盖帽上，以接通正极极片与盖帽上的正极柱。（　　）

3. 若露点为 20℃时，相对湿度为 0%。（　　）

4. 当涂布铜铝箔宽度在 2000mm 以上时，横向均匀性的控制较为容易。（　　）

5. 卷绕工艺中，张力过大或过小，导致卷芯卷绕后内部张力过大，极片界面出现不平或打皱，将影响电池寿命。（　　）

6. 通过辊压极片，可能导致极片粉料与集流体间开裂，降低极片加工性能与电池寿命。（　　）

7. 焊接输出能量对焊接质量具有重要的影响，当焊接输出能量过低时，其焊接强度无法满足要求，容易出现脱焊、虚焊等现象。（　　）

8. 电解液中的锂盐对水分不敏感，痕量的水不会导致 $LiPF_6$ 发生分解。（　　）

9. 极片烘烤过程中，温度越高越好。（　　）

10. 为了使卷芯同上部壳体绝缘，滚槽前要将上垫片安装至卷芯下部。（　　）

11. OCV 为不存在电流以及任何极化状态时的静态电压。（　　）

12. 在注液前，需要对裸电芯进行真空烘烤，将裸电芯水含量降低至满足设计要求的范围内。（　　）

四、填空题

1. 圆柱电池的制备工艺流程可大体分为前工序、________、后工序三个工序。

2. ________工序的主要作用是将正负极材料与集流体加工成具有一定涂布重量与尺寸的正负极极片。

3. 中工序的主要作用是将卷芯装配至壳体内，注入________，密封形成完整的电池结构。

4. ________是电池制备的第一道工序，目的是制备出均匀分散且稳定性高的活性材料浆料，以满足涂布工序的加工要求。

5. ________工艺是将具有活性材料的浆料涂覆在集流体箔材上的一道工序。

6. 卷绕工艺是将正极极片、负极极片和________按照螺旋形式卷合在一起，形成“负极-隔膜-正极”周期性交替排列的卷芯结构，以获取实现圆柱电池充放电电化学功能的极片结构基础。

7. 入壳工序的主要目的是将卷绕好的卷芯装配至钢壳中，为了防止钢壳底部接触到正极片铝箔而发生短路，通常将钢壳和卷芯中垫上________。

8. 在注液前，需要对裸电芯进行真空烘烤，将裸电芯________含量降低至满足设计要求的范围内。

9. 封口前首先要将电极________焊接在电池盖帽上，以接通正极极片与盖帽上的正极柱。

10. ________工序是组装后的电池依靠外电源采用小倍率电流进行首次充电，将电池中正负极极片活性物质激活的过程。

五、简答题

1. 简述圆柱电池的结构。

2. 简述制备圆柱电池的工艺流程。

3. 中转罐的作用是什么？

4. 化成对锂离子电池的作用是什么？

5. 烘烤对锂离子电池的作用是什么？

第 8 章 锂离子电池材料性能测试与表征

知识目标

了解材料晶体结构、形貌、粒度分布、比表面积、振实密度、灰分表征的原理、设备和方法；
了解材料晶体结构与微观形貌、物化指标等对锂离子电池电化学性能的影响；
学会容量、首效、倍率与循环的测试方法。

能力目标

能够采用 XRD 分析方法，实现材料的物相分析；
能够采用 SEM 方法，获取形貌特征、颗粒尺寸等信息；
能够表征正负极材料的粒度分布；
能够借用等温吸脱附曲线，表征正负极材料的比表面积参数；
能够对正负极材料的容量、首效、倍率与循环性能进行分析。

锂离子电池的主材，如正极、负极材料等，均属于电化学功能材料，对锂离子电池的电化学性能具有重要的影响。在材料的生产开发与电池制造使用时，需关注的技术指标相对较多，但主要可以分为三个大类：第一类为材料晶体结构与微观形貌；第二类为材料的物化指标，包括粒度分布、比表面积、振实密度、元素（包含杂质）组成等；第三类为材料的电化学性能特征，如容量、首效及电化学阻抗等。对锂离子电池主材各项指标的检测与表征，对于材料研发、生产控制及品质保障等具有重要意义。

为了更好地描述锂离子电池材料的结构与电化学性能表征，本章通过一个负极材料的案例来说明。案例如下：为了解决商用石墨粉比容量低（理论比容量仅为 372mAh/g）的问题，采用液相溶剂热法，合成了硅酸锰@碳材料，期待与石墨配合使用提高复合负极的比容量。采用 XRD、SEM、BET 等一系列测试方法和手段对硅酸锰@碳材料进行了表征和分析。

8.1 材料结构与形貌表征

8.1.1 材料结构

锂离子电池正负极材料均具有一定晶体结构特征，包括晶胞参数与晶面间距参数，对材料的性能产生本质上的影响。通常锂离子电池电极材料晶体结构的表征方法是 X 射线衍射技术（XRD），基本原理是当波长为 λ 的 X 射线照射到晶面间距为 d 的相邻晶面的原子上时，在入射角相等的反射方向上产生其散射线，当光程差 δ 等于波长的整数倍 $n\lambda$ 时，光线出现干涉加强，即发生衍射。衍射原理通过布拉格方程描述：

$$2d\sin\theta = n\lambda$$

根据各衍射峰的角度位置所确定的晶面间距 d，则是该物质晶体结构的固有特征。每种物质具有特定的晶体结构与晶胞参数，这些特征决定了特定的衍射花样。因此，通过对未知物相的衍射花样同已知物相的衍射花样进行比较，即可确定其相应的晶体结构。

X 射线衍射技术还可以半定量测试晶粒尺寸，通常晶粒尺寸与衍射峰宽成反比，晶粒尺寸越大，衍射峰宽越小。X 射线衍射技术对晶体结构物相分析，多用于锂离子电池正负极材料生产企业的研发或生产阶段，通过对材料的物相检测与分析，判断研发或生产工艺条件是否满足合成纯度及晶粒成型等要求。

测试方法：　X 射线衍射技术（XRD）

样品 XRD 测试采用日本理学公司的 D_{max}-RB 型 X 射线衍射仪，Cu 靶，入射光波长为 0.15406nm，管电压在20～60kV 的范围内，管电流为10～300mA。样品 XRD 图谱及对应标准卡片如图8.1所示。

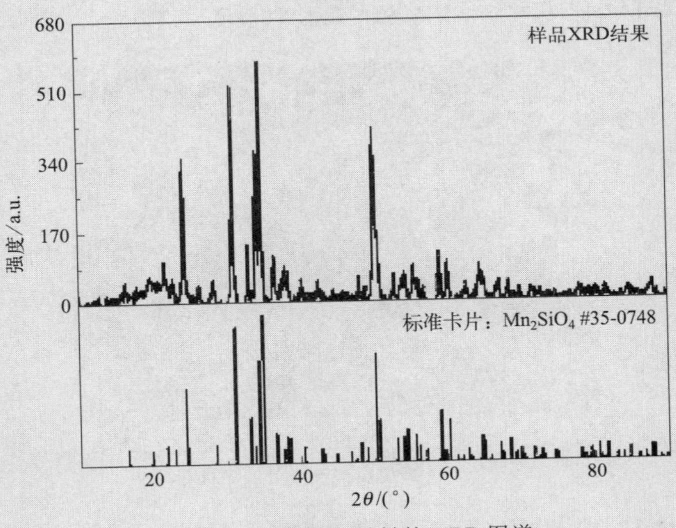

图8.1　硅酸锰负极材料的 XRD 图谱

实例样品为液相法制备的锂离子电池负极材料硅酸锰，XRD 测试结果如图8.1上部所示。将其与下面的硅酸锰标准卡片对照，可以完全对应衍射峰位置，峰强也基本一致，可确定其相应的晶体结构与 PDF 卡片35-0748（粉末衍射标准联合会 JCPDS 总结编辑出版的标准卡片）一致。峰强度整体偏低，且峰较宽，表明合成的粉体晶粒较小。

8.1.2　微观形貌

锂离子电池正负极材料一般为粉末材料，尺寸大都在微米级别，这些粉末材料的尺寸、形貌等特征，会对材料在锂离子电池中的加工性能，如浆料黏度、压实密度等产生重要的影响。同时，粉体的形貌与尺寸等特征，也对电化学性能，如容量、首效及功率特性等有重要影响。

微观形貌一般采用扫描电子显微镜（scanning electron microscope，SEM）进行观察，扫描电子显微镜是一种用于高分辨率微区形貌分析的大型精密仪器，具有景深大、分辨率高、成像直观、立体感强、放大倍数范围宽等特点，且可在三维空间内对待测样品进行旋转和倾斜观察。其原理是利用高能电子束聚焦后照射在试样上，通过采集样品与高能电子相互作用所产生的二次电子、俄歇电子及特征 X 射线等信号，经过接收、放大与显示成像获得试样表面形貌及物质化学成分。

锂离子电池中正负极材料的微观形貌通常包含活性材料的一次粒子与二次粒子的大小、团聚情况和结晶晶粒形貌等特征。锂离子电池中隔离膜微观形貌需包含隔离膜孔隙大小、形貌特征，甚至缺陷等。对于锂离子电池材料生产企业，材料的形貌将作为生产过程控制及产品品质的重要监控点；正负极材料作为重要的原料主材，一般需通过 SEM 对形貌特征采用抽检的方式进行品质监测。

测试方法：扫描电子显微镜（SEM）

采用德国 Carl Zeiss 公司的 Supra55型场发射电子显微镜对材料形貌进行观察，实例样品为液相法制备的锂离子电池硅酸锰负极材料，SEM 照片如图8.2所示。

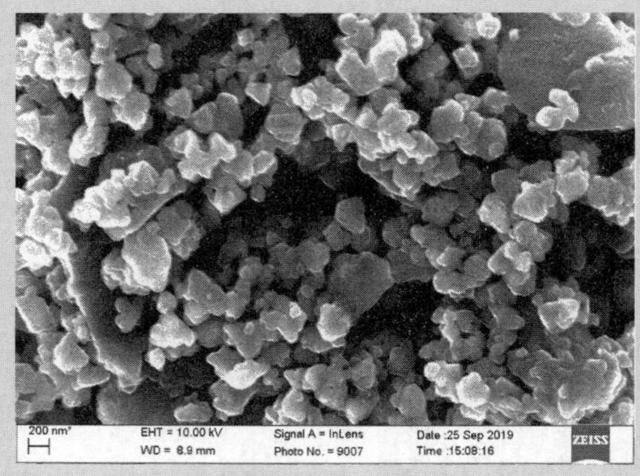

图8.2　硅酸锰负极材料的 SEM 形貌

可见，制备的硅酸锰负极材料整体呈现无特殊形貌的圆角碎粒，均匀分布但少部分团聚，颗粒尺寸分布在100～300nm。

8.2　物性分析

8.2.1　粒度分布

锂离子电池正负极材料可通过粒度分布来表征颗粒大小。正负极粉体材料大多为无规则形貌的几何体，在实际工作中一般采用等效粒径的球体来描述颗粒的大小，即当球体的体积同粉体基本一致时，可采用该球体的等效粒径来描述粉体材料颗粒大小。

锂离子电池正负极材料粒度分布测试主要采用的设备是激光粒度仪，工作原理是根据激光照射到颗粒后，产生激光的衍射或散射测试粒度的分布。激光散射实验中，颗粒越大，散射光与轴之间的角度越小；颗粒越小，散射光与轴之间的角度越大。散射光在焦平面上形成不同半径的光环，半径大的光环对应较小的颗粒，半径小的光环对应较大的颗粒，通过信号的转换与处理，可得到粉体材料的粒度分布特征。

在粒度分布数据结果中，一般采用颗粒数量分布、体积分布两种不同的累积积分方式进行表征。在粒度分布曲线中，横坐标为颗粒的粒径大小，纵坐标为微分分布比例。如图 8.3 所示，分布曲线上的每一个点表示颗粒直径为横坐标对应的值时，其含量为纵坐标的值。除了用曲线表示粒度分布以外，通常使用 D_{10}、D_{50} 和 D_{90} 等参数，分别表示某样品累积粒度分布达到 10%、50%与 90%时所对应的粒径值。D_{50} 为中值粒径，用来表示粉体平均粒度。除此之外，部分材料会要求关注 D_{min} 和 D_{max} 两个指标，分别表示粒径分布中最小与最大颗粒的粒径尺寸，D_{min} 与 D_{max} 之间的差距决定了颗粒粒径的分布宽窄。

测试方法：粒度分布

采用英国 Malven 仪器公司的 MASTERSIZER 系列 MS2000型激光粒度分析仪对材料粒度进行分析，实例样品为硅酸锰负极材料，粒度分布曲线如图8.3所示。

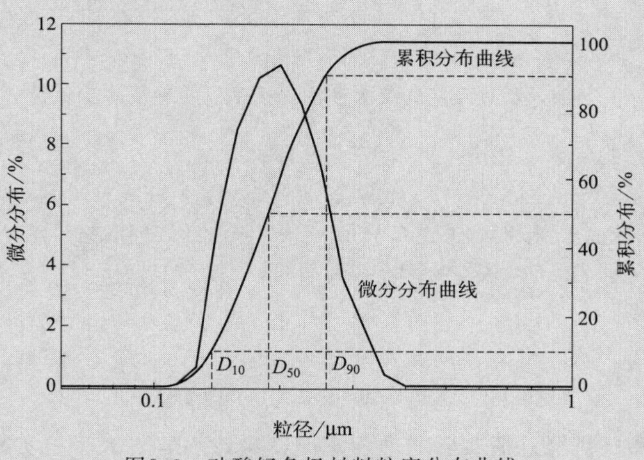

图8.3　硅酸锰负极材料粒度分布曲线

从曲线中可以看出材料颗粒粒径分布在100～400nm 之间，颗粒粒径的分布较窄。硅酸锰颗粒的 D_{10}、D_{50}和 D_{90}分别为135nm、185nm 和260nm 左右，粉体平均粒度为185nm。

8.2.2　比表面积

比表面积是指单位质量的材料所具有的总表面积，单位为 m^2/g。比表面积是另一个与电化学性能密切相关的指标，比表面积的大小同粉体粒度分布相关，通常粉体粒度小，比表面积较大，例如：纳米级磷酸铁锂正极的比表面积达到 $10m^2/g$ 以上，而微米级钴酸锂单晶比表面积一般小于 $0.5m^2/g$。

锂离子电池材料常用气体吸附（BET）的方法进行测量，工作原理是在不同分压下测量样品对气体的绝对吸附量，通过 BET 理论计算出单层吸附量，计算出比表面积。在测试比表面积的过程中，通常使用的吸附气体为惰性气体（如氮气），氮气液化点在 77.2K 附近，低温可避免氮气发生化学吸附。

测试方法：等温吸脱附测试

采用精微高博 JW-DA 型 BET 全自动比表面测试仪进行比表面积测试，测试气体选用高纯氮气，脱气温度为200℃，图8.4为硅酸锰样品的 N_2 吸脱附等温线。

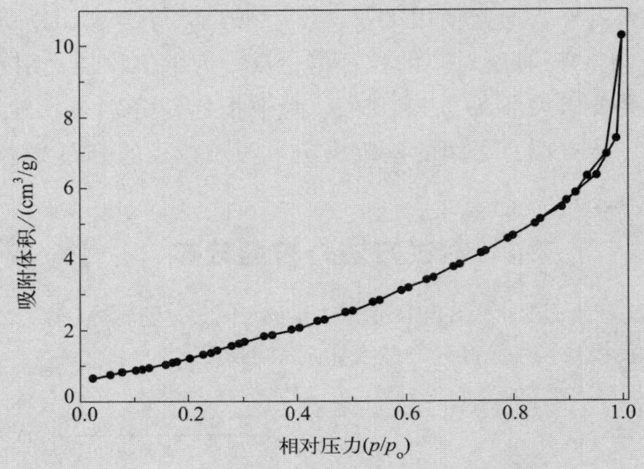

图8.4　硅酸锰负极材料的 N_2 吸脱附等温线(STP)

可以看出，所获得的等温吸脱附曲线表明在低压段（相对压力 p/p_0 在0～0.1左右）明显偏近于相对压力 x 轴，且没有明显的回滞现象（吸脱附有明显体积差，曲线分离），表明氮气的吸附量低。曲线经过 BET 多点法计算得到比表面积为5.42m^2/g，意味着纯硅酸锰材料比表面积较小，可以减少电极材料与电解液的表面副反应，减少锂离子过度消耗。

8.2.3　振实密度

振实密度是粉末材料经过振实后的堆积密度，单位为 g/cm^3。振实密度是一个同粉体粒度分布与形貌相关性较大的参数。一般而言，粉体颗粒较大，形貌较圆润，振实密度较大。振实密度同粉体材料加工性能具有一定相关性，通常振实密度大，极片更易压实。

振实密度测试方法可参考 GB/T 21354—2008《粉末产品振实密度测定通用方法》。测试方法相对简单，将一定量的粉体装入固定体积的玻璃量筒中，通过振动装置按照一定频率与振幅进行振动，当振动达到一定时长且粉体体积不再发生变化时，即认为达到了材料的振实状态。

实验室研发出的高性能负极材料一般需要配合现有石墨材料制成复合材料才可以规模产业化应用。将液相法制备的硅酸锰@碳复合材料与石墨按一定比例混合，球磨一定时间最终获得硅酸锰@碳-石墨复合负极材料。复合负极材料中硅酸锰@碳复合材料颗粒较小，混合比例恰当时，振实密度受石墨粒径影响，因此需测定其原料石墨的振实密度。

测试方法：粉末振实密度测试

用分辨率为0.1mg的天平称取20g负极粉末材料，置于测量精度为±0.1cm^3的25mL量筒内，控制实验环境温度为室温[（20±1）℃]、相对湿度低于70%。将量筒固定在粉体密度测试仪的振动台上，设置振幅为2mm，频率为400次/min，约10min达到振实状态，观测粉体体积并计算振实密度。图8.5为不同粒径石墨对应的振实密度曲线。

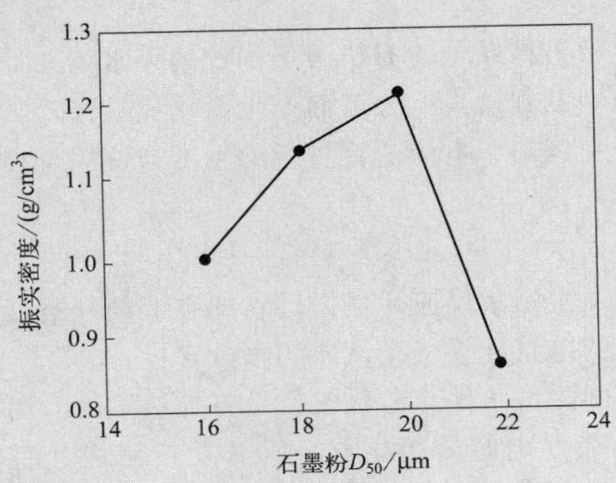

图8.5　不同粒径石墨对应的振实密度

硅酸锰@碳-石墨复合负极材料中，选用的石墨粉为微米粉，石墨粉的振实密度随石墨粒径增加而增加，但在D_{50}=20μm时达到最大值1.22g/cm^3后迅速下落。

8.2.4　元素组成

在锂离子电池正负极粉体主材中，除了锂、镍、钴、锰等主要元素的含量外，其杂质含量亦对锂离子电池电化学性能甚至安全性等产生重要的影响。在管理材料生产与电芯生产过程的品质上，需要对其元素构成进行精确分析。

ICP（inductively coupled plasma）分析仪又称为等离子光谱分析仪，是众多元素测试分析仪中的一种，工作原理是根据处于激发态的待测元素原子回到基态时发射的特征谱线对待测元素进行分析，主要用于元素的定性分析与定量分析。测试方法通常为将粉体材料溶于盐酸或王水中，经过等离子火焰的蒸发、原子化、电离和激发，发射出所含元素的特征谱线。通过特征谱线特征可定性判断元素是否存在，根据特征谱线强度可定量分析相对应元素含量。

ICP分析仪有很多优点：①具有多元素同时检测能力；②分析速度快；③检出限很低，能达到ppt级别（10^{-10}%）；④精准度高，相对误差能控制在10%以内，特别适合材料微量元素的定性与定量测试。

测试方法：　ICP原子发射光谱

样品采用实谱ICP 7000S型原子发射光谱仪进行比表面积测试，载气为氩气，等离子气流量设定为15L/min。测试前，依据检测元素，首先测定标准液的光谱，并用强碱（硅）或强酸消解固体样品溶出所需被测元素，随后检测对应特征谱线强度获得元素含量信息。

实例样品为液相法制备的锂离子电池负极材料硅酸锰，制备以高锰酸钾为锰源，样品可能含有少量钾元素。为确定样品中钾元素含量可以进行ICP原子发射光谱测定，钾的原子发射光波长在768nm左右，单一元素ICP原子发射光谱测定仪器直接显示检出量为0.20730mg/L，录入取样质量、稀释倍数和定容体积参数后计算获得5172.4mg/kg，即样品中含有0.517%的钾元素。

8.2.5 水分含量

目前商业化锂离子电解液体系均为有机溶剂构成的无水体系，当材料或电解液中存在痕量的水时，会导致电解液中的锂盐发生分解而产生氟化氢（HF），进而发生不可逆反应影响锂离子电池寿命。因此，在锂离子电池活性材料的生产与使用过程中，需要严格监控粉体材料中的水分含量。

卡尔·费休法是德国人Karl Fischer发明的一种测定水分的方法，利用碘和二氧化硫在碱和甲醇的环境下，与水发生定量反应，根据过剩的碘试剂判断是否达到滴定终点。根据法拉第电解定律，通过消耗的电量计算待测试样的水分含量。

在测试过程中，关键的测试条件与参数包括设备加热温度、测试试样质量等。正常情况下，对于锂离子电池正负极及电解液等主材，水分要控制在几百ppm（$10^{-4}\%$）范围内。卡尔·费休法关于水分的测试方法，可具体参考GB/T 6283—2008《化工产品中水分含量的测定　卡尔·费休法（通用方法）》。

测试方法：卡尔·费休法

卡尔·费休法中以卡尔费休液（分为A、B两种，A为碘的甲醇溶液，B为二氧化硫的吡啶与甲醇溶液）与水的化学定量反应为基础，用已知其中碘的浓度和消耗体积确定消耗的碘的量，从而计算被测样品中水的含量。

$$H_2O + I_2 + CH_3OH + SO_2 + 3RN \longrightarrow [RNH]SO_4CH_3 + 2[RNH]I$$

具体地，检测前混合均匀卡尔费休液，标定其中碘的浓度得出卡尔费休液的滴定度。随后取一定质量样品首先分散在甲醇中，用卡尔费休液滴定至终点，重复多次，取平均值。

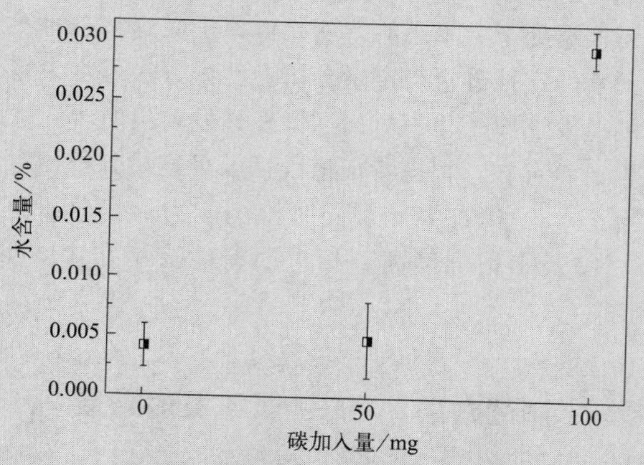

图8.6　不同碳加入量的样品水含量

实例样品为硅酸锰@碳复合材料，由于硅酸锰的导电性差影响电极材料性能发挥，因此在制备过程中引入适量碳以提高电化学性能，碳加入量影响材料中结合水含量，需要测定水含量。如图8.6所示，复合材料中碳加入量小于50mg 时，水含量小于0.005%；当碳含量约100mg 时，水含量升高至0.030%左右。因此碳加入量应当控制在100mg 以内，否则需要增加除水操作。

8.2.6　碳含量

在磷酸铁锂正极材料与硅基负极材料制备过程中，经常使用碳元素进行包覆。在材料研发及生产过程的品质控制中，需关注碳包覆量是否符合设计要求及是否存在波动等。

硫碳分析仪是一种碳含量测试的常见设备，工作原理是待测样品在燃烧炉的高温下通过纯氧进行氧化，样品中的碳和硫被氧化为二氧化碳、一氧化碳和二氧化硫，气体经过红外吸收室，通过分析吸收后红外线波长变化与强度的关键参数，分析出试样中碳与硫的浓度与含量。

硫碳分析测试最初多用于钢铁、煤炭传统材料与行业中，材料组分中碳、硫含量的测试方法可参考 GB/T 20123—2006《钢铁　总碳硫含量的测定　高频感应炉燃烧后红外吸收法（常规方法）》。

测试方法：碳含量测试

采用美国力可公司 CS844型碳硫分析仪测试样品中的碳含量，碳元素检测范围为0.01%～6.00%。称取一定量样品，将样品放置于电弧燃烧炉（富氧且高电压环境）中燃烧，产生二氧化碳气体，由计算机进行程序控制仪器对气体进行吸收，红外光谱分析其中含量，直接显示测量结果的数值。

测试样品为硅酸锰@碳复合材料，复合材料中碳元素含量不一定按照初始配比转化获得，因此需测定复合材料中碳元素的真实含量。每克样品中加入碳50mg，即引入5%碳的硅酸锰@碳复合材料经硫碳分析仪测定其中碳元素含量仅为4.72%，在合成过程中碳有明显损失。

8.2.7　灰分

石墨等碳材料在一定高温下灼烧时，发生一系列物理和化学变化，最后有机成分挥发逸散，而无机成分则残留下来，灼烧至恒重后的残留物称为灰分。灰分含量一般用残留物质量同试样总质量的百分数表示，其计算公式为：

$$灰分含量=\frac{灰分质量(mg)}{试样初始质量(g)\times 1000}\times 100\%$$

灰分含量是石墨等碳材料十分重要的性能指标，一定程度上反映了石墨材料的纯度，灰分含量越低，石墨材料纯度越高。通常来讲，锂离子电池用石墨材料灰分含量要低于1000mg/kg（0.1%）。

灰分含量测试的关键参数包括样品质量、加热温度与时间等。以石墨负极材料为例，加热温度达到900℃以上时，加热时间需要 5h，其具体测试方法可参考 GB/T 3521—2008《石墨化学分析方法》。

测试方法：灰分含量测定

需要准备马弗炉、精度为0.1mg的天平、干燥装置和坩埚。称取干燥后的20.000g石墨粉，然后在马弗炉中于850~950℃下灼烧6小时，称量残余物质量，重复灼烧与称重过程至恒重，残余物质占原样的质量分数即为灰分含量。

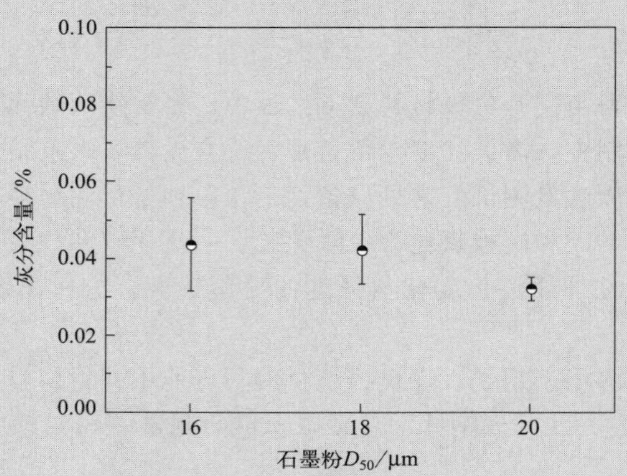

图8.7　不同粒径石墨粉的灰分含量

灰分含量反映了石墨材料的纯度，对不同粒径石墨粉测定其对应灰分含量。测试结果（图8.7）表明，原料石墨粉的灰分含量都在0.05%以下，其中 D_{50}=20μm的石墨粉具有最小的灰分含量且误差较小。

8.3　电化学性能分析

锂离子电池活性材料最重要且最受关注的指标便是其制备成电池后的电化学性能。材料电化学性能表征通常需要以电池作为载体，在材料生产与研发企业，通常使用金属锂作为负极组装的扣式电池或半电池，进行电化学性能评估。在锂离子电池生产研发企业中，除了扣式电池或半电池外，也需将其搭配其它材料制成全电池进行电化学性能评估。一般，为了获得相对可靠的数据，通常需要三组与三组以上的平行试样。材料的电化学性能评估的项目中，包含材料的容量与首效、循环伏安测试、交流阻抗分析、倍率性能及循环性能等。

8.3.1　容量与首效

锂离子电池正负极活性材料的比容量发挥是衡量其储存电量多少的最重要的指标。材料比容量的定义为单位质量的材料在特定的充放电电流与温度及时间下，完全放电所产生的电荷总数。通常包含理论比容量与实际比容量，实际比容量一般要低于理论比容量。

以钴酸锂 $LiCoO_2$ 为例，1mol $LiCoO_2$ 完全充电脱锂，可释放1mol锂离子，对应的理论比容量为274mAh/g。通常情况下，实际比容量一般低于理论比容量。一方面，材料晶格中的锂离子不可能100%脱嵌；另一方面，在实际充放电过程中，各种极化的存在导致实际脱嵌锂的量降低，进而导致其比容量发挥降低。一般来讲，充放电电流越大，倍率越大，极化越明显，比容量发挥降低越多。因此，为了标定正负极材料的比容量发挥，通常会在小的电流（小倍率）下进行充放电与容量的标定。

首次库仑效率（也称首效）是指电池材料的首次放电比容量与首次充电比容量的比值。一般来讲，材料具有较高的首次库仑效率，意味着其晶体结构稳定性较高及充放电发生的副反应较少；同时，意味着其动力学性能较好。极化小的材料，首次库仑效率通常较高，如常见的层状结构的正极材料钴酸锂首次库仑效率一般高于三元材料。

测试方法：恒流充放电测试

将两种硅酸锰负极材料经调浆、涂膜、干燥等一系列步骤制作成电极并与金属锂组装成半电池，采用武汉蓝电公司 CT2001A 型 Land 电池测试系统进行恒流充放电测试，设置测试的电压窗口为 0.01～3.0V，恒电流充放电电流密度为100mA/g，对比首次充放电曲线的差异，如图8.8所示。

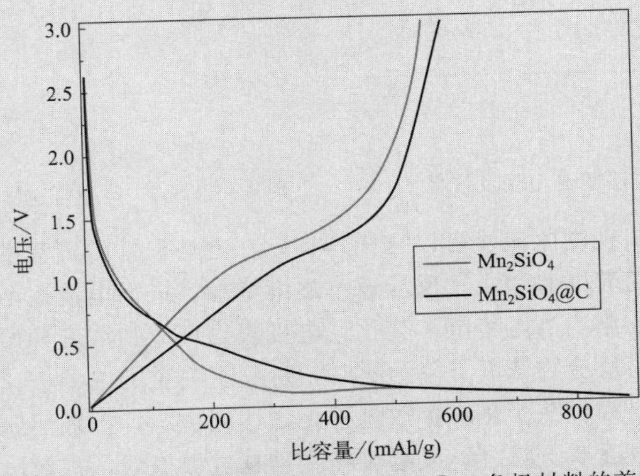

图8.8　硅酸锰（Mn_2SiO_4）及硅酸锰@碳（Mn_2SiO_4@C）负极材料的首次充放电曲线

结果表明，Mn_2SiO_4材料的首次充电比容量为884.3mAh/g，首次放电比容量为556.7mAh/g，计算可知首次库仑效率仅为62.95%；Mn_2SiO_4@C 材料的首次充电比容量为880.2mAh/g，首次放电比容量为588.7mAh/g，首次库仑效率为66.88%，适当的碳包覆提高了硅酸锰材料首次库仑效率。Mn_2SiO_4材料中引入碳后材料导电性提高，放电电压平台有一定提高，充电电压平台明显下降，表明 Mn_2SiO_4@C 电极脱锂的电位更低，锂离子在 Mn_2SiO_4@C 电极中比纯 Mn_2SiO_4更容易脱出，这可能是其首次库仑效率高的原因。

8.3.2　循环伏安法

循环伏安法是重要的电化学测试方法之一，通过测试可得到较多信息，如可得到电极上的氧化还原反应、材料相变及发生的电位、充放电可逆程度、吸附现象与双电层等电极动力学信息等。

循环伏安法又称为线性电势扫描法，是测试电极的电压、电流参量变化而进行定量、定性分析的电化学分析方法。循环伏安法测试过程中，以快速线性扫描的形式，随时间变化施加三角波电压，一次三角波扫描完成一个氧化过程与还原过程的循环。循环伏安法扫描的三角波电压与扫描时间的关系，如图 8.9 所示。

当正向扫描时，电极发生上半部分的还原反应，产生还原波，称为阴极支；当反向扫描时，电极表面还原态物质发生氧化，产生氧化波，称为阳极支。循环伏安法测试得到的电流-电势曲线如图 8.10 所示。

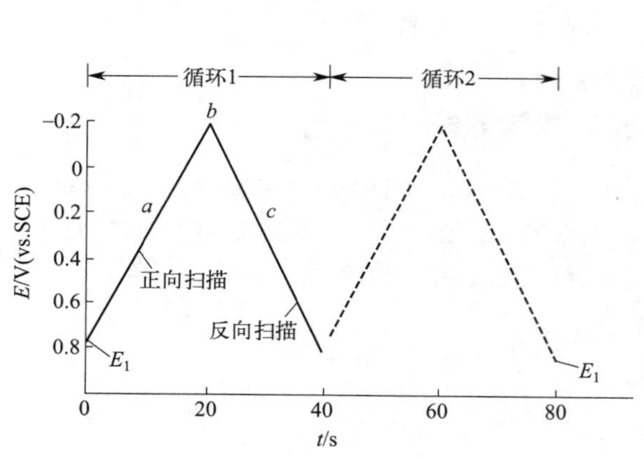

图 8.9　循环伏安法的典型激发信号

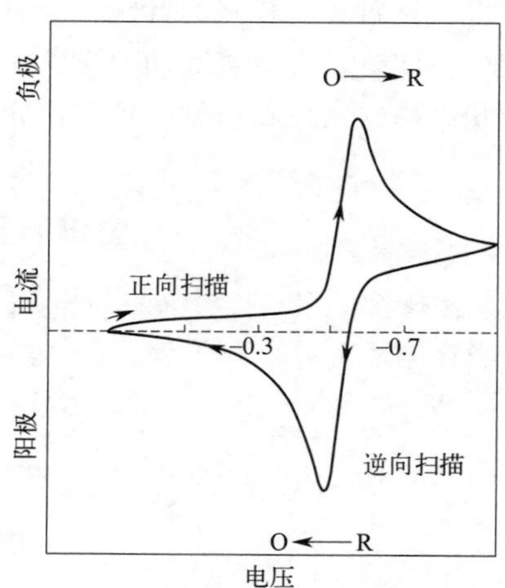

图 8.10　典型可逆体系的循环伏安曲线

循环伏安曲线中出现的电流峰可以这样理解，在电势扫描的过程中，当电极电势达到电极反应开始电势时，随着电势增大，反应速率逐渐增加，进而电流逐渐上升，此时电极过程受界面电荷转移步骤控制。当电势继续变化，电极表面反应物浓度开始下降，此时电极过程逐渐转为扩散控制。当反应物浓度下降为零时，达到了完全的浓差极化，此时的扩散电流为极限扩散电流。由于电势仍在变化，扩散过程无法达到稳态，扩散层厚度逐渐增加，浓度梯度逐渐减小，扩散电流逐渐下降，形成电流峰。当越过峰值后，扩散电流逐渐衰减，反向的电势扫描同正向十分类似，如果电化学过程是可逆的，最终得到一个对称的循环伏安曲线。

测试方法：线性电势扫描法

将电极材料制成半电池（正极为金属锂的电池），采用瑞士万通公司 PGSTAT204型电化学工作站进行循环伏安测试，以获得对应电极材料的电化学信息。

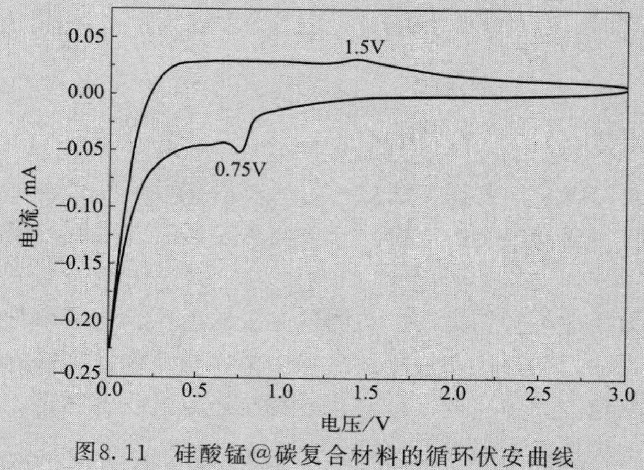

图8.11　硅酸锰@碳复合材料的循环伏安曲线

实例为硅酸锰@碳复合材料对应的半电池，测试扫描速率为0.1mV/s，电压窗口为0～3V，获得如图8.11所示循环伏安曲线。负极材料测试，首先进行逆向扫描，电势从3V 线性下降至0V，由此可知：硅酸锰@碳复合材料在0.75V 左右发生硅酸锰的嵌锂反应，硅酸锰材料颗粒较小，电化学反应峰宽化；0V 的阳极峰对应碳的嵌锂反应和硅酸锰的深度嵌锂反应。随后，进行正向扫描，负极材料脱锂，低电位对应碳脱锂过程没有明显电流峰，说明碳材料脱锂为连续行为，推断碳的结构为无定形；在1.5V 左右则发生单质锰与硅酸锂转化为硅酸锰的反应，并伴随着锂离子的脱出。硅酸锰的嵌脱锂峰对应电势差较大，表明硅酸锰@碳复合材料嵌脱锂过程电极极化较大，充放电可逆程度较差。

8.3.3 交流阻抗法

交流阻抗法是一种广泛应用于电极过程动力学、双电层和扩散研究的方法，在锂离子电池与材料的阻抗分析中十分常见。

交流阻抗法是给测试样品施加一个小振幅的正弦交流电信号，使电极电位在平衡电位附近产生微扰，达到稳定状态后，测试响应电流与电压信号的振幅与相位，进而计算出复阻抗。根据电化学系统等效电路模型，将测试得到的复阻抗分解成等效电路中有关参数与电极动力学各个参数，进而达到分析电化学系统与电极过程性质的目的。

交流阻抗法由于施加的正弦交流电强度低（一般不超过 5mV）、频率高且周期短，不致引起严重的浓差极化与表面状态变化。因此这种方法具有暂态法的某些特点，常称为“暂稳态法”。“暂态”是指每个周期有暂态过程的特点，“稳态”是指电极过程总是进行周期性变化。

交流阻抗测试锂离子电池正负极极片时，通常将其简化成双电层电容器的等效电路模型。电极本身、溶液与电极反应所引起的阻力称为阻抗。当发生锂离子脱嵌及电化学反应时，主要的三个动力学步骤产生的阻抗包括：活性材料界面钝化膜产生的阻抗、电化学反应界面产生的交换电流阻抗、离子扩散阻抗，其等效电路图如图 8.12 所示。在 EIS 测试中，通常在一定的频率范围内，测试得到各个频率点内的包含实部与虚部的复阻抗，在测试结果中通常有 Nyquist 图与 Bode 图，其中 Nyquist 图中横坐标为阻抗实部、纵坐标为阻抗虚部，如图 8.12 中所示。Nyquist 图由若干个半圆组成，每一个半圆对应的是类似双电层模型的

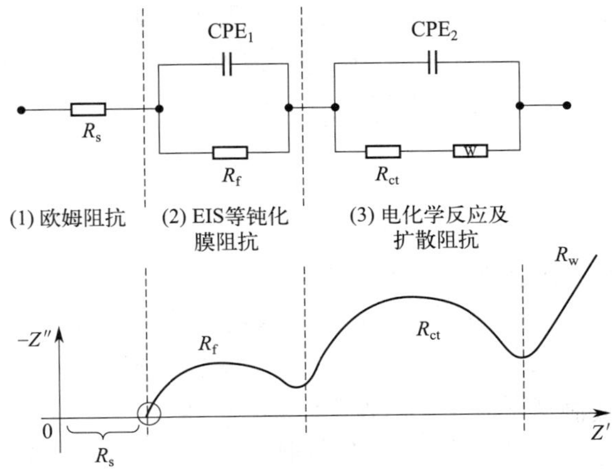

图 8.12　典型锂离子电池电极阻抗等效电路模型与 EIS 测试 Nyquist 图

等效电路，其中同横轴实部的截距为 R_s 即溶液阻抗，其相位不会随着施加的外加电势而发生变化。R_{ct} 为电荷转移内阻，其为表征电化学反应速率的关键参数：通常 R_{ct} 越小，其电荷转移阻抗越小，电池或材料的直流阻抗越小，功率密度越大。Nyquist 图低频区一般为离子扩散阻抗 R_w，其反映的是浓差极化带来的扩散与传质的阻力。Bode 图是 EIS 测试结果的另一种表述，其横坐标为频率的对数，纵坐标为相位角或阻抗模值的对数。通过 Bode 图可以对外加电势下，不同频率范围内的电化学响应过程有更直观的观察。

测试方法：交流阻抗测试

将电极材料制成半电池，采用瑞士万通公司 PGSTAT204型电化学工作站进行交流阻抗测试，以获得对应电极的交流阻抗信息。硅酸锰@碳复合材料对应电池在充放电循环前后进行交流阻抗测试，测试频率范围为0.1～10^6Hz，如图8.13所示。

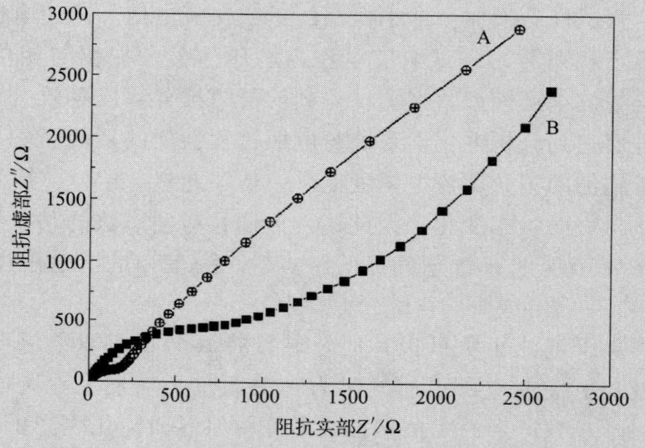

图8.13　硅酸锰@碳复合材料的 Nyquist 图

曲线 A 为未充放电循环电池的阻抗信息，曲线 B 为完成一次充放电后的阻抗。充放电前，电极表面不存在钝化膜，电解液与电极直接接触，因此钝化膜阻抗 R_f 几乎不可见，电荷转移内阻 R_{ct} 较小。经过循环后，电极表面形成了钝化膜，SEI 膜的阻抗和电荷转移阻抗组成了较大半圆弧。由于经过充放电循环产生的 SEI 膜产生较大 R_f，因此高频段曲线 B 表现较大阻抗。同时经过充放电循环电极颗粒内部产生了锂离子的扩散通道，锂离子扩散阻抗减小，曲线 B 表现在低频段扩散部分阻抗的斜率明显高于曲线 A。

8.3.4 倍率性能

倍率性能是材料与锂离子电池最重要的电化学性能之一，反映的是大电流下的充放电能力。倍率是一个电流值，1C 代表着规定 1h 内充入或放出所有容量的电流值，需要 nh 内充入或放出所有容量的电流值为 $1/nC$。例如，1000mAh 的锂离子电池，1C 倍率充放电表示电流为 1000mA，满充或满放需 1h；5C 则表示 5000mA，满充或满放需要时间为 0.2h。由其定义可知，当倍率增加，电池充电或放电时间减少。一方面，大倍率下充放电，易导致锂离子嵌入时在电化学反应界面发生堆积，引起浓差扩散极化；另一方面，大倍率电流下的阻抗导致的电压降更为明显。通常来讲，倍率增大由于极化的存在，会导致电池的充放电容量降低。倍率性能测试通常会在室温下，用不同倍率下充放电容量同 0.33C 或 1C 放电容量的比值表征材料或锂离子电池的倍率性能。

测试方法：倍率充放电测试

将电极材料制成半电池，采用武汉蓝电公司 CT2001A 型 Land 电池测试系统进行倍率充放电测试。

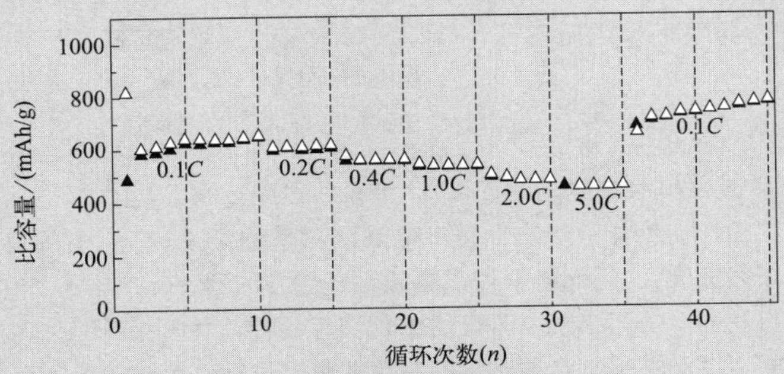

图8.14　硅酸锰@碳复合材料的倍率曲线

实例为硅酸锰@碳复合材料对应电池经不同倍率下充放电循环，比容量变化如图8.14所示。随充放电倍率增加电池容量有所下降，在5C 时比容量下降为460mAh/g，是初始0.1C 倍率下的75%，但依然高于石墨材料372mAh/g 的理论比容量。在高倍率5C 下充放电5次后，减小到初始0.1C 倍率时，电池容量有所增加，这是随充放电反应进行，电极材料硅酸锰@碳复合材料发生结构变化使电化学反应更充分的结果。

8.3.5　循环性能

循环寿命是锂离子电池及关键材料的重要性能指标之一，定义为电池失效前可充放电的总次数。循环测试通常以初始放电容量作为标准，当反复充放电一定次数后，最后一次放电容量除以初始容量得到的值被定义为容量保持率。通常来讲，当锂离子电池寿命衰减至80%时，则认为电池失效。

循环测试通常是在特定的充放电条件与制度下进行的测试，包括设定循环测试温度、测试充放电倍率、充放电电压区间等等。循环寿命同锂离子电池诸多因素相关，包括锂离子电池的结构（如相同化学体系的软包与圆柱电池）、电池设计、电池主材（如正负极、电解液）、电池制作工序、水分含量控制以及充放电制度及温度等等。

以正极材料为例，3.65V $LiFePO_4$ 全电池室温循环寿命可达到 4000cls 以上，而 4.45V $LiCoO_2$ 数码软包电池室温循环寿命达到 800～1000cls。

测试方法：恒流充放电测试

将电极材料制成半电池，采用武汉蓝电公司 CT2001A 型 Land 电池测试系统进行长循环恒流充放电测试，硅酸锰@碳复合材料的充放电曲线如图8.15所示。

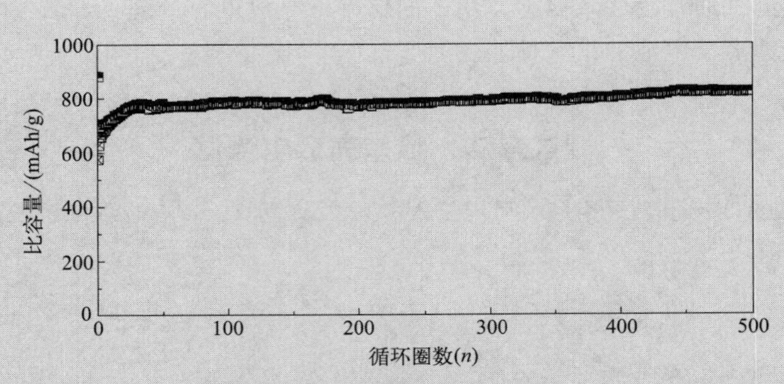

图 8.15　硅酸锰@碳复合材料的充放电曲线

实例为硅酸锰@碳复合材料对应电池在0.2C 倍率，且电压窗口为0.01～3.0V 测试条件下的长循环性能测试。充放电循环初期（前50次循环）电池比容量逐渐从615mAh/g 上升至780mAh/g，随后稳定循环数百次，长循环500次后比容量依然缓慢爬升最终达到820mAh/g。全电池测试中由于提供锂离子的只有含锂正极材料，一般来说，不可能出现容量保持率大于100%的情况，但在半电池测试中由金属锂片作为正极，锂离子来自金属锂片则有可能出现长循环后电池容量高于初始的状况。

课后作业

一、单选题

1. 如果想获取材料的物相信息，可以采用（　　）测试方法。

A. X 射线衍射技术　　B. 扫描电子显微技术

C. 热重分析技术　　D. 恒电流充放电技术

2. 下列（　　）不是扫描电子显微镜的优点。

A. 景深大　　B. 不能观察纳米材料　　C. 分辨率高　　D. 放大倍数范围宽

3. 锂离子电池正负极材料通常采用（　　）表征颗粒大小。

A. 微观形貌　　B. 粒度分布　　C. 比表面积　　D. 振实密度

4. 粒度分布测试主要采用（　　）设备。

A. 扫描电子显微镜　　B. 激光粒度仪　　C. X 射线衍射仪　　D. 比表面仪

二、多选题

1. 在电极材料的研发与锂离子电池的制造过程中，需要关注的技术指标包括（　　）。

A. 晶体结构与微观形貌　　B. 颜色外观

C. 物化指标　　D. 电化学性能

2. 采用扫描电子显微镜进行材料微观结构观察，可以获取的信息是（　　）。

A. 形貌特征　　B. 颗粒尺寸　　C. 是否团聚　　D. 物相结构

3. 振实密度的影响因素主要包括（　　）。

A. 粉体粒度分布　　B. 粉体形貌　　C. 粉体颜色　　D. 粉体质量

4. 实验室制备了某硅基材料，与石墨按一定比例混合，球磨一定时间最终获得硅基材料与石墨复合负极材料，测定了石墨的振实密度，并得到振实密度与石墨粒径的关系如下图，可以得到的信息是（　　）。

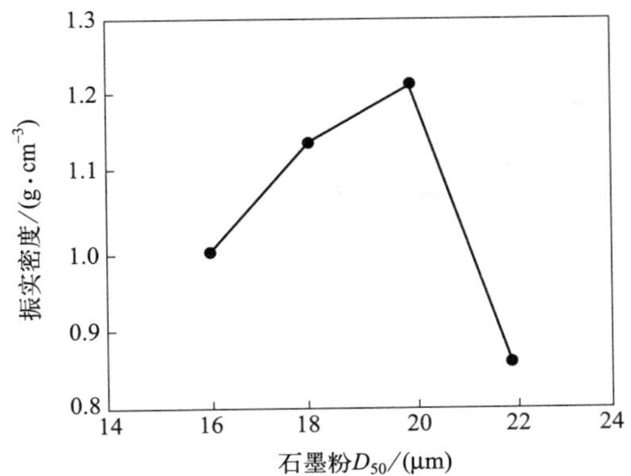

A. 振实密度太大

B. 振实密度与粒径无关

C. 复合材料的振实密度随石墨粒径先增加，后降低

D. 在 $D_{50}=20\mu m$ 时，振实密度达到峰值

三、判断题

1. 在进行 XRD 分析时，如果待测样品的衍射峰与某标准卡片衍射峰位置和强度对应，则说明该样品就是卡片对应的物质。（　　）

2. 活性材料比表面积的大小与电化学性能没有关系。（　　）

3. 振实密度同粉体材料加工性能有一定相关性，通常振实密度大，极片不易压实。（　　）

4. 颗粒越大越好，因为大颗粒粉体振实密度较高，所以，材料的电化学性能也较好。（　　）

5. 锂离子能够尽可能多地在负极材料中可逆地脱嵌，使得比容量值尽可能地大。（　　）

6. 对石墨类碳材料而言，灰分含量并不重要。（　　）

四、填空题

1. 一个样品的累积粒度分布百分数达到 10%时所对应的粒径，可以表示为________。

2. ________是指单位质量的材料所具有的总表面积。

3. ________是粉末材料经过振实后的堆积密度。

4. 石墨等碳材料在一定高温下灼烧时，发生一系列物理和化学变化，最后有机成分挥发，而无机成分则残留下来，灼烧至恒重后的残留物称为________。

5. 通常来讲，锂离子电池用石墨材料灰分含量要低于________ mg/kg。

6. 灰分是石墨等碳材料十分重要的性能指标，反映了石墨材料的________。

五、简答题

1. 简述 D_{50} 的物理意义。

2. 简述振实密度的测试方法。

第9章 新一代电池的展望

知识目标

理解锂硫电池、钠离子电池、固态锂电池和锂空气电池的概念、工作原理和特点。

能力目标

能够指出当前锂硫电池、钠离子电池、固态锂电池和锂空气电池关键材料存在的问题及发展方向。

现今便携式电子设备和电动汽车朝着轻量化、高功率的方向快速发展，因此对其核心器件锂电池提出了“高能量密度”的迫切需求。从各电池企业和车企公布的数据来看，2022年电池包能量密度在180～250Wh/kg。根据《中国制造2025》和《节能与新能源汽车技术路线图》发展规划，2030年电池能量密度需要达到500Wh/kg。电池的能量密度很大程度上取决于电池的正负极材料，显然目前的电池材料体系难以胜任未来电池的能量密度需求，因此，除了针对原有锂电池材料体系进一步探索之外，还有必要开发高能量密度、低成本和可再生的新型电池关键材料及技术。当下，除了锂离子电池，衍生出一系列新材料和新技术，包括锂硫电池、钠离子电池、固态锂电池和锂空气电池等，都被认为是极具发展潜力的新一代电池技术。

9.1 锂硫电池

硫作为电极材料，具有价格低廉、自然储量丰富、对环境友好且理论比容量高的特点，被认为是一种优异的锂电池正极材料。金属锂，因其具有较高的容量和较低的电极电位等优点，被认为是一种理想的锂电池负极材料。以单质硫（或硫基复合材料、含硫化合物）为正极，金属锂为负极，构建的锂电池称为锂硫电池。相对传统的锂离子电池正极材料，锂硫电池的硫电极具有更高的理论比容量（1675mAh/g）以及能量密度（2600Wh/kg），因此，得到国内外学者及专家的广泛关注。

9.1.1 锂硫电池的工作原理

锂硫电池是一种将电能储存在硫电极的电化学装置，基本组成如图9.1所示。锂硫电池由电池外壳、锂金属负极、电解液、隔膜和硫正极组成，其中，硫正极材料除了单质硫外，还包括高分子黏结剂和炭黑添加剂等。

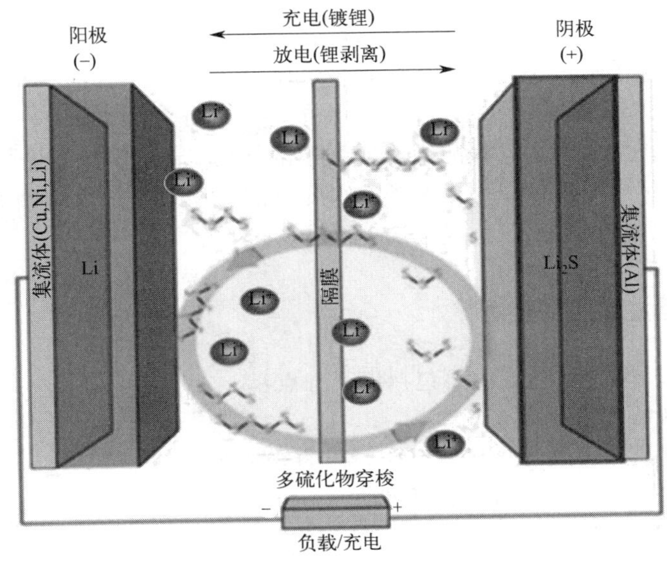

图 9.1　锂硫电池的工作示意图

在放电过程中，负极的锂金属失去一个电子变成锂离子，锂离子以浓差形式扩散到电解液穿过隔膜扩散到正极，与正极的硫单质发生一系列反应，生成各种价态的多硫锂化合物。同时，金属锂失去的电子经过外电路传输到正极，使得硫单质获得电子被还原。最终，在电解液中不溶性的硫单质（主要是八元环的硫）经一系列反应生成不溶性的低价硫化锂，如图 9.2 所示。

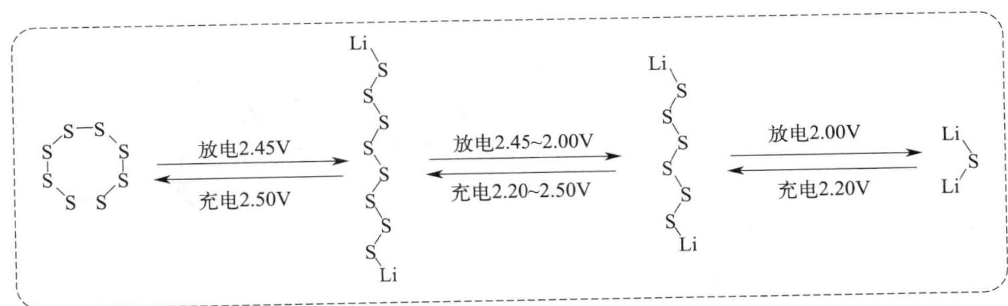

图 9.2　硫正极化学反应过程

事实上，放电过程是一个多步骤的氧化还原反应，并伴随着硫单质的相转移过程。放电时，由固相 S_8 环开环后被还原成液相 S_8^{2-} 链状阴离子，液相 S_8^{2-} 链状阴离子与锂离子发生反应（9.1），生成可溶性的高阶 Li_2S_8；然后，Li_2S_8 继续断链与锂离子发生反应（9.2），生成 Li_2S_4；同样地，Li_2S_4 继续断链与锂离子发生反应（9.3）生成低价态的不溶性的 Li_2S_2；最后 Li_2S_2 与锂离子发生反应（9.4）生成最终放电产物 Li_2S。

$$S_8+2Li^{+}+2e^{-}\longrightarrow Li_2S_8 \tag{9.1}$$

$$Li_2S_8+2Li^{+}+2e^{-}\longrightarrow 2Li_2S_4 \tag{9.2}$$

$$Li_2S_4+2Li^{+}+2e^{-}\longrightarrow 2Li_2S_2 \tag{9.3}$$

$$Li_2S_2 + 2Li^+ + 2e^- \longrightarrow 2Li_2S \tag{9.4}$$

虽然正极材料发生了上述一系列复杂反应，但是负极材料的反应是唯一的，如反应（9.5）所示。

$$Li \longrightarrow Li^+ + e^- \tag{9.5}$$

因此，锂硫电池的放电过程可用反应式表示如下：

$$S_8 + 16Li^+ + 16e^- \longrightarrow 8Li_2S \tag{9.6}$$

在充电过程中，发生上述过程的逆反应，不溶性的 Li_2S 将失去电子，被氧化成多硫锂化合物，最终重新生成单质硫；而锂离子在浓度差的驱动下经过电解液和隔膜扩散到负极，并获得了外电路回到负极的电子生成金属锂。

9.1.2 锂硫电池的优缺点

锂硫电池的优势非常明显，主要包括以下五点：

① 具有非常高的理论容量；

② 材料中没有氧，不会发生析氧反应，因而安全性能好；

③ 硫资源丰富且单质硫价格极其低廉；

④ 对环境友好，毒性小；

⑤ 锂硫电池结构与锂离子电池相似，生产锂离子电池的设备通过改造也能够应用于生产锂硫电池。

但锂硫电池真正应用还面临着一些问题，主要包括以下四点：

① 导电性和导锂性差。单质硫中硫分子是以 8 个 S 相连组成环状的 S_8，属于典型的电子、离子绝缘体，其室温下电导率仅为 5×10^{-30}S/cm，而且其放电产物 Li_2S_2 和 Li_2S 也都是电子绝缘体，因而在充放电过程中活性物质的利用率不高，倍率性能不佳。目前主要通过将硫和大量多孔碳材料复合，制备硫碳复合材料来解决锂硫电池正极材料的导电性和导锂性问题。

② 多硫化锂的穿梭效应。在锂硫电池充放电过程中，长链多硫化锂 Li_2S_x（$4<x\leqslant8$）会溶解至电解液中，穿过隔膜，达到负极并被还原成短链的多硫化锂 Li_2S_x（$2<x\leqslant4$）以及不可溶的 Li_2S_2 和 Li_2S，腐蚀负极。其中，可溶性的多硫化锂还会穿过隔膜重新回到正极，这种在正负极间来回穿梭的现象被称为多硫化锂的“穿梭效应”。此效应将导致锂硫电池的活性物质自放电，造成材料库仑效率不高。

③ 体积膨胀问题。硫在完全充电转化为硫化锂时，体积膨胀达 76%，容易引起正极材料的结构被破坏，影响活性物质的稳定性，造成容量衰减。

④ 金属锂负极枝晶问题。由于硫本身不含锂原子，所以必须使用金属锂单质作为负极材料，但这将不可避免产生锂金属的枝晶问题，带来安全隐患。

尽管锂硫电池还存在着一些问题，但随着对锂硫电池研究的深入，人们从硫正极材料、电解液和锂负极等多个角度开展工作，在提高硫材料的容量和循环性方面取得了很多进步。

9.1.3 锂硫电池材料的研究进展

9.1.3.1 硫正极材料

针对锂硫电池存在的问题，从硫正极材料的结构设计和改性方面进行改善提高，主要包括四个方面：一是与碳材料进行复合；二是与金属化合物复合；三是与金属有机骨架化合物复合；四是与多种材料复合。

（1）碳材料/硫复合材料

碳材料不仅具备良好的力学、电学和导热性能，而且具有成本低廉和来源广泛的优点，成为改善硫电极的理想材料。将硫与碳材料进行复合并作为锂硫电池的正极材料，具有以下优点：a. 碳材料良好的导电性，可提升硫电极的整体导电性；b. 大孔容有利于储存更多的活性物质，提高电池的能量密度；c. 多孔结构有利于电解质渗透，以提高电极的浸润性；d. 高比表面积，可提供更多的化学反应活性位点，增强对多硫化锂的物理吸附。近年来，国内外学者广泛研究的碳材料包括多孔碳材料、中空碳材料、碳纤维、碳纳米管和石墨烯。

① 多孔碳/硫材料。多孔碳材料往往具有较大的孔容量和比表面积以及较高的电导率，可有效提高硫正极材料的利用率，并减小充放电过程中的穿梭效应，从而提高硫正极材料的容量和循环稳定性。根据孔尺寸的大小，多孔碳可分为微孔碳（$d \leqslant 2nm$）、介孔碳（$2nm < d < 50nm$）、大孔碳（$d \geqslant 50nm$）以及多级孔碳。

实例 1

暨南大学麦耀华课题组制备了多层多孔碳包覆硫材料，通过碳材料内部较大的孔容负载更多的硫活性材料，进而有效提高了电极的含硫量，而且制备的三层电极进一步增加了整个电极的面积载硫量（如图9.3所示），从而提高了电极的能量密度。制备的多层电极在5.8mg/cm^{2}的硫负载量下，依然表现出较好的电化学特性，经测试，该材料在0.1C的倍率下，首次放电比容量高达1420mAh/g。即使在5C高倍率下，也依然保持626mAh/g的比容量，显示较强的倍率特性。电极在2C倍率下，经过500次循环，未见明显衰减，电极材料内部形貌和结构也没有明显变化，经过计算获得其每次循环的衰减率仅为0.033%。

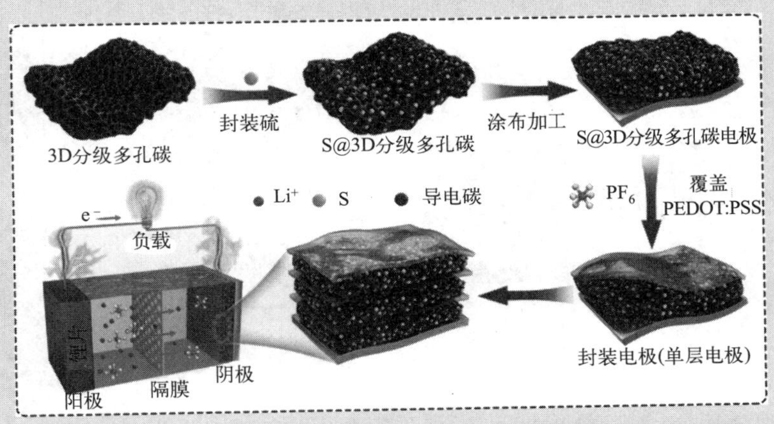

图9.3　三层多孔硫电极制备示意图

② 中空碳材料/硫材料。中空碳材料包括空心碳球、空心碳管、空心碳纤维等，不仅可为锂硫电池在充放电过程中提供体积膨胀空间，还可缓解多硫化物的扩散。

③ 碳纤维/硫材料。一维的碳纳米纤维作为导电骨架，为绝缘的硫提供了连续的导电网络，从而提高了正极的反应速率。

④ 碳纳米管/硫材料。通过碳纳米管负载单质硫，形成碳纳米管/硫材料复合电极。其中，碳纳米管不仅充当“导电线”的作用，增进单质硫的有效连接，增强电极材料内部的电接触，而且，通过“导电线”的相互交织形成了柔性的三维导电网络。在进一步提高复合电极导电性的同时，还可凭借其良好的机械韧性缓冲充放电过程中的体积变化，提高锂硫电池的循环稳定性。

⑤ 石墨烯/硫材料。石墨烯是一种由碳原子以 sp^2 杂化轨道组成六角形呈蜂巢晶格的二维碳纳米材料，具有导电性好、结构强度高以及比表面积大等优点，其特殊的物理性能为改性锂硫电池提供了较好的途径。石墨烯与硫复合构建石墨烯/硫复合材料电极，不仅有助于防止单质硫的流失，而且石墨烯还可以为硫提供一个导电网络，保证离子的有效传输。

实例 2

美国威斯康星大学 Gao Xianfeng 课题组合成的石墨烯/硫复合材料含硫量提高至80%，在210mA/g的电流密度下经过100次循环，可逆比容量达到808mAh/g，平均库仑效率为98.3%，表现出优异的电化学性能。

实例 3

华南理工大学陈少伟课题组通过将富硫聚合物负载于石墨烯片上（图9.4），以此来改善电极导电性，进而提高活性物质利用率。

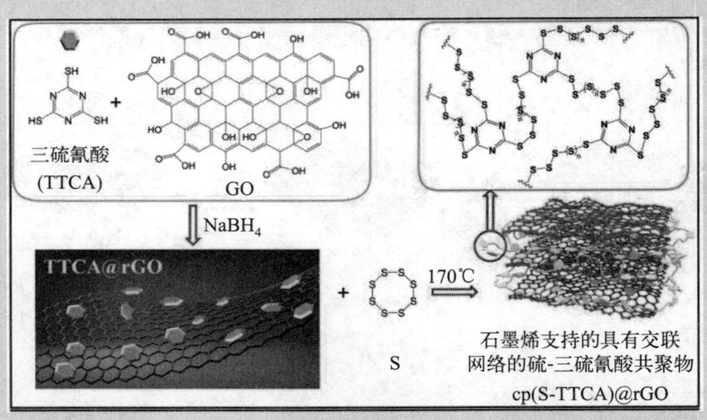

图9.4 富硫聚合物负载石墨烯制备示意图

（2）金属化合物/硫复合材料

碳纤维、碳纳米管、石墨烯等碳材料，虽然可提高硫正极的导电性，但非极性 C-C 键不能为极性多硫化物提供足够强的化学吸附作用力。与碳材料相比，具有纳米结构的金属化合物（如金属氧化物、金属硫化物）不仅可以吸附多硫化物，还能加快高阶多硫化物与 Li_2S_2/Li_2S 之间的转换速率。正是由于金属化合物具有更强的多硫化物吸附能力，因此，制备的锂硫电池具有硫利用率高和长期循环性能好的特点。

实例 4

Wei Seh Zhi 制备了一种 S@TiO_2核壳结构。TiO_2内部的空隙可承受硫在充放电过程中的体积膨胀，以保证 TiO_2壳结构的完整性，最大程度地防止多硫化物透过壳层的保护而溶解扩散，提高电池的循环稳定性及循环寿命。电化学测试结果表明：以0.5C 电流密度循环1000次后，库仑效率高达98.4%，且容量衰减率仅为0.033%。

大部分金属氧化物的导电性较差，为了克服这个问题，高导电性的 Magneli 相材料被应用于锂硫电池材料中。在 Magneli 相材料中，Ti_4O_7 的电导率高达 2×10^3 S/cm。一种经典的做法是将 Ti_4O_7 材料与单质硫复合形成电极材料，可展现出优异的电化学性能。因此，应用于锂硫电池的金属氧化物应具备如下特征：①在锂硫电池的电压窗口内，具有一定的电化学稳定性；②具有较大的比表面积；③具有一定的导电性能。

(3) 金属有机骨架化合物 MOFs/硫复合材料

金属有机骨架化合物材料（MOFs）是由有机配体和金属离子或团簇通过配位键自组装形成的具有分子内孔隙的有机-无机杂化材料，具有高比表面积和可调控孔尺寸的特点，可将其作为单质硫的载体应用于锂硫电池材料。MOFs 在负载硫方面具有对多硫化物的物理束缚作用和吸附作用的优点。

(4) 混合型硫复合材料

混合型硫复合材料是将碳材料、金属化合物和有机聚合物等多种材料组合在一起，共同作为活性物质硫的载体，可充分利用各种材料的优点。其中，多孔碳材料有良好的导电性且密度较小；金属化合物表面有较多的极性位点，对多硫化物有较强的吸附和催化作用；有机聚合物中极性官能团有良好的亲硫性能。多种材料优势的结合，可实现更好的电化学性能。

实例 5

Zhi Chang 等利用氧化物 Co_3O_4和碳布制备了一种具有核壳结构的复合 C@Co_3O_4材料。将其应用于锂硫电池正极材料，Co_3O_4纳米阵列的极性表面在放电过程中可将可溶性多硫化锂（Li_2S_n，$4<n<8$）吸收并转化为不溶的 Li_2S_2/Li_2S，均匀地沉积在 Co_3O_4纳米阵列表面。在充电过程中，Co_3O_4纳米阵列可催化 Li_2S_2/Li_2S 转化为可溶性多硫化锂，提高可溶性多硫化锂和不溶 Li_2S_2/Li_2S 之间的转化率，增强电池的可逆性。电化学测试结果表明：以0.5C 循环，首次比容量达1231mAh/g；以2.0C 循环500次，容量衰减率仅为0.049%，体现了优异的倍率性能和循环稳定性。

近年来，锂硫电池正极的发展取得了较大的进步，尤其是碳材料、纳米金属化合物材料和功能型复合材料等。对多硫离子的扩散抑制提出了更有效的措施，从最初简单的物理吸附与阻隔作用拓展到化学吸附。尽管如此，仍有许多问题尚未解决，其中，非极性碳材料对硫的物理吸附能力有限，将导致锂硫电池的容量迅速衰减；金属基材料导电性能差，不利于提升硫的电导率；金属基材料的密度远大于碳材料，会导致电极中硫的比例相对降低，使电池难以实现高能量密度；金属基材料的比表面积较小，孔容也小于碳材料，限制了硫载体的实际活性吸附位点。混合型硫复合材料可将各材料的优点综合在一起，但如何开发出最佳综合性能的复合材料，有待进一步研究。

9.1.3.2 锂负极材料

锂硫电池循环过程中，正极的中间产物多硫化锂会扩散到锂负极表面并与之反应，导致锂负极腐蚀钝化，电池性能衰减，电极表面粗糙度上升，即使是全固态锂硫电池也存在锂负极和固态电解质稳定性差、枝晶生长等问题。因此，锂负极保护是解决锂硫电池循环稳定性差的重要途径。目前，负极保护主要采用包覆法和预钝化方法。

包覆法是通过在锂负极表面引入保护层来提高锂硫电池的循环性能的方法，包覆材料一般具备良好的化学稳定性，不与多硫化物及锂负极发生反应，且具有较高的锂离子电导率等优点。例如，可采用光聚合的方法在金属锂负极表面包覆一层聚合物，改善锂负极与电解质界面的接触，并抑制电解质在金属锂负极表面的电化学分解，包覆后制备所得锂硫电池电化学性能明显改善。也可采用由 Li_3N 保护金属锂负极的方法，获得的全固态锂硫电池性能得到了极大提高。

预钝化方法是通过在电池组装前对金属锂进行化学处理，形成一层钝化层，以防止多硫化物对锂负极的腐蚀。例如，以 1,4-二氧六环作为包覆层对锂金属表面进行预处理可形成性能良好的 SEI 膜，从而提高锂负极的界面稳定性，基于此方法预处理的金属锂负极制备的锂硫电池的充放电效率和循环寿命均取得较大提高。

9.1.3.3 电解液体系

作为锂硫电池内部锂离子的传输媒介，电解液与硫正极和锂负极直接接触。因此，作为影响锂硫电池电化学性能的重要因素，电解液的研究引起了人们的广泛关注。为了抑制锂硫电池内部的“穿梭效应”，稳定金属锂负极，人们对多种电解液进行了研究，包括有机溶剂电解液和全固态电解质。

（1）有机溶剂电解液

锂硫电池中，活性物质利用率、电池稳定性、循环寿命和电化学反应速率均与电解液的组成存在密切联系。碳酸酯类和醚/聚醚类电解液是目前较为成熟的商业化有机溶剂电解液，在电解液中加入适量的添加剂可以稳定锂负极，提高氧化还原反应活性。例如，可采用适量添加 $LiNO_3$ 有机电解液的方法，所得电解液可在锂负极表面形成一层钝化膜，该钝化膜可有效抑制多硫化物在锂负极表面的沉积，从而抑制“穿梭效应”。

（2）全固态电解质

固态电解质可分为聚合物电解质和无机固态电解质，与电解液相比，固态电解质具有以下优点：①良好的化学和电化学稳定性；②抑制锂枝晶生长，安全性好；③能量密度高；④没有电解液泄漏的安全性问题。

聚合物电解质是能传输离子的离子导体，由聚合物膜和盐构成。按是否添加增塑剂，聚合物电解质又可分为凝胶聚合物电解质（GPE）和全固态聚合物电解质（SPE）。凝胶聚合物电解质是由聚合物基体、增塑剂和锂盐形成的具有稳定结构的聚合物网络，其室温离子电导率一般为 10^{-4}～10^{-3}S/cm。由于具有稳定性高、离子传导速率快和可塑性好等优点，凝胶聚合物电解质（GPE）近年来作为锂硫电池电解质越来越受到人们的关注。全固态聚合物电解质（SPE）是由锂盐与高分子聚合物基体经配位作用形成的一类配合物，而适用于锂硫电池的高分子聚合物为聚醚，其中聚氧化乙烯（PEO）及其衍生物由于能够有效地分离和溶解锂盐，由其制备所得配合物的离子电导率相对较高。

无机固态电解质可以完全阻止多硫离子的扩散，有效避免单质硫与高阶 Li_2S_x 的溶解，抑制锂枝晶的生长，进而提高锂硫电池的电化学性能及安全性。无机固态电解质又可分为晶态电解质和非晶态电解质，晶态电解质室温下离子电导率较低，且价格昂贵，在锂硫电池中应用较少；非晶态电解质的离子电导率较高，制备工艺简单，在锂硫电池中应用广泛。

9.1.4　锂硫电池的展望

对比传统锂离子电池，虽然锂硫电池有较大的理论质量能量密度而受到学术界和产业界的关注，但在实现大规模商业应用之前仍有一系列的技术问题亟待解决，如正极硫的循环稳定性差的问题、负极锂枝晶生长引发的安全隐患、体积能量密度低的问题等等。

9.2　钠离子电池

钠离子电池

钠离子电池起源于 1976 年，Whittingham 报道了 TiS_2 的可逆嵌锂机制，并制作了 Li‖TiS_2 电池，Na^+ 在 TiS_2 中的可逆脱嵌机制也被发现。19 世纪 80 年代，Delmas 和 Goodenough 相继发现了层状氧化物材料 $NaMeO_2$（Me＝Co、Ni、Cr、Mn、Fe）可作为钠离子电池正极材料，该发现奠定了钠离子电池的商业化基础。随后，Stevens 和 Dahn 发现硬碳材料具有优秀的钠离子脱嵌性能，这一发现成为钠离子电池领域的重大转折点。至此，钠离子电池两大关键材料得到确定，也为后续钠离子电池商业化应用打下基础。2011 年以来，全世界范围内越来越多的公司从事钠离子电池工程化的研究和生产。近年来，我国在钠离子电池领域也取得了较大的进步，2021 年，中科海纳推出了全球首套 1MWh 钠离子电池光储充智能微网系统，并成功投入运行；紧跟其后，宁德时代也相继推出能量密度达到 160Wh/kg，15 分钟可充满 80％的电量，－20℃可放出 90％电量的钠离子电池。党的二十大报告提出“深入推进能源革命，加强煤炭清洁高效利用，加快规划建设新能源体系”，为新时代实现能源电力高质量发展提供了行动指南和思想武器。钠资源丰富，而且分布广泛，目前国际上钠的生产和应用能力，我国占比超过 60％。因此，与锂离子电池相比，钠离子电池成本更低，目前钠离子电池领域已被许多新能源上市公司积极布局，预期钠离子电池将会与磷酸铁锂等技术路线并行发展，将助力实现守住能源安全底线、绿色发展、节约能源。

9.2.1　钠离子电池的工作原理

钠离子电池的结构与锂离子电池相同，主要由正极、负极、隔膜、电解液和集流体组成，正负极之间由隔膜隔开以防止短路，电解液负责充放电过程中钠离子在正负极之间的传导，集流体则起到收集和传输电子的作用。

钠离子电池的工作原理如图 9.5 所示，充电时，Na^+ 从正极脱出，经过电解液传导进入到负极，使正极处于高电势的贫钠态，负极处于低电势的富钠态。同时，有相同带电量的电子通过外电路从负极流入到正极以保持电荷的平衡。放电过程则与充电过程完全相反，Na^+ 从负极脱出，经由电解液穿过隔膜重回正极材料中，电子则通过外电路从正极流回到负极。因此，钠离子电池与锂离子电池的工作原理类似，钠离子电池和锂离子电池一样被称为“摇椅电池”，不同的是，充放电过程中的“电荷搬运工”是“钠离子”，而不是“锂离子”。

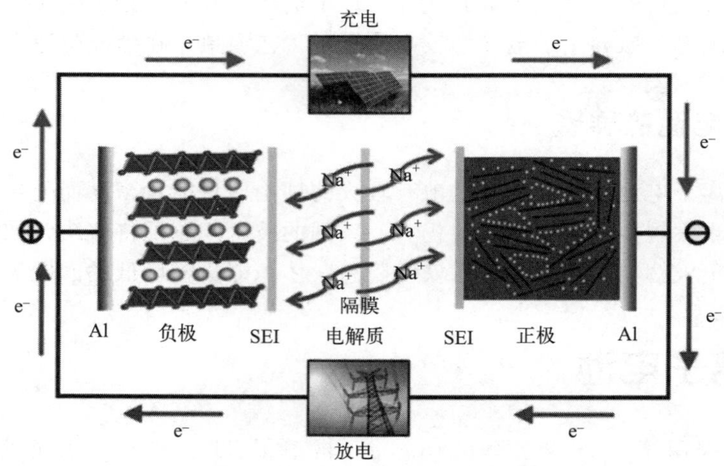

图 9.5 钠离子电池充放电原理

9.2.2 钠离子电池的优缺点

对比锂离子电池，钠离子电池有如下四点优势：

① 原材料优势：钠的储量丰富（2.75%），钠在地壳中的丰度位于第 6 位，更重要的是钠分布于全球各地，完全不受资源和地域的限制，所以，钠离子电池相比锂离子电池有较大的资源优势。

② 成本优势：钠离子电池正极材料多选用价格低廉且储量丰富的铁、锰、铜等元素，负极可选用无烟煤前驱体。由于铝和钠在低电位不会发生合金化反应，钠离子电池正极和负极的集流体都可使用廉价的铝箔而不是成本更高的铜箔。有数据表明，产业化的钠离子电池材料成本相较磷酸铁锂电池可降低 30%～40%。

③ 性能优势：钠离子的溶剂化能比锂离子更低，即具有更好的界面离子扩散能力，且钠离子的斯托克斯直径比锂离子的小，相同浓度的电解液具有比锂盐电解液更高的离子电导率，或者更低浓度电解液可以达到相同离子电导率，使得钠离子电池具备更快的充电速度，如宁德时代的第一代钠离子电池在常温下充电 15min 即可达到 80%的电量，充电速度约为锂离子电池的两倍。除了倍率性能优势，钠离子电池高低温性能优异，以宁德时代给出的数据为例，在−20℃低温的环境下，仍然有 90%以上的放电保持率，而锂离子电池（磷酸铁锂/石墨体系）小于 70%。

名词解释：斯托克斯直径

斯托克斯直径是指在同一流体中与颗粒的密度相同和沉降速度相等的圆球的直径。

④ 安全性高。在过充、短路、挤压等测试中，无起火、爆炸现象；而在运输环节，钠离子电池可以彻底放电，0V 运输，降低电池运输的安全风险。

与锂离子电池相比，钠离子电池也存在两个显著缺点。一是能量密度略低。宁德时代第一代钠离子电池单体能量密度为 160Wh/kg，比现在商业化应用的磷酸铁锂动力电池低一些，比三元锂电池要低不少。二是循环寿命略短。钠离子电池一般循环寿命为 3000 次，而磷酸铁锂电池可达 5000 次。

9.2.3　钠离子电池材料的研究进展

9.2.3.1　正极材料

正极材料作为钠离子电池重要组成部分，决定了钠离子电池的工作电压，对提高钠离子电池的输出功率有重要影响。与锂离子电池正极材料类似，性能优良的正极材料需要满足以下几个特点：循环过程中结构稳定、有较大的比容量、工作电压高、电子/离子导电性好、成本低无毒性。目前，钠离子电池正极材料的研究主要集中于过渡金属氧化物、聚阴离子化合物和普鲁士蓝类化合物。

（1）过渡金属氧化物

钠离子电池中的过渡金属氧化物包括层状氧化物和隧道型氧化物。层状氧化物的结构通式为 Na_xMO_2（M＝Fe、Mn、Ni、Co、Cr、Ti、V 或者其中几种的组合）。根据 Na 的配位特点和 O 的堆积形式，可把 Na_xMO_2 分为四种稳定的晶体结构：O2、O3、P3 和 P2，最常见的是 O3 和 P2 两种结构（如图 9.6 所示）。其中“O”或“P”表示 Na^+ 占据八面体或三棱柱，数字 2 和 3 表示每个晶胞由几种堆叠形式的层状结构组成。层状氧化物中的一元结构存在结构不稳定、循环效率差等缺点，因此其研究多集中于多元结构。

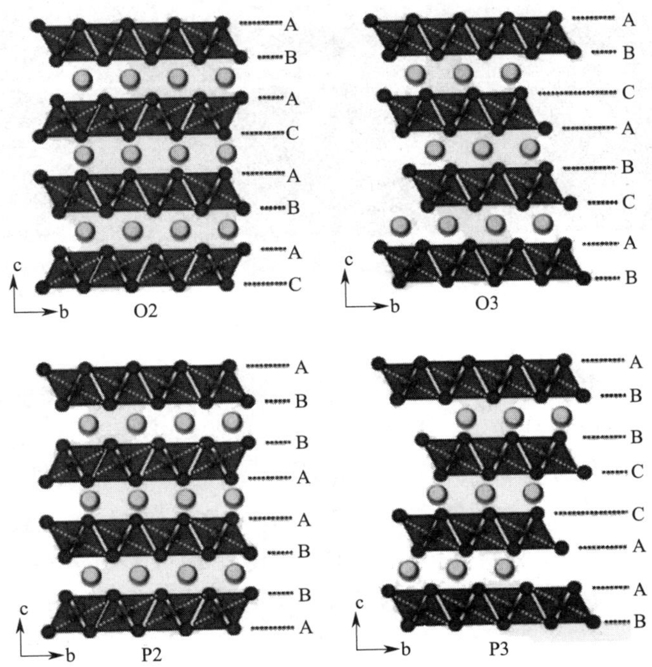

图 9.6　过渡金属氧化物四种晶体结构示意图

（A、B 和 C 代表 Na_xMO_2 化合物中氧的不同填充方式）

除层状氧化物之外，隧道型过渡金属氧化物在钠离子电池中的应用也有报道。在钠离子电池中，隧道型过渡金属氧化物与层状过渡金属氧化物相比，虽然特殊的结构使得其具有较好的循环性能，但是初始钠含量较低，导致其可逆容量较低。

实例 6

徐淑银课题组采用 O3型 $NaMnO_2$层状氧化物正极材料，对其进行惰性元素硼掺杂（图9.7），研究硼对其结构和电化学性能的影响。使用 X 射线衍射仪对掺杂前后的结构进行表征，之后再使用 SEM、EDS 对其进行形貌及元素分布分析。XRD 及其 Rietveld 精修结果表明，掺杂后 $NaB_{0.1}Mn_{0.9}O_2$原始材料依然保持 C2/m 的空间群，晶体结构没有改变。SEM 测试结果显示原始材料和掺杂后样品的变化。EDS 分析结果表明，Na、Mn、B、O 元素均匀分布在 $NaB_{0.1}Mn_{0.9}O_2$材料中。

根据电化学性能测试的结果，硼掺杂显著提高了 $NaMnO_2$层状正极材料的循环性能和倍率性能，这可能归因于通过掺杂抑制 Jahn-Teller 效应提高了材料的容量保持率。在0.5C 下，1.5～4.0V 的电压范围内，$NaB_{0.1}Mn_{0.9}O_2$可提供的最大放电比容量为158mAh/g，100次循环后样品的容量保持率约为41.5%。循环伏安（CV）测试和原位 XRD 测试表明，经过硼元素掺杂后的材料可以在循环中更好地保持结构的稳定性。

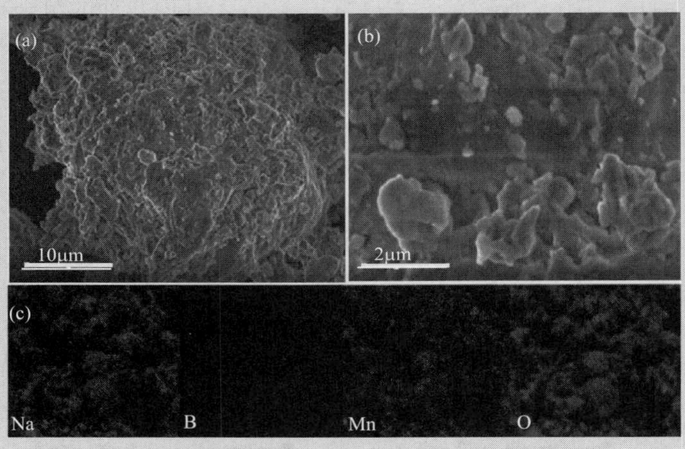

图9.7　$NaB_{0.1}Mn_{0.9}O_2$ 粉末的形貌图[(a)、(b)]和不同元素 EDS 分析图谱(c)

（2）聚阴离子化合物

聚阴离子化合物是由聚阴离子多面体通过强共价键与过渡金属离子多面体相连接而成。聚阴离子化合物的结构稳定性较好，且工作电压与聚阴离子周围的环境有关，具备可调控性。但是，聚阴离子化合物电子电导率普遍较低，一般需要与导电介质形成复合材料以改善其电化学性能。聚阴离子化合物的通式为 $AM(XO_4)_mY_n$，A 代表碱金属离子（如 Li、Na 和 K 等离子）；M 代表过渡金属离子（如 Fe、Mn、V、Co 等离子）；XO_4 代表聚阴离子基团（如 PO_4、SO_4 等）；Y 一般分为两类，一类是 F、N 和 O 等，另一类是 P_2O_7、B_2O_5 等。

目前，磷酸盐和焦磷酸盐的电化学性能较为突出。钒基聚阴离子化合物也是一种研究较多的钠离子电池正极材料，具有高的离子电导率，但由于金属多面体的分离以及阴离子在聚阴离子化合物结构中的强电负性，其电子电导率较低。

实例 7

蔡舒课题组以 SDS（十二烷基硫酸钠）充当表面活性剂和部分碳源，利用简单的水热法，合成了同时存在微孔、介孔和大孔的三维分级多孔结构的碳包覆磷酸钒钠（NVP/C-T），制备过程如图9.8所示。三维分级多孔结构赋予 NVP/C-T 复合材料较大的比表面积和孔隙率，能够加大反应活性面积，有利于电解液的存储和钠离子的快速传输，超薄的 NVP/C-T 纳米片缩短了离子和电子的转移路径，并提高了材料整体的电子导电性和电化学反应的连续性。NVP/C-T 复合材料表现出较好的倍率性能（即使在80C 的超高倍率下，NVP/C-T 也保持73.2mAh/g 的高比容量）和循环稳定性（在20C 的较高电流密度下进行了8000次的超长循环后仍保持93.3mAh/g 的比容量）。

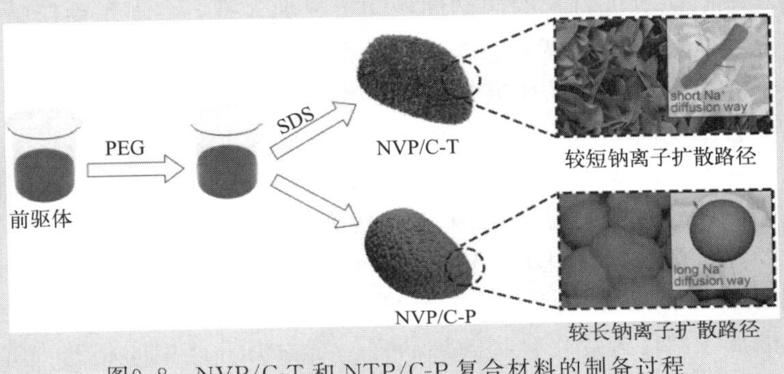

图9.8　NVP/C-T 和 NTP/C-P 复合材料的制备过程

(3) 普鲁士蓝类化合物

普鲁士蓝及其衍生物（Prussian blue analogues，PBAs）是过渡金属离子与氰根离子配位形成的配合物，这类材料的通式为 $A_xM_A[M_B(CN)_6]_2 \cdot nH_2O$，其中 M_A 和 M_B 为 Fe、Mn、Cu、Zn 等，A 为 Li、Na 和 K，材料晶体结构为面心立方结构，成相温度低，具有 3D 开放结构，其晶体结构示意图如图 9.9 所示。

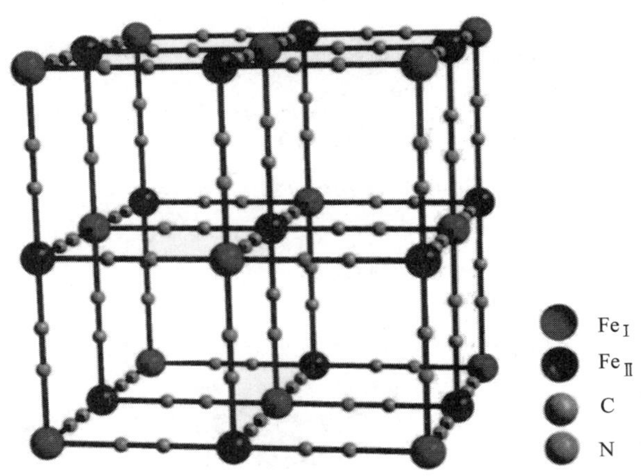

图 9.9　普鲁士蓝及其衍生物晶胞结构示意图（见彩插）

9.2.3.2　负极材料

钠离子电池负极材料的发展经历了一个较为漫长的过程，研究对象可以分为碳基和非碳材料两大类。碳基材料主要是指无定形碳材料，非碳材料主要包括合金类材料、金属化合物和有机化合物。从原料角度看，无定形碳前驱体来源广泛，易于制备，在钠离子电池负极材料领域最有可能率先实现产业化。

（1）碳基材料

碳基材料结构多样、价格低廉，被公认为是电池负极材料的首选。碳基材料主要分为石墨类和非石墨类碳材料，其中石墨类又包括天然石墨和人造石墨，非石墨类主要指硬碳和软碳。

层状结构的石墨，具有加工工艺简单、能量密度高、可逆容量大等优点。作为商业化的锂离子电池负极材料，石墨储锂比容量高达 360mAh/g，接近其理论比容量（372mAh/g），但是石墨作为钠离子电池负极材料的储钠性能却不尽如人意，主要是由于钠离子半径相对较大，石墨阻碍了充放电过程中钠离子的嵌入和脱出。然而这样的结果并没有影响研究者们对于石墨作为钠离子电池负极材料的研究热情，近年来，人们尝试多种方法来改善石墨的储钠性能，例如：扩大石墨层间距，调节溶剂种类、电解质浓度和温度等参数。

非石墨类材料分为软碳和硬碳，属于无定形碳，由于其具有更大的层间距和无序的微晶结构，更有利于钠离子的嵌入脱出，因此被研究者们广泛关注。一般认为，当温度在 2500℃以上时可以石墨化的碳材料称为软碳，又称为石墨化碳，内部的碳片层呈现出短程有序-长程无序的堆积特点，晶片层具有较大的厚度和宽度。软碳主要的存在形式为石油系或煤系的焦炭以及将富含稠环芳烃化合物的煤沥青、石油沥青或中间相沥青等炭化后的产物。硬碳是指在 2500℃以上不能石墨化的碳材料，其内部碳微晶排布呈现出随机取向的特点，比软碳更加无序、杂乱，并且含有微纳孔，因此，储钠性能较好，被科研工作者们认为是最有应用前景的碳基储钠负极材料。储钠比容量高、储钠电势低是硬碳的优势，近年来，大量硬碳材料的储钠性质被报道，比如煤、氧化沥青、蔗糖、葡萄糖、木质素、纤维素、有机聚合物、棉花、羊毛、酚醛树脂、花生壳、香蕉皮、柚子皮、木材等。

实例 8

邱介山课题组以煤沥青为碳源，尿素和硫粉分别为氮源和硫源，通过模板辅助及高温炭化的方式，成功制备了氮硫共掺杂沥青基多孔碳材料（图9.10）。该材料在1A/g 的高电流密度下循环300圈，比容量高达354.2mAh/g，展现出优异的长循环稳定性和高储钠比容量。构效关系研究表明，该材料具有尺寸适宜的孔道结构（40～80nm），促进了电解液的有效渗透和钠离子的快速扩散。

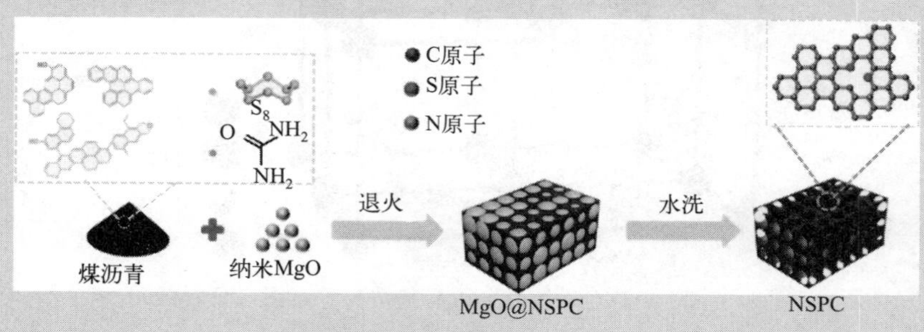

图9.10　氮硫共掺杂多孔碳的合成示意图(见彩插)

（2）合金类材料

硅（Si）、锡（Sn）、锑（Sb）、锗（Ge）、磷（P）等元素能够与钠离子实现合金化反应制备合金类材料，与碳基材料相比，其理论比容量高，是下一代钠离子电池负极材料的候选者。但是其体积膨胀率也非常高，有的甚至接近 500%。如此大的体积变化，在反复的充放电过程中会引起较大的机械应力，并且由于钠离子半径较大，在脱出后会在负极材料中留下较大的空穴，造成材料的性能迅速衰减。

为了改善体积变化对钠离子电池负极材料电化学性能的不利影响，可采取多种方法，例如：将合金类材料与石墨烯等纳米材料复合，或者采用碳材料包覆合金类材料等，以改善合金类负极材料的电化学性能。

实例 9

吕威课题组通过冰水浴共沉淀法合成 SnSb 纳米颗粒，再采用水热法将 SnSb 与还原氧化石墨烯复合形成 SnSb/rGO。如图9.11所示，在0.1*C* 的充放电倍率下，SnSb 和 SnSb/rGO 负极材料的首次放电比容量为844.2mAh/g 和946.2mAh/g。此外，SnSb/rGO 负极材料在200圈之后的保持比容量为200.4mAh/g，其循环性能明显优于 SnSb 负极材料。经电极动力学分析表明 SnSb/rGO 负极材料不仅具有更快的钠离子扩散速率，而且由于还原氧化石墨烯的存在，SnSb/rGO 在充放电过程中存在着电容性贡献，因此表现出更好的循环性能和倍率性能。

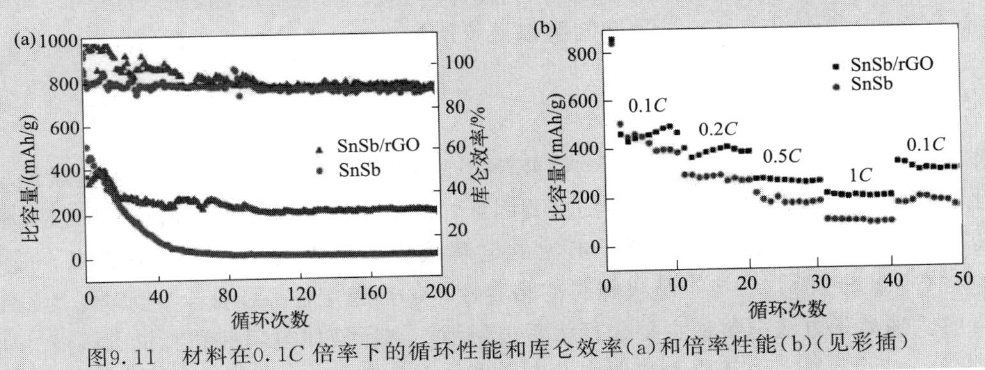

图9.11　材料在0.1*C* 倍率下的循环性能和库仑效率(a)和倍率性能(b)(见彩插)

（3）金属化合物

作为钠离子电池负极材料的另一类材料，金属化合物近几年也被广泛研究，这类材料理论容量高、储钠电压合适、安全性好、价格低廉，研究主要集中在以下两类，一是金属氧化物，包括 Fe_2O_3、CuO、TiO_2、SnO_2 等；二是金属硫化物，包括 MoS_2、Sb_2S_3、SnS_2 等。而这类材料普遍存在的问题是导电性较差以及循环过程中体积变化较大，所以，作为钠离子电池的负极材料往往表现出较差的倍率性能和循环稳定性。

为了改善这个问题，通常采用制备碳复合材料和微纳结构金属化合物的方法。例如，采用静电纺丝法制备的 Fe_2O_3@C 复合纳米纤维、微纳结构的 CuO/C、中空纳米结构的 SnO_2@C 以及 Sb_2O_3/Sb@石墨烯复合物等都表现出优异的电化学性能，由此可见，这些方法可以有效缓冲体积变化，增强反应动力学性能，很好地改善了材料的循环稳定性和倍率性能。

（4）有机化合物

有机化合物具有绿色环保、成本低、安全、结构灵活等特点，被认为是一种非常有潜力的钠离子电池负极材料。在钠离子电池中，有机化合物的储钠性质与 C═O 数量有关，具体的过程是储钠的时候，打开 C═O 键结合一个钠原子，脱出的时候再回到 C═O 键。对苯二甲酸二钠（$Na_2C_8H_4O_4$）是一种基于羧酸盐的有机化合物，被认为是一种新型的低成本室温钠离子电池负极材料，其分子结构如图 9.12 所示。该材料具有较低的嵌 Na 插层电压（0.29V vs. Na^+/Na）、高可逆比容量（250mAh/g）以及良好的循环性能。如果在 $Na_2C_8H_4O_4$ 电极表面镀上一层薄薄的 Al_2O_3，可以进一步提高其储钠性能。此外，有机羰基化合物（$Na_2C_6H_2O_4$）也是很有前途的二次电池电极材料，它由 Na-O 八面体无机层和 p 型苯有机层交替构成，具有较高的可逆容量和首次库仑效率。虽然有机化合物作为钠离子电池负极材料具有高比容量、资源丰富、成本低等优势，但是电子导电性能差制约了其应用，主要通过与碳复合的方法来提高其性能。另外有机化合物作为钠离子电池负极材料，对应的电解液也是有机溶剂，而电解液就不可避免地会溶解电极材料，这些问题都是亟待解决的。

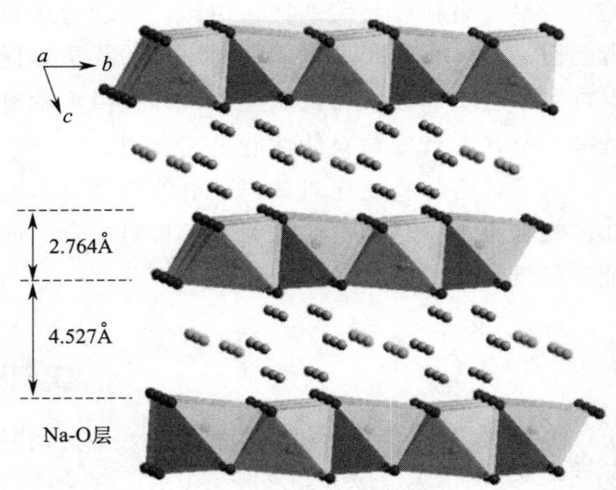

图 9.12　$Na_2C_8H_4O_4$ 的层状结构（见彩插）

9.2.3.3　电解液

作为电池的一个重要组成部分，电解液是电池内部连通正负极的桥梁，负责载流子在正负极之间的传输，是影响电池安全性的主要因素，对电池的能量密度、循环寿命以及倍率性能等也产生重要影响。适用于钠离子电池的电解液应该考虑的主要因素有五点：①黏度；②介电常数（$\varepsilon_r>15$）；③与正负极材料的相容性；④热稳定性；⑤安全、无毒、环保。

目前，钠离子电池电解液主要包括水系电解液、离子液体电解液和有机电解液。水系电解液具有高离子电导率、低成本和良好的安全性，但受限于水的分解电位较低，水系电解液的工作电压范围遭到大大缩小，严重制约了钠离子电池的能量密度。离子液体电解液具有宽电化学窗口和高安全性，但其高成本和高黏度阻碍了其大规模实际应用。有机电解液具有稳定的电化学性能、很高的离子电导率以及较低的价格，是目前钠离子电池电解液实际应用中最有前景的选择。

9.2.3.4　隔膜

作为钠离子电池关键材料的一部分，隔膜能够隔绝钠离子电池正负极，储存电解液以供钠离子的自由传输，对电池的电化学性能起着重要的作用，甚至在很大程度上决定了电池的安全性。然而，国内外对钠离子电池隔膜材料的使用和研究较少，主要分为三种：①玻璃纤维滤纸；②有机聚合物无纺布；③聚烯烃复合隔膜。其中，玻璃纤维滤纸是一种无机材料制备成的纤维状非纺滤纸，本身较厚，不太适用于高能量密度的电池中，且较为昂贵，拉伸强度很低，目前只能在实验室中用作钠离子电池隔膜，不太适合大规模使用。聚烯烃复合隔膜是通过将有机或无机材料和商业化聚烯烃隔膜复合在一起，达到可在钠离子电池中使用的目的，厚度较薄，若能解决润湿性和热稳定性问题，可适用于高安全和高功率电池。

目前已商业化的电池隔膜主要有聚乙烯（PE）和聚丙烯（PP）隔膜，拥有优异的力学性能、化学稳定性，以及低廉的价格。然而由于固有的缺点，热稳定性差，对钠离子电池电解液的润湿性能也很差，不太适用于钠离子电池。因此，需要寻找到新的可以与钠离子电池体系匹配的隔膜显得尤为重要。

9.2.4　钠离子电池的展望

虽然钠离子电池在能量密度、循环寿命等方面相对锂离子电池存在先天性不足，但由于钠离子电池具备成本优势，而且在倍率性能、低温性能和安全性能等方面优于锂离子电池，因此，未来钠离子电池有望应用于规模储能、低速电动车、电动船等对能量密度要求较低，但成本敏感性较强的领域。

目前，钠离子电池产业链布局仍处于初级阶段，优异的应用前景吸引了众多企业开始布局钠离子电池，国外有英国 FARADION 公司，美国 Natron Energy 公司，法国 NAIADES 公司，日本岸田化学、松下、三菱，国内布局钠离子电池的企业众多，其中，具有代表性的主要有宁德时代、中科海纳、华阳股份等公司。随着国内外众多企业的研发和布局，将进一步加速钠离子电池的产业化进程。

9.3　固态锂电池

动力电池领域公认的标准是：如果电动车的电池能量密度能从当前主流的 160Wh/kg 提升至 400Wh/kg，那么电动车足以完全取代传统的燃油车。面对这一创造历史的机遇和巨大的市场前景，国内外电池生产厂商也已开足马力投身于下一代的动力电池的研发，其中，“固态电池”是当下最火热、最被寄予厚望的“超级电池”研发技术路径。有相关机构预测，到 2030 年，全球固态电池需求预计达 500GWh，市场规模在 3000 亿元以上。巨大的市场需求和应用前景，让固态电池的研发进入国家战略发展领域。目前，中国、美国、日本、德国等世界主要经济体均制定了各自的固态电池发展规划。总体计划是在 2020～2025 年期间致力于提升电池能量密度并逐步向固态电池转变，2030 年前后研发出商业化运用的全固态电池。

固态电池

当前，日本丰田、松下、本田，韩国 LG，德国宝马、大众，以及国内的宁德时代、比亚迪等动力电池巨头，均已布局固态电池领域。

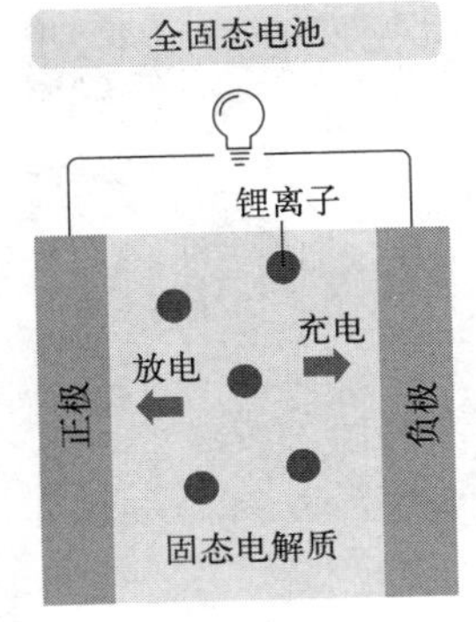

图 9.13　固态电池示意图

9.3.1　固态锂电池的工作原理

不同于传统的基于电解液的锂离子电池，在固态锂电池中，固态电解质取代了传统锂离子电池中的隔膜和电解液，起到在正负极之间传输锂离子和阻挡电子通过的作用，具有的密度以及结构可以让更多带电离子聚集在一端，传导更大的电流，进而提升电池容量，如图 9.13 所示。因此，同样的电量，固态锂电池体积将变得更小。不仅如此，固态锂电池中由于没有电解液，封存将会变得更加容易，在汽车等大型设备上使用时，也不需要再额外增加冷却管、电子控件等，不仅节约了成本，还能有效减轻重量。

9.3.2 固态锂电池的优缺点

相比于传统锂离子电池，固态锂电池优势非常明显，主要体现在以下几个方面：

① 安全性高：不可燃、无腐蚀、不挥发、不漏液、耐高温的固态电解质，取代液态电解质以及隔膜，解决了可燃性有机液态电解质产生的自燃风险。传统锂离子电池因使用液态电解质，所以，高温下氧化分解、产生气体、发生燃烧等安全问题都有可能出现（例如手机电池鼓包或爆炸，如图 9.14 所示），而固态锂电池则不会出现这个问题。

图 9.14　手机电池鼓包

② 能量密度高：一是电压平台提升，负极采用金属锂，正极采用高电势材料，电化学窗口能达到 5V 以上；二是减轻电池重量，电极间距可以缩短到微米级，内部串联后简化电池外壳及冷却系统模块，提高系统能量密度；三是材料体系范围大幅扩大，使用了全固态电解质后，锂离子电池可以不必使用嵌锂的石墨负极，而是直接使用金属锂来作负极，这样可以大大减轻负极材料的用量。如果不改变现有正负极体系，单纯把液体电解质更换为固体电解质，是无法从根本上提升能量密度的。

相比于传统锂离子电池，固态锂电池能量密度高、体积小且薄。这是因为传统锂离子电池中，隔膜和电解液加起来占据电池近 40% 的体积和 25% 的质量，而固态锂电池因为使用固态电解质能够压缩大部分的体积及质量，如图 9.15 所示。

图 9.15　固态锂电池外观

图 9.16　柔性薄膜全固态锂电池

③ 循环寿命长：固体电解质有望避免液态电解质在充放电过程中持续形成、生长固体电解质界面膜的问题，以及液态电解质锂枝晶刺穿隔膜问题，进而极大提升电池的循环性和使用寿命。

④ 薄膜柔性化：全固态锂电池可以制备成薄膜电池和柔性电池，未来可应用于智能穿戴和可植入式医疗设备等各种新型小尺寸智能电子设备。相对于柔性液态电解质锂电池，封装更为容易、安全，如图 9.16 所示。

⑤ 便于回收：电池回收有干法和湿法两种，其中，湿法是把里面有毒有害的液态芯取出来，干法是采用一定的方法（如破壁）把有效的成分提取出来。全固态锂电池的优势就在于，电池里面没有液体，理论上讲没有废液，回收更简单。

⑥ 工作温度范围宽：由于固体更紧密坚固，这种高导电性的固态锂电池能在更宽的温度范围下供电，抵抗物理损伤和高温的能力更强。固态锂电池的最高操作温度有望升高到 300℃甚至更高。

当然，和传统锂离子电池相比，固态锂电池也有如下缺点：

① 就当前水平而言，固态电解质的体相离子电导率远低于液态电解质的水平，往往相差多个数量级。低的离子电导率意味着电解质传导锂离子的能力较差，使锂离子不能顺利在电池正负极之间运动。

② 固态电解质拥有高界面阻抗。如图 9.17 所示，在电极与电解质界面上，传统液态电解质与正负极的接触方式为液-固接触，界面润湿性良好，界面之间不会产生大的阻抗。相比之下，固态电解质与正负极之间以固-固界面的方式接触，接触面积小，与极片的接触紧密性较差，界面阻抗较高，离子在界面之间的传输受阻，直接影响电池的能量密度与功率密度。

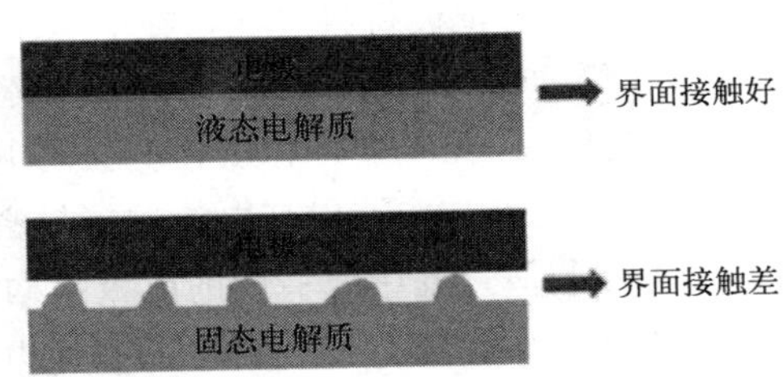

图 9.17　固态锂电池和传统锂离子电池界面接触对比

与传统锂离子电池相比，固态锂电池在材料和工艺上也存在一些差异，具体如下：

① 正极材料：固态锂电池正极材料要求离子活性强，一般采用复合电极，即在电极活性材料中掺入一些固态电解质和导电剂。

② 负极材料：固态锂电池多采用合金，基本要求是电位低、嵌入锂离子能力强、充放电过程中体积变化小等。

③ 电解质：固态锂电池采用的是固态电解质，不含易燃、易挥发组分，彻底消除电池因漏液引发的电池起火等安全隐患。目前比较成熟的有聚合物固态电解质、氧化物固态电解质和硫化物固态电解质三类。

④ 隔膜：固态电池中不存在隔膜。

⑤ 外形封装：固态锂电池多采用软包的封装技术，因其没有液态电解质，所以，封装比传统锂离子电池更灵活、更轻便。

9.3.3 固态锂电池材料的研究进展

9.3.3.1 正极材料

固态锂电池的正极材料基本沿袭了锂离子电池正极材料的特点，正极材料应满足以下条件：

① 作为锂源的正极材料必须保证具有充足的Li^+，在电池充放电过程中用于脱嵌之外，还需消耗一部分Li^+在首次充放电时负极与电解质的界面处形成稳定的SEI膜；

② 较高电极电位可以带来高输出电压；

③ 稳定的充放电平台带来稳定的电极输出电压；

④ 正极材料具有小的电化当量与大的可逆Li^+量，可以使得电池具有较大的能量密度；

⑤ 正极材料具有优异的Li^+扩散系数以及稳定的电极界面，可以使电池具有大倍率充放电性能；

⑥ 正极材料结构稳定，可以延长电池的使用寿命；

⑦ 高的离子与电子电导率；

⑧ 无毒且化学稳定性强，成本低廉，储备量高。

现如今固态锂电池正极材料可使用液态锂离子电池的磷酸铁锂、三元材料、锰酸锂等正极材料体系。

9.3.3.2 负极材料

负极材料与正极材料一样，在电池中作为关键的一部分，应满足以下条件：

① 较低的Li^+脱嵌电位能为电池营造高的输出电压；

② 保证Li^+在脱嵌过程中，电极的电位波动幅度小，电池能够稳定输出电压；

③ 可逆性好，能够提高电池的能量密度；

④ Li^+脱嵌过程中，稳定的电极结构可以提供电池良好的循环寿命；

⑤ 1.2V（vs. Li^+/Li）以下的嵌锂电位能够在负极与电解质界面处形成固体电解质界面膜（SEI膜），这样可以有效防止电解质与电极之间发生副反应；

⑥ 较高的电子和离子传输性能可以为电池提供较好的倍率性能；

⑦ 材料环保安全且利于回收利用；

⑧ 成本低廉，易于制备。

固态电池的负极材料主要有金属锂、氧化物材料、硅系材料、碳基材料等。最为常见的是石墨材料，但是其能量密度较低，将来可能以硅系材料为主，而金属锂负极材料短期内实现大规模应用的可能性较小。在能量密度上，石墨＜硅系＜金属锂。

9.3.3.3 电解质

固态电解质替代了传统液态锂离子电池中的电解液和隔膜，在正极与负极之间充当锂离子传输介质及物理屏障的部分。1833年，法拉第首次发现固态Ag_2S和PbF_2具有离子传导能力，自此以后人们开始了对固体在离子电导方面的研究。而“固态离子”一词，源于20世纪60年代具有Na^+传导能力的$Na_2O_{11}Al_2O_3$被发现，研究人员发现了该类材料拥有高离子电导率的特性，有作为固态电解质的潜力，自此开启了将拥有离子传导能力的固体用于电池体系的大门。1973年，研究者在聚环氧乙烷（polyethylene oxide，PEO）中也观察到了离子传导现象，自此固态离子的研究范畴也被进一步扩大到聚合物类材料。

离子在固态导体和液态导体中迁移是完全不同的传输机理。在液态电解质中，溶剂内部环境单一，离子发生几乎完全的溶剂化，而溶剂化分子之间交换速度非常快，所以可以快速移动。因此，选择溶解度较大的溶质、具有高介电常数和低黏度性质的溶剂可以提高溶剂化分子的运动能力，从而有效提高离子电导率。而对于无机结晶态固体，离子迁移主要取决于晶格缺陷的浓度与分布，其扩散往往需要跨越更高的能垒，也造成了固态电解质相对较低的离子电导率。就聚合物电解质而言，离子传输是通过阳离子与不同吸电子基团发生配位作用，并随着配位键在电场作用下不断形成与断裂，在相邻配位点间迁移。此外，聚合物链段拥有局部运动能力，也造成了离子在聚合物链段内和链段间的移动。固态无机电解质具有高离子电导率、高 Li^+ 迁移数、优异的热稳定性等特点，但其与电极的界面接触不良影响了其在全固态电池中的应用。相反，固态聚合物电解质在界面接触方面表现良好，单聚合物电解质总是伴随着固有的缺点，包括离子电导率低和热稳定性不理想。固态电解质是实现固态锂电池高能量密度、高安全性的核心关键材料，其热稳定性、离子电导率、化学稳定性和界面性能等的研究直接影响了全固态电池产业化的进程。

固态电解质根据材料特性可以分为三种类型：无机电解质、聚合物电解质和复合电解质。

（1）无机电解质

通常，高度极化的阴离子骨架更适合离子传导。但其与电极的界面接触常伴随很大的界面电阻，影响了其在全固态电池中的应用。目前研究最多的无机固态电解质主要包含硫化物电解质和氧化物电解质。

（2）聚合物电解质

相比传统的无机电解质，聚合物电解质更易于加工、质量轻、制作成本低、柔韧性高、与电极间界面电阻低，且充放电过程中其形状变化可一定程度上缓和体积膨胀。固态聚合物电解质的研究最早可追溯到 20 世纪 70 年代，Fenton 通过实验发现 PEO 与碱金属离子间存在着较强的缔合作用。随后，Armand 等人开始了将 PEO 用于储能器件的探索。此后，对新型聚合物电解质及其离子转移机制的理论建模、电解质/电极界面物理和化学性质等方面进行了大量研究。相比于无机电解质，聚合物电解质往往同时包含可溶解锂盐的聚合物和可解离锂盐。因此，对于聚合物电解质的开发，往往包含三个部分：可解离锂盐、聚合物基体和添加剂。锂盐的选择应主要考虑其是否具有小的晶格能和高的解离常数，阴离子的电荷是否具有较大的分散常数。为了溶解锂盐，聚合物基体往往需要包含极性官能团，比如—O—、═O、—S—、—N—、C═O 和 C≡N 等，这些极性官能团可以和锂离子发生配位反应，起到传输锂离子的作用。一般认为，锂离子的迁移主要发生在聚合物的无定形区域，因此，降低聚合物的结晶性，增大无定形区域有利于提高聚合物电解质的离子电导率。添加剂可以是有机液体及有机小分子物质、无机填料或离子液体等，目的是改善固态聚合物电解质的综合性能。一般研究最多的聚合物电解质包括 PEO、聚碳酸酯（polycarbonate，PC）、聚丙烯腈（polyacrylonitrile，PAN）和聚偏氟乙烯［poly（vinylidene fluoride），PVDF］等。

实例 10

张爱玲课题组通过自动刮膜技术制备了 DF/PEO（DF_x/PEO，x 为 DF 添加量）电解质，在 PEO 基体中引入 DDBA 改性芳纶纤维（DF）作为增强相抑制结晶来提高电解质室温离子电导率、离子迁移数和热稳定性能，对 PEO 电解质和 DF/PEO 电解质进行了红外、扫描电镜、偏光显微镜（POM）、热稳定性分析、结晶度分析以及离子电导率、离子迁移数和 LSV 分析表征。红外光谱分析表明 Li^+ 与 PEO 链段发生配位作用，DF 酰胺基团中 N—H 键与 LiTFSI 和 PEO 基体中 C—O 键发生氢键作用（图9.18）；特征吸收峰位置以及吸收峰形状改变表明 DF 与 PEO 链段和 LiTFSI 发生相互作用。SEM 表明在 PEO 电解质中引入 DF 会破坏 PEO 基体连续有序的排列结构，呈现连续无规则排列且有少量微孔存在。当 DF 添加量为2%时，DF/PEO 电解质的初始分解温度从312℃升高到386℃，热稳定性增强；相对结晶度从40.6%降低到34.4%，无定形区域面积增加；室温离子电导率最大为1.98×10^{-5}S/cm；分解电压为4.7V，离子迁移数为0.30。少量 DF 的加入有助于提高 PEO 基电解质的热稳定性和电化学性能，但较大量 DF 的加入会使电解质增加且界面阻抗增加。

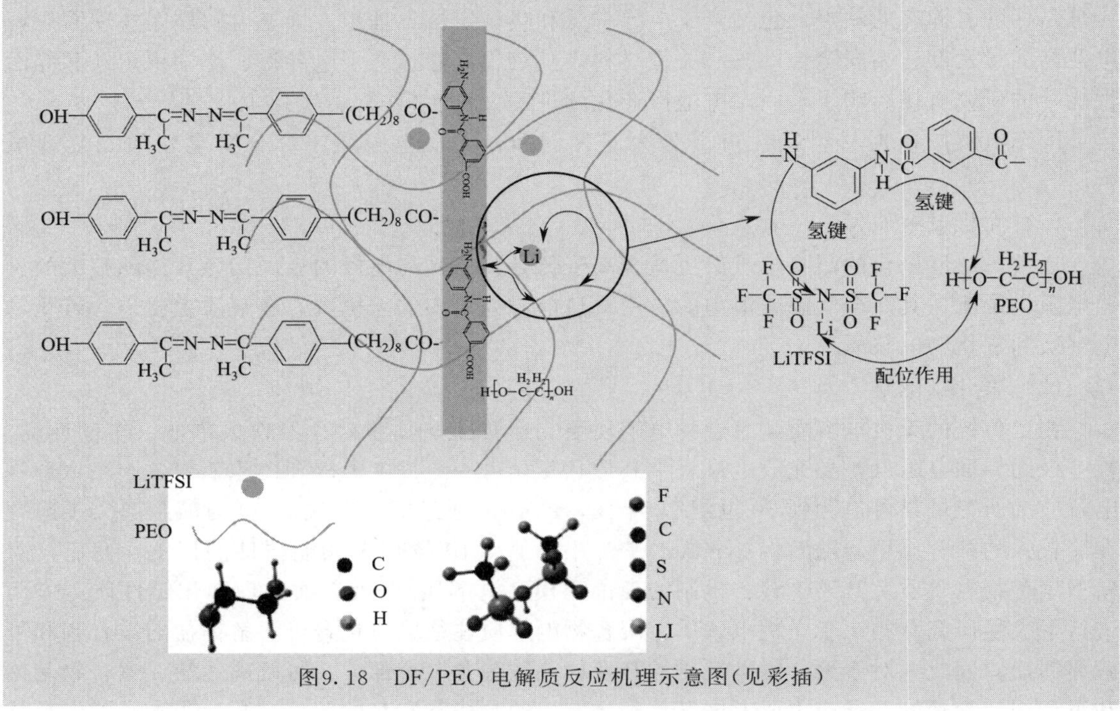

图9.18 DF/PEO 电解质反应机理示意图(见彩插)

（3）复合电解质

对于氧化物电解质来说，其往往表现出良好的离子电导率和力学性能，而界面问题很难解决，虽然硫化物电解质具有接近液态电解质的高离子电导率，但其电化学稳定性和空气稳定性较差。聚合物电解质易于制备，具有良好的界面相容性，但低的电导率和锂离子迁移数使其难以在室温下实际应用。很明显，这些固态电解质都不能满足固态锂电池应用的所有性能要求。结合不同种类固态电解质的优点，如无机电解质的高离子电导率和聚合物电解质的柔韧性，制备出复合电解质，成为打破固态锂金属电池极限的有效解决方案，现有几种常见复合固态电解质形式如图 9.19 所示。复合电解质不仅能解决氧化物电解质的界面问题，而且能有效提高聚合物电解质的离子导电性，在固态锂电池领域具有广阔的应用前景。

9.3.4 固态锂电池的展望

固态锂电池能量密度和热稳定性显著优于液态锂离子电池，具有远期商业化前景。近年来，下游应用领域的不断革新对锂电池行业提出了愈来愈高的要求，锂电池技术也由此不断

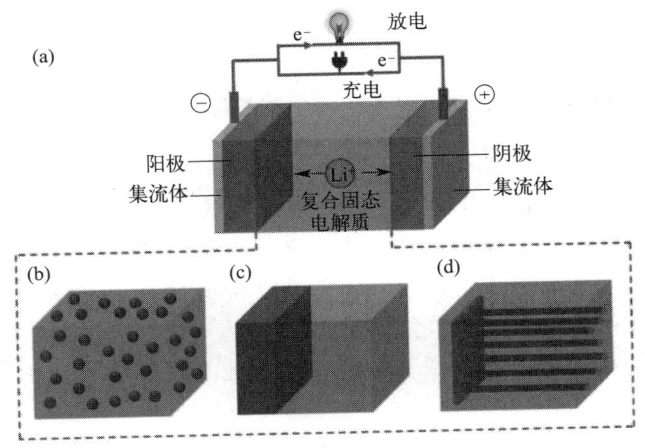

图 9.19　使用复合电解质的固态锂电池示意图

(a) 固态锂电池结构；(b) 纳米陶瓷电解质填充的复合固态电解质；
(c) 异质双层固态电解质；(d) 填充 3D 陶瓷电解质框架的复合固态电解质

进步，向更高的能量密度与安全性进发。从锂电池技术发展的路径来看，液态锂离子电池能够实现的能量密度已经逐渐接近它的极限，固态锂电池将是锂电发展的必然方向。中国汽车工业协会数据显示，我国新能源汽车在 2011～2018 年之间高速发展，销售呈现爆发式增长，7 年间销量增长超 150 倍，2019 年受补贴大幅度滑坡等影响，销量有所下降，2020 年则逆势上升，达到了 136.73 万辆的新高，同比 2019 年增长 13.4%。随着下游新能源汽车需求规模快速增长，固态锂电池行业发展前景广阔。

近年来，各大车企和动力电池企业纷纷布局固态锂电池。蔚来于 2021 年初发布了一块单体能量密度达到 360Wh/kg 的 150kWh 的固态锂电池包，并定于 2022 年第四季度对外交付。丰田与松下合作成立合资公司共同研发生产固态锂电池，并计划于 2025 年之后正式量产首款固态锂电池汽车。大众与固态锂电池汽车企业 Quantum Scape 合作，预计于 2025 年销售固态锂电池。现代也预计于 2030 年大规模生产固态锂电池汽车。

目前，全球企业开始加大固态锂电池方面的研究布局，加上各国政策的推动，固态锂电池产业化进程有望加快。预计 2023～2025 年全球固态锂电池出货量将逐步出现并有所提升，随着市场的逐步成熟和技术的稳定，预计 2025～2030 年市场出货量将以 59.4%的年复合增长率快速增长，到 2030 年出货量将超过 250GWh。

综合锂电池技术的发展路径、我国各类规划以及各企业固态锂电池布局来看，固态锂电池行业将成为大势所趋。未来，我国固态锂电池行业的相关技术将不断进步，固态锂电池也将呈现更高的能量密度，更优秀的安全性以及更低的成本，其实现规模化生产和商业化发展的时日已并不遥远。

课后作业

一、单选题

1. 锂硫电池硫电极理论比容量为（　　）。

A. 1675mAh/g　　B. 1400mAh/g　　C. 1200mAh/g　　D. 1375mAh/g

2. 下列关于锂硫电池说法，不正确的是（　　）。

A. 具有非常高的理论容量

B. 材料中没有氧，不会发生析氧反应，因而安全性能好

C. 硫资源丰富且单质硫价格极其低廉

D. 对环境危害巨大，毒性大

3. 下列关于钠离子电池的工作原理，不正确的是（　　）。

A. 钠离子电池主要由正极、负极、隔膜、电解液和集流体组成

B. 电解液负责充放电时钠离子在正负极之间的传导

C. 集流体起到收集和传输电子的作用

D. 充电时，Na^+从负极脱出，经过电解液传导进入到正极，使正极富钠态，负极处于贫钠态

4. 下列关于钠离子电池的说法，不正确的是（　　）。

A. 钠的储量丰富，相比锂离子电池有非常大的资源优势

B. 钠离子电池材料成本相较磷酸铁锂电池可降低30%～40%

C. 钠离子具有更好的界面离子扩散能力，且钠离子的斯托克斯直径比锂离子的小

D. 在零下20℃低温的环境下，仅有50%以上的放电保持率

5. 下列关于固态锂电池的说法，不正确的是（　　）。

A. 固态电解质取代了传统锂离子电池中的隔膜和电解液

B. 相比于有机电解液的锂离子电池，同样的电量，固态锂电池体积变得更小

C. 固态锂电池中由于没有电解液，封存将会变得不容易

D. 在汽车等大型设备上使用时，也不需要再额外增加冷却管、电子控件等，不仅节约了成本，还能有效减轻重量

二、判断题

1. 虽然锂硫电池结构与锂离子电池相似，生产锂离子电池的设备通过改造也不能够应用于生产锂硫电池。（　　）

2. 钠离子电池与锂离子电池的不同之处在于，充放电过程中的“电荷搬运工”是“钠离子”，而不是“锂离子”。（　　）

三、填空题

1. 相对传统的锂离子电池正极材料，锂硫电池硫电极具有更高的理论比容量________以及能量密度________。

2. 锂硫电池由电池外壳、锂金属负极、电解液、隔膜和硫复合正极材料组成，其中，硫复合正极材料除了单质硫外，还包括高分子黏结剂和________等。

3. 钠离子电池在充电时，Na^+从正极脱出，经过电解液传导进入到负极，使正极处于高电势的________，负极处于低电势的________。

4. 固态电解质是在传统液态锂离子电池中替代________和________，在正极与负极之间充当锂离子传输介质及物理屏障的部分。

5. 固态电解质根据材料特性可以分为三种类型：________电解质、________电解质和复合电解质。

参考答案

第 1 章课后作业

一、单选题

1～5：DCBBA　6～9：CDAC

二、多选题

1. ABCD　2. ABCE　3. ABCD　4. ABC

三、判断题

1～5：××√××

6～10：√×√√×

11～13：×××

四、填空题

1. 化学能

2. 锂金属；锂离子

3. 锂离子

4. 锂

5. 摇椅

6. 强

7. 快慢；电流；额定

8. 3000；0.1

9. 3.7

10. 克

11. 96485

五、主观题

1. 答：通常所说的锂电池的全称应该是锂离子电池（简称 LIB），它以石墨等碳材料为负极，以含锂的过渡金属氧化物为正极；在充放电过程中，没有金属态锂存在，只有锂离子，这就是锂离子电池名称的由来。

2. 答：充电时，Li^+ 从正极脱出，经过电解液传输，穿过隔膜嵌入到负极，负极处于富锂状态，正极处于贫锂状态，同时电子的补偿电荷从外电路供给到石墨负极。放电时，则刚好相反，Li^+ 从负极脱出，经过电解液传输，穿过隔膜嵌入到正极材料中，正极处于富锂状态，负极处于贫锂状态，同时电子从外电路供给到正极。

3. 答：自放电就是当锂离子电池充电至一定荷电状态，在固定条件下储存一定时间后的容量的损失或开路电压的降低，大小受电池制造工艺、材料、储存条件等因素影响，是衡量锂离子电池品质的重要参数。

4. 答：克容量，不是“电池”的克容量，而是指电池电极活性物质的克容量，例如正极材料的钴酸锂、磷酸铁锂、锰酸锂等或者负极材料的石墨，即假定其中的锂离子全部参与电化学反应所能释放出的电容量与活性物质的质量之比。这里的电化学反应是指锂离子嵌入负极材料或者锂离子从正极材料中脱出。克容量可以理解为每克活性物质含多少毫安时（mAh）电量，通常用毫安时每克（mAh/g）的单位来表示。有时候，也习惯将克容量称为比容量。

5. 答：

$$\text{理论克容量}=\frac{1}{\text{摩尔质量}}(\text{mol/g})\times \text{Li 计量个数}\times \text{法拉第常数}(\text{C/mol})\times \frac{1}{3.6}(\text{mAh/C})$$

第 2 章课后作业

一、单选题

1～5：CADDA　　6～10：BCACD　　11～15：BBDCB　　16～17：AD

二、多选题

1. ABC　2. AD　3. AC　4. AB　5. ABC　6. BCD　7. BC　8. ABCD　9. ABD　10. ABCD　11. ABD　12. CD

三、判断题

1～5：×√√√√

6～10：√√×√√

11～12：√√

四、填空题

1. 正极

2. 高

3. 离子

4. 274

5. 一

6. 碳包覆

7. 镍

8. NCA

9. 钴酸锂

五、简答题

1. 答：(1) 单位质量的正极材料的可脱嵌锂量；(2) 脱嵌锂时的氧化还原电位；(3) 充放电过程中，氧化还原电位的变化；(4) 在锂的脱嵌过程中，晶体结构的变化；(5) 电子电导率和离子电导率的高低；(6) 化学稳定性；(7) 材料中金属原材料的来源，成本，污染性，梯次利用与回收价值等。

2. 答：离子体相掺杂，提高高脱锂状态下层状结构的稳定性；离子表面包覆，提高电化学反应界面处结构的稳定性。

3. 答：由于姜-泰勒效应，高温下晶格中 Mn^{3+} 易发生歧化，形成 Mn^{2+} 与 Mn^{4+}。其中，Mn^{2+} 以 MnO 的形式从尖晶石晶体结构中溶出，进而引发晶体结构的破坏，导致锂离子电池的循环寿命快速衰减，对锂离子电池高温电化学性能产生了较为负面的影响。

4. 答：磷酸铁锂未来产品的发展主要聚焦于其能量密度的进一步提升。具体措施包括：(1) 通过合成工艺的不断优化，调整磷酸铁锂纳米颗粒的尺寸和分布；(2) 通过不同碳源进行包覆改性，提升材料的压实密度，提高材料容量的发挥。

5. 答：(1) 前驱体制备：以硫酸镍、硫酸锰与硫酸钴为反应物、水作为溶剂、氨水作为配合剂、氢氧化钠为沉淀剂，采用液相共沉淀的方法制备镍钴锰氢氧化物前驱体；(2) 将前驱体与碳酸锂进行固相混合，混合后的粉体在高温下进行煅烧；(3) 煅烧产物经过粉碎、分级、过筛、除铁等工序，除去材料中的异物，便可得到满足锂电池使用要求的正极材料粉体。

6. 答：需要综合考虑正极材料的能量密度、循环寿命、使用安全性、充放电倍率和价格成本。

第 3 章课后作业

一、单选题

1～5：DBADC　　6～11：DBABDC

二、多选题

1. ABCD　2. AC　3. ABCD　4. ACD　5. ABCD　6. ABC　7. ABC　8. ABD　9. ABCD　10. ABC　11. ABC　12. ABCD

三、判断题

1～5：×××××

6～10：×√√××

11～15：√√√√×

16～19：√√××

四、填空题

1. 碳；非碳

2. 电子；离子

3. SEI

4. 天然；人造

5. 层状

6. 372

7. Li_xC_6

8. SEI

9. 人造石墨

10. 天然；人造

11. 易石墨化碳；难石墨化碳

12. 4200

13. 体积

14. 导电性

15. 175

16. 零应变

17. 嵌入

18. 碳

五、主观题

1. 答：(1) 插锂时的氧化还原电位应尽可能低，接近金属锂的电位，从而使电池的输出电压高；(2) 锂离子能够尽可能多地在负极材料中可逆地脱嵌，使得比容量值尽可能地大；(3) 在锂离子的脱嵌过程中，负极材料结构没有或很少发生变化，以确保好的循环性能；(4) 氧化还原电位随插锂数目的变化应尽可能少，这样电池的电压不会发生显著变化，可以保持较平稳的充放电；(5) 负极材料应有较好的电子电导率和离子电导率，这样可以减少极化并能进行大电流充放电；(6) 具有良好的表面结构，能够与电解液形成良好的固体电解质界面膜；(7) 价格便宜，资源丰富，对环境无污染等。

2. 答：有利也有弊。一方面，随着 x 值升高，电化学活性储锂相减少，不可逆相 Li_2O 和 Li_4SiO_4 增加，因此，比容量逐渐下降，首次库仑效率降低；另一方面，生成的不可逆 Li_2O 相增加，使得因体积膨胀产生的应力得到有效释放，因此，电化学性能得到提升。

3. 答：石墨、石墨烯、碳纳米管、碳纤维、碳气凝胶

4. 答：开发超高能量密度硅碳负极材料，超高镍体系和高锰铁锂等高能正极材料，通过提高电池能量密度，降低单位瓦时成本；研发铁系和锰系正极材料，降低对钴和镍等战略金属的依赖；尽快建立高效电池回收技术，避免国外对锂资源的“卡脖子”问题，保证国家能源安全；比亚迪刀片电池、宁德时代发布麒麟电池第三代 CTP 技术、蜂巢能源高安全龙鳞甲电池、超级快充电池 SFC480，通过电池组装和制造工艺的创新，最高限度发挥锂电池体系的能量优势，提高电池包的比能量密度，达到降本和节能的目的。

第 4 章课后作业

一、单选题

1～5：DCADB

二、多选题

1. ABD　2. ABC　3. ABCD　4. AC　5. ACD　6. ABCD　7. CD　8. ABCD　9. ABC　10. ABCD　11. AB

三、判断题

1～5：√√×××

6～10：×√×√√

11～14：××√×

四、填空题

1. 电解液

2. 电解液

3. 电解质

4. 锂盐

5. 高

6. 碳酸酯

7. 环状

8. 锂盐

9. HF

10. 添加剂

11. SEI

12. 低

13. 界面

五、简答题

1. 答：较高的介电常数、较低的黏度、较高的沸点、较低的熔点、较高的电化学稳定

性以及安全、低成本等特点。

2. 答：在有机溶剂中有足够高的溶解度且容易解离；锂盐的阴离子电化学稳定性较高；锂盐的化学稳定性较高；环境友好；易于合成。

3. 答：$LiPF_6$ 具有较高的锂离子电导率，与 Al 箔能形成稳定的钝化膜，且与石墨负极兼容性较好，因此，相比于其他几种锂盐，$LiPF_6$ 整体性能上没有明显缺陷。

4. 答：正面：允许锂离子的传输；成功阻隔了电解液中的溶剂同负极片的直接接触，阻止了电解液溶剂在负电极表面进一步发生还原反应等不可逆变化，大大提高了锂离子电池的循环寿命。负面：增大了极片与电解液界面的电化学阻抗。

5. 答：(1) 负极完全被 SEI 膜覆盖后，不可逆反应停止。(2) SEI 膜不溶于电解液溶剂且溶剂分子不易穿过。(3) SEI 膜具有高的锂离子电导率，但对电子绝缘。(4) 具有均匀的形貌与化学组成，保证电流与电场分布均匀。(5) 在负极表面具有较好的黏附性。(6) 具有较好的机械强度和弹性，充放电过程中，锂离子穿过时不发生破坏。

第 5 章课后作业

一、单选题

1～5：ACBAD　　6～9：AAAA

二、多选题

1. ABC　2. ABCD　3. ABC　4. AB

三、判断题

1～5：×××√×

6～10：×√×√√

11～12：×√

四、填空题

1. 正极

2. 孔隙率

3. 小

4. 接触角

5. 离子

6. 低；高

7. 聚丙烯

8. 干法；湿法

五、问答题

1. 答：将隔膜平展于内直径为 10mm 的夹具中并夹紧，用直径为 1.0mm，尖端为球面 ($R=0.5$mm) 的穿刺针以 (100±10) mm/min 的速率进行穿刺。

$$F_p=\frac{F_0}{\overline{d}}$$

式中 F_p——穿刺强度，N/μm；

F_0——隔膜被穿刺时所测得的力，N；

$\overline{d}$——隔膜的厚度平均值，μm。

2. 答：(1) 投料；(2) 流延；(3) 热处理；(4) 拉伸；(5) 分切。

3. 答：在多层膜中，PE层位于隔膜中间，PP在两边做支撑机构，当锂离子电池内部温度升高至132℃左右时，PE发生熔化导致闭孔，切断电路。外面两层PP膜的熔点在165℃以上，具有抵抗热冲击的作用，当PE层闭孔后，锂离子电池温度略微升高，对外层PP膜物理特性影响不大，对电池提供了第二层安全保护。

第6章课后作业

一、单选题

1～5：DABBA　6～10：ACBBA

二、多选题

1. ABCD　2. AB　3. ABCD　4. ABCD　5. ABC

三、判断题

1～5：×√××√

6～10：×××××

11～15：××√××

16～22：√√√×√××

四、填空题

1. 箱体

2. 净化柱

3. 氩

4. 0

5. 研磨

6. 导电剂

7. 导电炭黑

8. 油

9. NMP

10. 集流体

11. 铝；铜

12. 涂布

13. 导电性

14. 涂布

15. 压实密度

16. 负极

17. 垫片

18. 手套箱

五、简答题

1. 答：箱体与气体净化系统形成密闭的工作环境，通过气体净化系统不断对箱体内的气体进行净化（主要除去水、氧），使系统始终保持高洁净和高纯度的惰性气体环境。

2. 答：(1) 给过渡舱补气，然后调至“关闭”；(2) 打开外舱门，将物品放入舱内，关闭外舱门；(3) 抽气、补气各三次；(4) 打开内舱门，取出物品，关闭内舱门；(5) 抽至负压状态后，调至“关闭”。

3. 答：(1) 减少极片的厚度，提升体积能量密度；(2) 能将电极材料中的活性物质与导电剂及黏结剂等更好地压合在一起，改善颗粒间的物理接触，降低欧姆阻抗，提高材料容量发挥。

4. 答：(1) 极片表面的浆料分布均匀，观察不到明显的厚度不均匀；(2) 极片保持完整圆形未受损坏，边缘没有毛刺；(3) 极片涂布区域没有颗粒物并且没有明显的掉粉现象。

5. 答：第一步混料；第二步涂布；第三步干燥；第四步辊压；第五步切片；第六步称量。

第7章课后作业

一、单选题

1～5：CADCC　6～10：DDDAA　11～15：ADCDB　16～20：ABDCA

二、多选题

1. AB　2. ABC

三、判断题

1～5：√√××√

6～10：×√×××

11～12：√√

四、填空题

1. 中工序；
2. 前；
3. 电解液；
4. 搅拌；
5. 涂布；
6. 隔膜；
7. 下垫片；
8. 水；
9. 极耳；
10. 化成。

五、简答题

1. 答：圆柱电池是一种以一定尺寸的圆柱形钢壳或铝壳进行封装的锂离子电池，整体结构大体可分为外壳（钢壳或铝壳）、卷芯与帽盖等三大组成部分。其中，卷芯由正极片、负极片与隔离膜所卷制而成，极片铝箔与铜箔上焊接有极耳，通过焊接连接盖帽与钢壳壳体，构成了电池的正负极。

2. 答：圆柱电池的制备工艺流程可大体分为前工序、中工序、后工序三个工序。前工序主要为极片制作，即加工出合适尺寸与厚度的极片；中工序为装配，将前工序制好的极片卷绕成卷芯装入壳体中，注入电解液后焊接正负极极耳，将盖帽密封在圆柱电池上。后工序包括电池化成、分容与老化等，是圆柱电池进行首次充放电与活化的重要工序。

3. 答：中转罐的作用是当浆料搅拌完成后，转移至涂布工序时，起到缓存浆料的作用。为了防止浆料在缓存时发生沉降，通常中转罐中存在低速搅拌设备。中转罐特别适用于黏稠物料的慢速搅拌。

4. 答：(1) 锂离子首次从正极晶格进入电解液与负极，激活活性材料；(2) 部分锂离子在负极表面形成 SEI 膜，稳定负极与电解液界面，对提升电池寿命有重要意义；(3) 通过首次充电，排除部分装配异常的电池，如水分含量超标或短路等电池；(4) 首次充电过程中，产生气体，软包或铝壳锂离子电池在化成后将气体抽去，避免鼓胀。

5. 答：电解液中的锂盐 $LiPF_6$ 对水分非常敏感，痕量的水会导致 $LiPF_6$ 发生分解，进而影响电池的内阻与寿命等关键性能。在注液前，需要对裸电芯进行真空烘烤，将裸电芯水含量降低至满足设计要求的范围内。

第 8 章课后作业

一、单选题

1～4：ABBB

二、多选题

1. ACD　2. ABC　3. AB　4. CD

三、判断题

1～6：√×××√×

四、填空题

1. D_{10}

2. 比表面积

3. 振实密度

4. 灰分

5. 1000

6. 纯度

五、简答题

1. 答：D_{50} 的物理意义是粒径大于它的颗粒占 50%，小于它的颗粒也占 50%，D_{50} 也叫中值粒径。D_{50} 常用来表示粉体的平均粒度。

2. 答：将一定量的粉体装入固定体积的玻璃量筒中，通过振动装置按照一定频率与振幅进行振动，当振动达到一定时长且粉体体积不再发生变化时，即认为达到了材料的振实状态。

第 9 章课后作业

一、单选题

1～5：ADDDC

二、判断题

1～2：×√

三、填空题

1. 1675mAh/g；2600Wh/kg

2. 炭黑添加剂

3. 贫钠态；富钠态

4. 电解液；隔膜

5. 无机；聚合物

参 考 文 献

[1] 黄可龙，王兆翔，刘素琴．锂离子电池原理与关键技术．北京：化学工业出版社，2008.

[2] 刘国强，厉英．先进锂离子电池材料．北京：科学出版社，2015.

[3] 王伟东，仇卫华，丁倩倩．锂离子电池三元材料——工艺技术及生产应用．北京：化学工业出版社，2015.

[4] 胡国荣，杜柯，彭忠东．锂离子电池正极材料原理、性能与生产工艺．北京：化学工业出版社，2017.

[5] 纳米磷酸铁锂：GB/T 33822—2017.

[6] 锂离子电池用炭复合磷酸铁锂正极材料：GB/T 30835—2014.

[7] 钴酸锂：GB/T 20252—2014.

[8] 金属粉末振实密度的测定：GB/T 5162—2021.

[9] 冯晓晗，孙杰，等．磷酸铁锂正极材料改性研究进展．储能科学与技术，2022，11（2）：467-486.

[10] 卢宇．锂离子电池正极材料磷酸铁锂的制备与改性研究．武汉：华中科技大学，2021.

[11] 孙存思．磷酸铁锂正极材料的改性研究．镇江：江苏科技大学，2021.

[12] 李娅星．尖晶石型锰酸锂的性能调控研究．北京：中国地质大学，2021.

[13] 袁东．锰酸锂正极材料的合成制备及改性研究．贵阳：贵州大学，2021.

[14] 曾金凤．高倍率镍锰酸锂正极材料的可控构建．广州：广州大学，2021.

[15] 朱若男．尖晶石型镍锰酸锂正极材料制备与包覆改性．厦门：厦门大学，2020.

[16] 唐松章．锂离子电池三元正极材料的制备及其储能特性研究．合肥：合肥工业大学，2021.

[17] 聂帅．锂离子电池正极材料 $LiCoO_2$ 高电压性能研究．北京：北京交通大学，2021.

[18] 牟苏玮．高电压钴酸锂正极材料性能优化研究．成都：电子科技大学，2021.

[19] 王宇．稻壳基多孔碳负极材料的制备及电性能研究．长春：吉林大学，2020.

[20] 温书剑，张熠霄，陈阳，等．锂离子电池负极材料钛酸锂研究进展．功能材料，2016，47（12）：12038-12049.

[21] 唐堃，金虹，潘广宏，等．钛酸锂电池技术及其产业发展现状．新材料产业，2015（9）：12-17.

[22] 陆浩，刘柏男，等．锂离子电池负极材料产业化技术进展．储能科学与技术，2016，5（2）：109-119.

[23] 谭毅，王凯．高比能量锂离子电池硅基负极材料研究进展．无机材料学报，2019，34（4）：349-357.

[24] 吴永康，傅儒生，刘兆平，等．锂离子电池硅氧化物负极材料的研究进展．硅酸盐学报，2018，46（11）：1645-1652.

[25] 郑洪河．锂离子电池电解质．北京：化学工业出版社，2007.

[26] 徐艳辉，耿海龙，李德成．锂离子电池溶剂与溶质．北京：化学工业出版社，2018.

[27] 付呈琳，廖红英，等．乙酸乙酯在锂离子电池电解液中的应用．2012，34：67-70.

[28] Aiping Wang，et al. Review on modeling of the anode solid electrolyte interface（SEI）for lithium ion batteries. Computational Mater，2018，4：15-41.

[29] Andreas Nyman，et al. Electrochemical characterization and modeling of the mass transport phenomena in $LiPF_6$-EC-EMC electrolyte. Electrochimica Acta，2008，53：6356-6365.

[30] 袁卉军，陈真，等．锂盐浓度对高功率锂离子电池性能的影响．电池，2012，42：337-339.

[31] 谭晓兰，尹鸽平，徐宇虹，等．电解质 LiBOB 在锂离子电池中的应用．电池，2009，139：164-166.

[32] 李冰川，廖红英，孟蓉．锂离子电池过充电行为及电解液过充保护添加剂的研究．锂/镍电池，2010，7：53-57.

[33] 塑料薄膜和薄片厚度测定机械测量法：GB/T 6672—2001.

[34] 塑料　拉伸性能的测定　第 3 部分：薄膜和薄片的试验条件：GB/T 1040. 3—2006.

[35] 纺织品刺破强力的测定：GB/T 23318—2009.

[36] 塑料　薄膜和薄片　加热尺寸变化率试验方法：GB/T 12027—2004.

[37] 汤雁，苏晓倩，刘浩杰．锂电池隔膜测试方法评述．信息记录材料，2014，15（02）：43-50.

[38] Jinglei Hao，et al. A novel polyethylene terephtalate nonwoven separator based on electrospining technique for lithium ion battery. J. Membrane Sci，2013，428：11-16.

[39] 张大同．扫描电镜与能谱分析技术．广州：华南理工大学出版社，2009.

[40] 粒度分布激光衍射法：GB/T 19077—2016.

[41] 气体吸附 BET 法测定固态物质比表面积：GB/T 19587—2017.

[42] 粉末产品振实密度测定通用方法：GB/T 21354—2008.

[43] 化工产品中水分含量的测定卡尔·费休法（通用方法）：GB/T 6283—2008.

[44] 钢铁总碳硫含量的测定高频感应炉燃烧后红外吸收法（常规方法）：GB/T 20123—2006.

[45] 石墨化学分析方法：GB/T 3521—2008.

[46] 曹楚南，张鉴清．电化学阻抗谱导论．北京：科学出版社，2010.

[47] 宋永华，阳岳希，胡泽春．电动汽车电池的现状及发展趋势．电网技术，2011，35（4）：1-7.

[48] 盖丽艳，郎笑石，蔡克迪，等．锂硫电池正极材料的研究进展．电池，2019，49（1）：72-75.

[49] 张波，刘晓晨，李德军．锂硫二次电池研究进展．天津师范大学学报（自然科学版），2020，40（1）：1-8.

[50] Shuaibo Zeng，Xin Li，Hai Zhong，et al. Layered electrodes based on 3D hierarchical porous carbon and conducting polymers for high-performance lithium-sulfur batteries. Small Methods，2019，3：1900028.

[51] Shuaibo Zeng，Gowri Manohari Arumugam，Xianhu Liu，et al. Polymer cage as an efficient polysulfide reservoir for lithium sulfur batteries. Chem. Commun，2019，51：10620

[52] 尹彦斌．锂空气电池关键正负极材料及器件的研究．长春：吉林大学，2017.

[53] 邹璐．镍钴尖晶石的形貌调控及其在有机体系锂-空气电池中的催化性能研究．武汉：华中科技大学，2019.

[54] 丁飞翔．钠离子电池 O_3 型层状氧化物正极材料研究．北京：中国科学院大学，2021.

[55] 凌瑞．聚阴离子型钠离子电池正极材料的制备及电化学性能研究．天津：天津大学，2018.

[56] 孟庆施．钠离子电池无定形碳负极材料研究．北京：中国科学院大学，2021.

[57] 高辉．铋/锑基负极的结构调控、储钠性能与储钠机理研究．济南：山东大学，2020.

[58] 弋大为．$LiFePO_4$ 正极材料的制备及其改性研究．成都：西华大学，2020.

[59] 周登梅．Ti 掺杂 $LiMn_2O_4$ 全固态薄膜锂离子电池的制备及性能研究．重庆：重庆师范大学，2015.

[60] 池上森．锂/钠电池负极材料及固态电池界面的研究．北京：北京科技大学，2018.

[61] 郜蒙蒙．多孔无机结构支撑的准固态电解质的构筑与性能研究．郑州：河南大学，2021.

[62] 郭宝明．液晶改性芳纶纤维增强 PEO 基固态聚合物电解质性能研究．沈阳：沈阳工业大学，2022.

[63] 刘志亮．PEO/LLZGO 复合电解质的制备、改性及电化学性能研究．赣州：江西理工大学，2022.

[64] 李昕儒．层状氧化物 $NaMnO_2$ 作为钠离子电池正极材料的改性研究．呼和浩特：内蒙古大学，2021.

[65] 张永．煤沥青基钠离子电池负极材料的合成与性能研究．北京：北京化工大学，2022.

[66] 张国举．钠离子电池锡基负极材料的制备及电化学性能研究．长春：长春工业大学，2021.